KB103043

아는 것이 돈이다 :
지식재산권,
누가 무엇을 소유하는가?

과학기술과 미래 시리즈를 출간하며

현대사회에서 과학기술이 차지하는 비중이 급증함에 따라, 과학기술을 역사학적, 철학적, 사회학적, 정책학적 시각과 방법론으로 탐구하는 과학학(science studies)의 중요성이 더 커지고 있습니다. 오늘날 과학학 연구자들은 과학기술의 본성과 역사적 발전 과정을 탐구하고, 과학기술과 사회가 맺는 다양한 관계를 분석하며 과학기술의 윤리적, 법적 쟁점을 연구할 뿐만 아니라, 과학과 경제, 기술 혁신의 요소들을 국가적 차원에서 분석하는 정책적 연구를 수행해오고 있습니다. 이 과정에서 과학학은 서로 중첩되는 연구 주제들을 융합적으로 접근하는 하나의 독자적인 학문 분야로 성장하였습니다. 2022년 서울대학교에 과학학과가 개설되면서 한국에서도 국제적 수준의 과학학 연구를 수행할 제도적 기반이 마련되었습니다.

서울대학교 과학기술과미래연구센터는 과학학과와 함께 다학제적 융합연구와 교육의 혁신을 추구하며 다양한 사업을 수행하고 있습니다. 이에 과학기술과미래연구센터는 과학사 및 과학철학 분야의 기초 학문 분야에서 국제적 수준의 연구를 수행하고, 그에 입각하여 과학기술과 사회, 과학기술 정책 등의 응용 분야에서 융복합 연구, 국제 교류 협력을 추진함으로써 과학기술의 발전 및 그 활용 방안 등에 대한 적실한 대안을 모색하는 창의적 연구와 교육을 수행하고 있습니다.

과학기술과미래연구센터에서 기획하는 과학기술과 미래 시리즈는 과학학 분야의 본격적인 학문적 업적을 담고 있으면서도 이 분야에 관심이 있는 학생들이나 일반 독자들에게도 흥미 있고 유익한 최근 연구들을 소개하는 것을 그 목적으로 하고 있습니다.

과학기술과 미래 시리즈는 현대 사회의 과학기술이 제기한 쟁점을 고민해보고, 과학기술 혁신과 경제, 과학기술과 법, 규제와 윤리에 대한 최근 현황과 이슈들에 대한 분석들을 통해 현대 과학기술의 이익과 위험 사이에 균형점을 찾는 데 필요한 법적, 정책적, 윤리적, 문명사적 측면의 연구와 교육을 증진하는데 기여하고자 합니다. 나아가 과학기술과 미래 시리즈가 과학의 역사와 본질에 대한 심도 깊은 연구 뿐 아니라 신기술·신산업이 제기하는 사회적, 공공정책적 쟁점들에 대한 논의들을 보다 심화시키며, 이를 통해 과학기술의 시대, 한국 사회의 바람직한 미래상과 발전경로를 탐색하는데 기여하고자 합니다.

과학기술과 미래 시리즈 첫 번째 책으로 과학학과 이두갑 교수가 편저한 〈아는 것이 돈이다 : 지식재산권, 누가 무엇을 소유하는가?〉를 출판하게 되었습니다. 이 책은 지식재산권에 대한 문제를 과학학적 시각에서 접근한 여러 글들을 모아 지식재산권의 역사와 그 본질에서부터 21세기 지식경제사회에서 첨예하게 나타나는 과학적 창의성, 지식재산 소유권, 그리고 혁신과 공공 이익의 균형과 같은 이슈들을 소개하고 있습니다. 시리즈 두 번째 권에서는 이두갑, 홍성욱 교수가 함께 21세기 자본주의의 발달과 과학의 상업화로 점차 도전 받고 있는 과학의 공공성에 대해 논의하고 있는 최근의 과학학 논문들을 선정하여 〈과학과 공공성(가제)〉을 출간할 예정입니다. 그 이후에도 임종태 과학학과 교수의 기획으로 동아시아의 과학기술과 근대성 등을 비롯하여 과학학의 여러 중요 주제로 본 시리즈를 이어갈 계획입니다. 무엇보다 과학학 분야의 교육과 연구의 진흥을 위해 과학기술과 미래 출간을 지원해준 서울대학교 과학기술과미래연구센터의 센터장 박상욱 교수, 그리고 경제적 부담에도 출판을 선뜻 맡아주신 〈이음〉의 주일우 대표에게 감사드립니다.

2022년 1월, 이두갑

일러두기

* 본문의 각주는 역자 주입니다.
인용 및 참고문헌에 관한 정보는 원문을 참조하시기 바랍니다.
참고문헌과 원문 수록정보는 본문 마지막에 있습니다.

* 단행본, 정기 간행물에는 겹낫표(『 』)를,
논문과 문서명에는 겹따옴표(" ")를 사용했습니다.

목차

편저자

이두갑

「에피」 편집위원. 서울대학교 과학학과 교수로 재직하고 있다. 과학기술사, 과학기술과 법, 생명과학과 사회, 과학기술과 환경 등 과학기술사 및 STS 분야의 교육과 연구를 담당하고 있다. 주요 저서로는 The Recombinant University(시카고대학교 출판부, 2015)가 있으며, 옮긴 책으로 『자연 기계』가 있다.

저자

칼라 헤세 **Carla Hesse**

캘리포니아 대학, 버클리 캠퍼스(University of California, Berkeley), 역사학과 교수

제라도 콘 디아스 **Gerado Con Diaz**

캘리포니아 대학, 데이비스 캠퍼스(University of California, Davis), 과학기술학(Science and Technology Studies) 교수

크리스토퍼 켈티 **Christopher Kelty**

캘리포니아 대학, 로스엔젤레스 캠퍼스(University of California, Los Angeles), 인류학과 교수

옮긴이

김인

서울대 과학사 및 과학철학 협동과정 박사 수료, 현재 한양대학교 강사. 인공지능의 사회적 합의에 관련된 논문을 준비하고 있다.

양승호

서울대 과학사 및 과학철학 협동과정 석사 졸업.

장준오

서울대 과학사 및 과학철학 협동과정 석사 졸업, 현재 〈해나무〉에서 과학부분 편집자로 일하고 있다.

프롤로그*

*

이 프롤로그는 이두갑, "코로나 백신과 특허 : 지적재산권과 반공유재의 비극," 과학의 지평, 『Horizon』, 2021년, 그리고 이두갑, "코로나바이러스의 과학, 숨쉬기, 그리고 삶의 연약함," 과학잡지 『에피』 15, 2021년, 86-99의 내용들을 일부 사용했다.

아는 것은 힘이라고 한다. 21세기 지식경제 사회에 아는 것, 즉 지식은 새로운 권력과 부의 원천이기도 하다. 한 미래학자는 인류사회의 핵심 권력이 총구, 즉 폭력에서 나오는 시대에서 현재 부와 돈에서 나오는 시대로 이전했으며, 미래에는 점차 지식에서 나오는 시대로 변화할 것이라 주장하기도 했다. 흥미로운 것은 21세기 지식과 혁신, 그리고 이의 경제적 중요성에 대한 그의 주장은 널리 알려져 있지만, 그가 강조했던 지식의 민주적인 속성과 이로 인해 나타날 보다 풍요롭고 평등한 사회에 대한 주장은 거의 잊혔다는 것이다.

지식의 진보는 어떻게 사회를 이상향으로 이끌 수 있을까? 20세기 지식사회의 주창자들은 우선 지식은 중앙집중화된 폭력과 독점적으로 소수에게 집중되는 돈에 비해 보다 민주적인 방식으로 접근 가능하고 또 생산될 수 있다고 주장한다. 이들은 또한 지식은 다른 재화와 달리 그 양이 줄어들지 않고, 오히려 보다 많은 사람이 이를 공유하고 사용할수록 공동체 전체의 이득과 효용이 늘어난다며, 지식의 상호부조적이며 자애로운 성격을 찬양한다.

그렇지만 지식이 자유(free)롭게 공유되고 모든 사람이 무료(free)로 사용한다면, 누가 새롭고 혁신적인 지식을 창출하려 노력할 것인가? 지식의 진보를 이루고, 이를 통해 풍요로운 사회를 건설하기 위해서는 지식 생산과 혁신을 만들어낸 이들에 대한 보상이 필요한 것이 아닌가? 지식재산권은 이처럼 어떻게 새로운 지식과 혁신을 이끌어내고 이를 보상해 줄 것인지, 그리고 이러한 성과를 어떻게 공동체와 사회 전반을 풍요롭게 하는 데 사용할지에 대한 첨예한 갈등과 논쟁을 통해 등장했다. 21세기 현재 우리는 지식재산권 문제가 한 국가의 경제적, 사회적 운명과 이의 국제적 재편, 그리고 팬데믹 시대의 생존 문제에까지 영향을 미치는 상황을 목도하고 있다. 바로 코로나 백신의 문제가 그 한 예이다. 코로나 위기가 전 세계적으로 극심해지고 있던 지난 2020년 가을, 인도와 남아프리카공화국을 비롯한 60여 개발도상국은 세계무역기구(World Trade Organization, WTO)에 팬데믹으로 인한 전세계적 공중보건 위기를 극복하기 위해 백신 생산에 관련된 지식재산을 무상으로 사용할 수 있게 해 달라고 요청했다.

당시 미국 대통령이었던 도널드 트럼프(Donald Trump)는 이에 반대했으며, 백신을 개발한 선진국의 일원인 영국과 유럽연합 역시 이에 유보적인 입장을 표명했다. 하지만 2021년 들어 인도와 같은 개발도상국을 중심으로 바이러스의 전파가 확대되고 수많은 사망자가 발생하면서 백신에 대한 접근을 광범위하게 넓혀야 한다는 목소리가 커졌다. 특히 전세계에 퍼지고 있는 바이러스가 계속 전파되면서 더 위협적인 새로운 변이들이 나타났고, 이에 전세계적 차원에서의 광범위하고 공평한 백신 접종이 필요하다는 인식이 매우 크게 자라났다. 2021년 5월 5일 미국 대통령 조 바이든(Joe Biden)은 코로나바이러스 백신과 관련된 지식재산권에 대한 권리를 한시적으로 포기(waiver)하는 방안을 지지한다고 선언했다. 코로나 팬데믹 위기를 극복하기 위해서 현재 백신을 개발하고 이를 생산, 판매할 수 있는 화이자(Pfizer)와 모더나(Moderna)와 같은 몇몇 회사들이 지닌 지식재산권의 행사를 일시적으로 제한하자는 개발도상국들의 제안에 미국이 찬성한 것이다. 이 제안이 수용된다면 전 세계의 다른 회사들도 이들이 개발한 특허에 대한 비용을 지불하지 않고 사용하여 백신을 생산할 수 있게 된다. 이에 이번 바이든의 결정에 백신을 구하지 못해 전전긍긍하고 있는 개발도상국들과 "백신을 자유롭게 하라"(Free the Vaccine) 구호를 외쳤던 국제보건운동가들이 환호하기도 했다.

반면 제약 및 생명공학 회사들은 이번 바이든 행정부의 지식재산권에 대한 과감한 제한 시도가 미래의 이윤을 위해 혁신을 추구하며 기술에 투자할 산업 전반의 유인을 크게 감소시키는 결정이라 비판한다. 미국생명공학사들의 모임인 BIO(Biotechnology Innovation Organization)는 지식재산권에 대한 보장과 이를 통한 신약과 백신의 독점 생산 및 판매가 제약 및 생명공학 산업의 성장과 이윤을 가능하게 해 주는 근본적인 것이라 강조한다. 이에 특허를 일정기간 포기하라고 강요하는 것은 곧 이 산업 전체의 존재를 위협하는 것이라며 이러한 조치에 강력히 반발하고 있다. 만일 또 다른 팬데믹이 닥칠지라도 다시 지식재산권을 인정해주지 않아 큰 이윤을 얻을 수 없는 상황이 다시 재현된다면, 누가 위험을 감수하고 백신 개발에 투자할 수 있을지 우려된다는 것이다.

또한 이들은 바이든의 특허 잠정 포기 선언은 생명공학에서의 미국의 비교우위를 크게 저해시킬 것이라 주장한다. 일례로 코로나 백신과 관련된 지식재산권을 개발도상국에 제공하게 되면, 이 과정에서 미국이 선도하고 있는 생명공학 기술과 그 혁신 기반이 침해될 수 있다는 것이다. 특허의 유예와 기술 이전에 대한 국제적 압력이 여러 과학적, 경제적 불확실성과 위험을 감수하고 백신 혁신에 과감하게 투자하고 기술혁신에 몰두해온 미국의 제약 및 생명공학 회사들의 미래 사업 전망을 어둡게 만들 수 있다는 것이다.

지식재산권의 굴레에서 자유로운(free, 혹은 무료의) 백신은 가능한 것일까? 코로나 백신이 경제적, 생물학적 생존을 위해 필수불가결한 팬데믹 상황에도, 이 백신의 지식재산권을 둘러싸고 첨예한 논쟁이 나타나고 있다. 미국 국립보건원 전염병연구소 소장 앤토니 파우치(Anthony Fauci)는 제약회사들과 생명공학회사들이 팬데믹의 전파를 막고 백신의 공평한 공급을 위해 나서서 실천해야 할 시기가 왔다고 강조한다. 특히 현재 개발도상국 사이에서 나타나는 위협적인 변이의 확산은 팬데믹의 문제가 한 국가의 문제가 아니라 전지구적 실천이 필요한 문제라는 점을 보여준다는 것이다. 이에 파우치는 제약 및 생명공학 회사들이 다른 나라들에게 백신을 매우 저렴한 가격으로 공급할 수 있도록 생산능력을 증대시키거나 개발도상국이 이를 복제 생산할 수 있도록 기술이전을 해야 할 시기라고 주장한다. 지식재산권의 문제 때문에 가난한 이들이 생명을 구할 수 있는 백신에 접근하지 못해 죽어 나가고 있다는 점은 팬데믹의 가장 큰 비극 중의 하나라는 것이다.

이와 관련되어 흥미로운 것은 미국 연방정부, 즉 국립보건원(National Institutes of Health, NIH)의 자금을 지원받아 백신을 개발한 생명공학회사 모더나의 입장이다. 모더나는 바이든 행정부의 선언이 있기 전인 2020년 10월, 이미 코로나 팬데믹을 극복하기 위한 목적으로 자신들의 기술을 사용할 경우 백신 관련 특허 침해에 대해 문제를 제기하지 않을 것이라며 백신 특허에 대한 전향적인 입장을 발표했다. 모더나는 또한 코로나 팬데믹이 끝난 이후에도 자신들이 지닌 지식재산을 라이센싱하여 다른 회사들이 사용할 수 있도록 할 것이라 발표하기도 하였다.

이는 실제 모더나의 백신개발 과정에서 백신개발에 관련된 과학적 불확실성과 비즈니스 위험의 많은 부분을 과학지식의 공유와 연방정부의 지원을 통해 최소화 했음에 기인하고 있다. 모더나는 국립보건원 연구자 바니 그레이엄(Barney S. Graham)의 특허와 그가 보낸 mRNA 염기서열 정보를 라이센싱 비용 없이 사용하고 있을 뿐만 아니라 미국 정부가 투자한 총예산 100억달러(12조원) 규모의 거대 백신개발 프로젝트인 '워프 스피드 작전(Operation Warp Speed)'의 지원을 받았던 것이다. 백신 개발에 관련된 비지니스 및 재정 위험을 최소화하고자 미국 정부는 임상시험에 성공하기 전부터 막대한 양의 백신을 미리 모더나로부터 구매하기로 약속하면서, 모더나가 백신 대량생산에 관련된 공정을 개발할 수 있도록 지원했다. 만일 백신개발 과정에서 필요했던 염기서열, mRNA 서열과 그

합성에 관련된 과학기술에 대한 사용료를 지불하고, 관련 연구 개발 자금을 모두 자본 시장에서 유치해야 했다면 모더나는 코로나 백신을 단시일 내에 개발하기도 어려웠을뿐더러 백신의 가격 또한 매우 높아져야 했을 것이다.

이번 코로나 팬데믹을 극복하는 과정에서 미국 정부는 코로나 백신 개발에 대한 공적 지원과 핵심 특허의 자유로운 사용을 유도하고, 나아가 지식재산권 제한과 한정적 포기에 대한 지지를 통해 지나친 지식재산권 강화의 폐해를 막고 생의학 혁신으로 인한 이익이 공공에게 효과적으로 전달되도록 하고 있다고 볼 수 있다. 특히 미국 정부의 코로나 백신 개발 지원과 지식재산권에 대한 전향적인 태도는 코로나 팬데믹을 극복하고 이와 동시에 반-공유재의 비극을 막아 전 세계적 차원에서 백신에 대한 공평한 접근을 도모하고자 하는 여러 개발도상국과 과학자들, 그리고 국제보건운동가들의 요구를 반영하고 있다.

코로나 백신 특허를 둘러싼 논쟁에서 살펴볼 수 있듯이, 21세기 지식경제 사회에서 가장 핵심적인 문제는 혁신과 발명을 통해 사적 이익을 추구하려는 흐름과 기초과학에 공공자금을 투자하고 혁신의 결과를 광범위하게 공유해 공공 이익을 추구하려는 흐름이 지식재산권을 둘러싸고 빚어내는 긴장과 갈등이다. 이번 코로나 백신 개발 과정에서 드러나듯이, 제약 및 생명공학 회사들 또한 사적 자본을 효율적으로 동원하여 백신 개발에 필수적인 여러 혁신과 발명들을 개발해 백신 개발을 성공적으로 이끌었다. 그렇지만 한편으로 막대한 양의 정부 예산, 즉 시민의 세금이 기초 생의학 연구의 발전과 코로나 백신 개발 과정 전반을 지원하는데 사용되었다. 이번 미국 정부의 백신 개발에 대한 투자와 그 특허의 제한에 대한 지지 선언은 한편으로는 백신 개발이라는 혁신 과정을 유인하고, 동시에 이로 인해 나타난 사적인 이득과 공적인 이득 사이의 균형을 찾을 것인지에 대한 답을 구하는 과정에서 나타난 해답이라 할 수 있다.

이처럼 21세기 지식재산권에 대한 문제는 단지 법정과 실험실에서 그 발명의 우선권을 논의하는 기술적인 문제를 넘어서는, 무엇보다 기술혁신과 경제성장, 그리고 시민의 삶의 질과 생존에 직결된 중요한 문제라고 할 수 있다. 혁신으로 인한 사적 이익과 공적 이익의 공평한 분배를 논의하기 위해서 지식재산권 문제가 보다 공공 정책적이고 사회적인 차원에서 중요하게 다루어야 할 문제로 등장하고 있는 것이다. 다시 말해 21세기 지식경제사회에서 지식재산권은 어떻게 지식의 진보와 혁신을 이끌고, 이를 통해 보다 풍요롭고 공평한 사회를 만드느냐와 밀접하게 관련되어 있다는 것이다.

이 책은 21세기 지식재산권을 둘러싼 논의를 소개하고, 현재에도 첨예하게 진행되고 있는 지식재산에 관련된 논의를 보다 풍부하게 하기 위해 편집되었다. 책에서는 지식재산권의 등장과 정립을 둘러싼 지적, 사회적 논쟁을 잘 소개하는 논문들과 함께 20-21세기 혁신과 경제발전의 중심에 있는 생명공학과 컴퓨터산업에서의 지식재산권 논의에 대해 보다 구체적으로 분석하고 있는 최근의 논문들을 선정하여 이를 번역하거나 재수록 했다. 각 글에 대한 간략한 소개는 장의 첫머리에 따로 수록해 독자들이 자신이 관심있는 주제들에 따라 책을 읽을 수 있도록 했다. 예를 들어 지식재산권의 정의와 이의 역사적 정립, 그리고 그 기저에 있었던 폭넓은 지적, 사회적 논의에 보다 관심있는 독자들은 서문과 1부를 읽으면 큰 도움이 될 것이다. 생명공학과 컴퓨터산업, 특히 소프트웨어 산업의 초기 등장에 있어 지식재산권 정립과 그 역할에 대해 관심이 있는 독자라면 2부를, 그리고 최근 생명공학과 소프트웨어 산업에서의 지식재산권을 둘러싼 첨예한 논의들과 현재적 의의에 더 관심이 있는 독자라면 3부와 4부를 참조할 수 있을 것이다.

이 편역서를 준비하는데 여러 사람들의 노력과 도움이 있었다. 무엇보다 각 논문들을 번역하는데 서울대학교 대학원의 김인, 양승호, 장준오 군이 많은 수고를 했으며, 일부 원고의 정리와 마무리에 김주희, 이승주 군이 도움을 주었다. 편자와 함께 글 전반의 논의와 표현, 그리고 용어의 선택에 대한 토론을 통해 정확한 번역을 위해 노력해주었던 이들에게 감사드린다. 또한 지식재산 전반에 대한 학문적, 법적, 정책적 이슈들을 함께 논의해주신 지사모 모임의 구성원인 한국지식재산연구원 류태규 연구원, 서울대 신영기 교수, 서울지방법원 이규홍 판사, 이화여대 이원복 교수, 광장 전정현 변호사, 그리고 김&장 한상욱 변호사께 감사드린다. 일부 원 논문의 저작권 구매와 번역을 지원해준 카이스트의 박범순 선생님, 그리고 서울대학교 '과학기술과 법' 수업에서 사용된 본 원고들을 가지고 한 권의 멋진 책을 만들어 주신 이음의 주일우, 그리고 편집자 강지웅 선생님에게 감사드린다.

저자를 대표하여

이두갑

서문

누가 어떻게 지식을 소유하는가? 21세기 지식재산권과 혁신, 그리고 공공이익

들어가며

누가, 무엇을 소유할 수 있는가에 관한 문제는 사회의 질서와 경제의 운용에 있어 핵심적인 질문이다. 사적 재산권(property right)의 명확한 확립은 근대 자본주의의 도래에 큰 역할을 했으며, 근대적 인권의 확립과 노예제의 폐지는 시민권에 기반한 민주주의 사회의 기반이 되었다. 개인이 재화를 독점적으로 소유할 수 있으며, 이러한 개인이 국가나 다른 개인이 침해 불가능한 인권을 지니기에 다른 이들의 소유가 될 수 없다는 사적 재산권과 인권의 확립이 경제적, 사회적 질서의 근대적 재편에 중요한 역할을 했다는 것이다.

그렇다면 지식재산(intellectual property)의 확립 과정과 이를 둘러싸고 나타난 논의는 21세기 지식경제와 정보사회를 이해하는데 핵심적 부분을 차지한다고 할 수 있을 것이다. "지식"을 소유한다는 것은 무엇을 소유한다는 것인가? 지식을 "소유"한다는 것은 이에 대해 어떠한 권리를 가진다는 것을 의미하는가? 그리고 지식 경제의 시대에 지식재산권(intellectual property right) 확립과 확대가 지니는 경제적, 사회적 함의는 무엇인가? 이러한 질문은 무엇보다 지식과 정보의 생산과 소비, 소유와 분배에 관련되어 지식정보 사회의 질서를 규정하는 문제의 이면에 있는 핵심적인 질문들이라고 할 수 있다.

지식재산권에 대한 논의는 21세기 지식경제 사회 시대에 접어들어 보다 첨예해지고 있다. 최근 논의가 된 사례들을 잠깐 살펴보자. 2013년까지는 당신의 유전자 25% 정도가 일부 제약회사나 생명공학회사들의 소유였다. 미국을 비롯해 인간 유전자 특허를 인정하는 여러 국가들에서 특허(patent)를 통해 제약회사나 유전자 진단과 치료를 개발하는 생명공학회사가 인간 유전자의 25% 정도를 독점적으로 사용할 권리를 가질 수 있도록 했던 것이다. 2015년까지 미국의 워너/차펠(Warner/Chappell)이라는 회사는 "생일 축하합니다(Happy Birthday to You)"라는 노래에 대한 저작권(copyright)을 가지고 있었다. 이 회사는 매년 카페나 영화에서 이 노래를 사용할 때 이에 대한 로열티를 받아 매년 200만 달러에 달하는 수익을 올렸다. 그런데 2013년 미국 대법원은 인간 유전자 특허를 인정할 수 없다는 판결을 내렸다. 2015년 워너/차펠 또한 법원에서 이 노래의 저작권이 이미 1962년에 만료되었음을 인정하고 배상금을 지불하는데 합의하였다.

위의 사례들은 무엇보다 지식재산에 대한 논의가 지식 경제의 기반을 이루는 과학기술-기반 첨단 산업과 문화산업에서의 경제적 이해관계와 시장 지배를 둘러싼 논쟁의 중요한 한 축으로 나타나고 있다는 것을 보여준다. 우선 생명공학과 소프트웨어와 같은 첨단 산업의 영역에서 특허와 저작권의 문제, 그리고 책과 음악, 게임과 영화와 같은 문화 산업의 저작권에 대한 논의에서 누가, 무엇을 소유할 수 있는가의 문제는 한 혁신가와 기업, 그리고 산업 전체의 혁신과 경쟁, 그리고 미래의 성장 방향을 결정하는 데 있어 매우 중요한 질문이다. 인간유전자 특허를 옹호하는 측은 인간유전자에 대한 특허를 허용해주는 것이 유전자의 기능과 그 염기서열을 밝힌 회사에게 제한된 기간 동안 독점적 소유권을 부여해서 유전자 치료와 진단을 위한 연구개발 투자와 혁신에 필수적이라고 주장한다. 마찬가지로 저작권의 옹호자들은 새로운 창의적 산물의 보호가 창작 활동을 장려할 경제적 유인을 제공해주며, 이러한 창의적 문화를 보호하고 전파하는 문화산업에 대한 투자를 통해 보다 많은 이들이 새로운 창의적 산물을 향유할 수 있게 된다는 것이다.

현재 지식재산을 어떻게 정의할 것인가, 그리고 누가 이를 독점적으로 소유할 것인가의 문제는 법적인 문제일 뿐만 아니라 지식재산의 생산과 소비, 분배에 관련된 다양한 경제적, 사회적 함의들과 관련된 논의들과 맞물려서 진행된다. 인간의 몸에 있는 생물학적 정보가 어떻게 발견이 아닌 발명으로 인정될 수 있는가? 모든 인류가 공유하고 있는 유전정보에 대한 독점적이고 사적 권리를 인정해주는 것이 과연 의학과 생명공학 산업의 발전과 혁신에 기여할 수 있는가? 유전자 정보에 대한 사적 소유가 일부 생명공학회사들에게 큰 이득을 가져다주지만, 이것이 유전자에 대한 자유로운 연구를 막고 진단과 치료에서의 혁신에 대한 공정한 접근을 막는 것은 아닐까? 마찬가지로 18세기 미국에서 14년간 보호받을 수 있었던 저작권을 왜 21세기에 와서는 창작자의 일생을 포함하여 사후 17년이라는 기간 동안 독점적 소유를 인정해 주는가? 창작물에 기반한 모방이나 변형, 패러디와 같은 문화적 생산을 인정해주던 저작권법이 왜 점차 이러한 활동을 첫 창작물에 대한 권리를 침해하는 것으로 간주하기 시작했는가? 저작권의 보호가 창작 활동에 경제적 유인을 제공해주지만, 창작자의 저작권에 대한 절대적 권리의 인정이 기존의 문화적 산물로부터의 모방과 전유가 어느 정도 필수적인 문화적 창작 활동과 향유를 저해하고 공공의 문화 영역을 축소하는 것은 아닐까?

21세기 지식경제의 시대, 지식재산권 체계가 여러 측면에서 도전을 받고 있다. 21세기 지식재산을 어떻게 정의하고 어떻게 권리를 부여할지에 대한 문제는 경제적이고 법적인 문제일 뿐만 아니라, 우리의 과학기술과 지식 생산, 그리고 문화적 영역을 어떻게 재편할지에 관한 문제와 깊이 연관되어 있다. 이 책은 지식재산이 본질적으로 무엇인가를 묻기보다는, 이것이 어떻게 정립되어왔으며, 그 과정에서 지식재산이 무엇이고 이를 소유하는 것을 둘러싼 논의들을 구체적으로 살펴보는 것을 목적으로 한다. 이를 위해 18세기 지식재산의 정립기에 나타난 지식재산의 정의와 그 법적, 사회경제적 함의에 대한 역사적 논의를 시작으로 20세기 후반부터 최근까지 생명공학산업과 소프트웨어/컴퓨터 산업에서의 지식재산의 문제가 어떻게 논의되었는지를 상세히 살펴볼 것이다. 특히 책의 많은 부분에서 20세기 생명공학산업과 소프트웨어 산업에서 지식재산권 논의를 살펴보는데, 이는 무엇보다 21세기 지식경제와 혁신을 추동하고 있는 이 두 영역에서 지식재산의 문제가 첨예하게 나타나고 있다는 점에 기인한다. 더불어 이는 두 산업들이 현재 창의적 지식과 문화 생산, 그리고 의학, 정보 분야에서의 혁신을 주도하며 우리 경제와 사회, 문화를 크게 변화시켜가고 있기 때문이기도 하다. 다시 말하면 21세기 이 두 산업 분야에서 지식재산의 정의와 그 소유에 대한 문제가 어떻게 재정의되는지에 따라 혁신을 통해 생산된 경제적 부와 그 이익이 개인과 사회, 그리고 공공에 어떠한 방식으로 공유되는지 결정될 수 있다는 것이다. 이에 지식재산의 문제는 21세기 혁신을 추동하는 동시에 사익과 공공 이익의 균형을 추구하는 데 있어 핵심적인 문제라고 할 수 있다.

지식재산 : 역사적 개관과 논의

책의 본론에서 본격적인 논의에 들어가기에 앞서 우선 지식재산권에 대한 간략하고 일반적인 소개가 필요하다. 지식재산권(intellectual property right)이란 인간의 창의적인 지적 활동의 산물에 대해 법적으로 부여되는 독점적 권한을 지칭하며, 소유자는 법이 허용하는 일정 기간 내에서 타인에게 사용을 허가해 줄 수 있는 권리를 지니게 된다. 지식재산권은 법적으로 크게 음악, 문학, 예술작품과 디자인 등 예술과 기예에 창의적으로 기여한 예술가와 작가에게 부여되는 저작권(copyright), 그리고 독창적이고 유용한 발명과 기술의 개선을 행한 발명가에게 부여되는 특허(patent)로 구분될 수 있다.

지식재산권은 무엇보다 지식의 진보와 독창성을 믿었던 18세기 서구 계몽사조의 산물이며, 특히 현대적 의미의 지식재산권은 18-19세기를 거치며 여러 나라들에서 법적으로 제도화되기 시작했다. 18세기 계몽사조기를 거치며 과학기술과 같이 새롭게 발전하는 지식과 문화 전반에서의 예술 생산 활동이 지니는 창의성(creativity)에 대한 자각이 나타났다. 이는 지식이 기존에 세상을 창조한 조물주의 비밀을 '발견'하는 것이고, 이에 인간이 발견한 지식은 '선물'과 같은 것이어서 자유롭게 공유되어야 한다는 중세적 지식관을 반박하는 것이었다. 나아가 계몽사조기 지식인들은 창의성이 과학기술의 발전과 문화, 예술을 풍요롭게 하여 경제와 문화, 사회 전반에 큰 이득을 가져다준다는 인식을 폭넓게 공유하기 시작했다. 일례로 후에 미국 대통령이 된 토마스 제퍼슨(Thomas Jefferson)과 같은 계몽사조기 사상가들은 창의적 지식은 다른 재화와는 달리 보다 많은 사람들이 그것을 사용할수록 그것이 줄어들기보다는 그 효용이 오히려 늘어난다며, 지식의 상호부조적이며 자애로운(benevolent) 성격을 찬양하기도 했다.

지식의 발전은 사회 전반의 계몽과 함께 경제적 부와 문화적 풍요를 가져다주는 진보의 기원이 될 수 있다는 계몽사조기의 믿음은 이러한 창의적 지식과 문화를 생산했던 창작자의 권리를 인정하고, 이를 통해 보다 창의적 활동을 장려할 수 있는 제도의 탄생을 가져왔다. 특히 일군의 창작자들은 자신들의 지식과 작품이 자신들의 노동의 산물이라며, 지식은 '선물'과 같이 공유하는 것이 아니라 자신들의 사적 소유가 되어야 한다고 주장했다. 이들은 인간이 자신의 손을 통해, 노동을 통해 얻은 것은 그 자신의 소유가 되어야 한다는 존 로크(John Locke)의 주장을 인용하며 지식재산에 대한 절대적인 권리를 주장했다. 반면 콩도르세를 비롯한 일군의 계몽사조기 사상가들은 이러한 지식재산권 주장에 반발하며, 지식과 저작은 무엇보다 사회적인 생산물이며, 집단에 의해 이해되고 공유되고 사용되지 않는다면 이의 가치와 효용이 실현되지 않을 것이라며, 지식의 발전과 그 가치 또한 사회적이라고 주장했다. 이들은 또한 지식은 다른 재화와 달리 다른 사람이 사용해도 그 가치가 감소하지 않을 뿐만 아니라 일단 공개되고 나면 다른 사람의 사용을 막을 수 있는 방법 또한 마땅하지 않다고 지적했다.

현재 우리가 가지고 있는 창의성, 저자, 발명가의 개념은 이러한 계몽사조기 논의의 결과이며, 제한된 의미에서의 재산권의 일부인 지식재산권에 대한 법적 정의 또한 이러한 논의의 결과라고 볼 수 있다. 이에 따르면 지식재산권은 한편으로 독창적이고 유용한 지적 산물을 창조해낸 개인의 노력에 대한 보상을 가능케하는 법적 권리이며, 다른 한편으로는 이러한 창조적 활동의 장려와 이 결과물의 광범위한 사회적 이용과 공유를 통해 공공 이익을 도모하려는 유인책으로 고안된 제도이기도 하다. 때문에 지식재산권의 소유자는 이에 수반되는 권리의 행사가 일정 시기 내로 제한된다든가 자유로운 연구나 공공의 이익을 위해 그 사용이 제한될 수 있다는 점에서 일반 재산권과 다소 차별되는 형태의 법적 권한을 지닌다. 지식이 다른 재화와는 달리 계속 반복되어 사용되어도 그 양이 줄어들지 않는다는 비-경합적(Non-rivalrous) 특징이 있으며, 이에 보다 많은 사람들이 이를 사용하는 것이 경제적, 사회적 효용의 극대화를 가져다주기 때문에 이의 사적 독점이 사회의 공공이익을 크게 저해할 수 있다는 인식이 있기 때문이다. 이러한 맥락에서 지식재산권은 개인의 권리와 이익의 추구, 그리고 공공의 이익 증진을 동시에 균형 있게 달성하려는 시도에서 정의된 제한된 의미의 재산권이라는 것이다.

지식재산의 등장과 특징 : 다학제적 접근의 등장

20세기 중반까지 일군의 법학 전문가들과 일부 경제학자들의 전문적이고 기술적 분석 대상이었던 지식재산에 대한 논의는 20세기 후반 이후 지식경제의 놀라운 성장과 과학기술 혁신의 발달로 다학제적 관심을 지닌 과학기술학을 비롯한 인문, 사회과학자들로부터 큰 관심을 받게 된다. 학자들은 창의성이란 무엇이며, 창의적 지식과 문화를 생산하는 저자나 발명가란 어떠한 존재들인지에 대해 탐구했다. 1970년대 말 사상가 미셸 푸코는 "저자란 무엇인가"라는 논문을 통해 이러한 문제들을 제기했으며, 이에 1980년대 이후 지식재산에 대한 역사학적이고 이론적인 논의들이 등장했고 점차 다학제적인 접근을 통해 그 논의가 확장되기 시작했다. 18세기 계몽사조기 이후 나타난 창의성, 저자, 발명가의 개념과 이들의 권리를 둘러싸고 나타난 논쟁에 대한 분석을 시작으로, 지식재산에 대한 논의는 저자와 발명가의 권리에 대한 분석을 넘어 지식의 사회적 성격과 지식재산 확립의 사회적 함의와 지식의 발전과 사적 소유, 그리고 공공 이익의 관계에 대한 폭넓은 논의로 발전해 나갔다.

이러한 일군의 연구들은 우선 18세기 이전에는 현대적 의미에서 특허와 저작권이 없었다는 점을 지적했다. 무엇보다 고대에서 중세시기에 이르기까지 유형의 재화를 생산하기보다는 보다 추상적인 차원에서 논의되는 지식과 창의적 예술작품에 대한 독점적 권리라는 관념 자체가 여러 지적, 종교적 이유에서 미미했다. 일례로 12세기 프랑스의 시인 마리(Marie de France)는 지식이란 개인이 발견하는 것이라기보다는 신이 이를 추구하는 이에게 부여하는 "신의 선물이며, 따라서 이를 상품화할 수 없는 것"이라며 지식의 공공재적 성격을 예찬했다. 다른 한편으로 지식을 부여받은 사람들은 "이를 감추려 하기보다는 자진해서 전파해야" 한다는 도덕적 의무 또한 지녔다. 중세시대 대학의 학자들이나 변호사 등 전문지식을 지닌 이들은 자신들의 교육 및 서비스 활동으로부터 '보수'를 받기보다는 이의 대가로 '선물'을 받아야한다는 의무를 지녔다. 이전 세대로부터, 그리고 궁극적으로 신으로부터 지식을 전수받은 학자는 이를 선물교환과 같이 호혜평등과 의무에 따라 자신이 속한 공동체를 위해 보존하고 전파해야 하는 것이었다.

근대 초 지식재산과 유사한 용어들, 특허/혹은 특권이라는 용어가 출판이나 특정 기술의 독점적 사용을 허용하는 의미로 사용되기 시작했지만, 이 역시 현대적 의미의 저작권과 특허와는 그 의미가 매우 상이한 것이었다. 우선 근대 초 서구 사회에서 출판사들은 왕으로부터 권리를 취득하여 책을 출판하고 판매하여 이득을 얻을 수 있었다. 그렇지만 이는 책에 담겨 있는 지식재산에 대한 권리를 인정했다는 의미가 아니라, 왕권이 책의 출판과 유통을 제한하였으며 검열을 통해 특정 책을 출판할 수 있도록 '특권'을 주었다는 의미에 가까운 것이었다. 또한 유용한 발견, 발명, 그리고 기술적 공정에 대한 독점권의 부여는 고대부터 종종 나타났으며 이는 특정 장인 계층의 집단만이 이들을 사용해 유용한 상품을 제조할 수 있도록 허가해주는 특권의 형태로 수여되었다. 이러한 특권은 창조적인 작업에 대한 인정으로 부여되는 것만은 아니었으며 왕권과의 관계나 경제적 이해관계에 따라 주어지기도 했다. 새롭고 독창적인 발명이나 발견에 대한 일반적인 인정으로서 독점권의 부여는 15세기 이탈리아의 베네치아에서 처음으로 '특권 혹은 특허(privilegi)'라는 형태로 나타났다. 이 시기 베네치아 공화국에 의해 공식적으로 부여된 특허의 수는 적었으며, 이러한 지식재산권은 일정 시기에 제한적으로 인정되었는데 이 또한 반드시 특정 개인이나 집단에만 배타적인 형태로 주어진 것도 아니었다.

근대 시기를 거치며 신의 선물이며 공공재라는 전

통적인 지식의 상, 그리고 이러한 생각과 더불어 지식의 보존과 이의 자유로운, 무상의 (free) 전파라는 것이 학자들의 도덕적 의무라는 관념은 큰 도전을 받게 되었다. 무엇보다 16-18세기를 거치며 인쇄술의 발전과 출판산업의 등장, 그리고 새로운 과학기술의 발전과 지식의 진보에 대한 믿음이 생겨나면서 지적 독창성과 창의성이라는 개념이 등장하기 시작했다. 일례로 존 로크(John Locke)와 같은 철학자는 지식과 기예가 인간의 지적 노동의 결과물이며 때문에 이러한 노동을 주체적으로 행한 개인에게 그 소유권이 주어져야 한다고 주장했다. 18세기 계몽사조기 백과전서를 출판, 편집했던 드니 디드로(Denis Diderot)와 같은 사상가도 저서와 문학, 예술작품, 그리고 각종 발견과 발명과 같은 혁신들 모두 지적 노동의 산물로서 이 결과물들에 대한 권한을 이를 창조한 개인에게 지식재산권의 형태로 부여해 주어야 한다고 역설했다.

이렇듯 역사적으로 살펴보면 지식재산권이라는 개념은 근대, 특히 18세기 이후에 들어서 본격적으로 정착하기 시작한 근대적인 산물이며 이의 법적인 확립 과정 역시 수많은 사회적, 경제적, 정치적 변화와 맞물려왔다. 무엇보다 지식의 특성과 과학기술 혁신, 그리고 경제성장 간의 관계에 대한 인식이 나타났으며, 이에 지식 경제의 기원과 지식재산의 관계에 대한 논의가 활발해지기도 했다. 특히 19세기 산업혁명 이후 지식, 특히 과학기술의 발전이 경제 성장에 기여하며, 그 과정에서 지식이 생산성 향상에 크게 기여하고 지식의 진보와 우리의 물질적 삶의 향상이 직접적으로 연관이 있다는 의식이 확고하게 자리잡게 되었다. 우선 17세기 이후 지식과 시장 사이의 많은 접점들에 대한 인식이 농업 협회나 의학 영역, 그리고 장인 계층들에게서 나타났다. 이에 프랑스는 다른 나라의 장인이나 기술자들을 자기 나라로 유치하여 유리의 제조법이나 염색법 등을 얻으려고 했으며, 이에 대한 반발로 18세기 영국에서는 장인과 기술자들의 이동을 금지시키려는 시도가 나타나기도 했다. 하지만 보편적이고 수식으로 표현할 수 있는 추상적 과학기술 지식이 혁신을 주도하게 되면서 기계나 노동자를 지키는 일보다 지식을 보호하는 일이 각 국가의 경제적 부의 향상에 더 시급한 일이 되었다.

이에 18세기 말엽에 이르면 과학기술적 지식의 경제적 가치와 이것이 생산성 향상에 크게 기여한다는 인식이 확대되면서 유럽 각국의 특허 관련 제도가 정립되기 시작했다. 영국을 시작으로 1791년 프랑스, 1793년 미국, 그리고 1794년 오스트리아 등의 나라가 특허 관련 법령을 제정하면서 발명자에게 일정기간의 독점권을 보장하기 시작했다. 또한 기술 후발국의 경우에 지식재산의 '침해'를 통해 발명의 이득을 누리고자 하기도 했다. 일례로 네덜란드는 1817년에 제정한 특허법을 1869년 폐지했고 이 틈을 타 자국 기업 필립스는 에디슨의 전구관련 특허를 '차용'하여 전구 산업에 진출할 수 있었다. 스위스와 같은 나라는 1888년에야 특허법을 제정했으며 제약, 화학과 관련된 특허는 20세기에 들어서야 인정되었다. 미국의 특허 제도는 1836년까지 발명의 독창성 여부를 고려하지 않고 심지어 "어떤 외국인이 알려준 발명"까지도 특허로 인정해 주었다. 유럽의 산업국가들은 미국의 복제능력을 "양키의 재주"(Yankee ingenuity)라 비하하기도 했다. 이 모두 각국의 지적, 기술적 수준에 맞게 지식재산을 정의하고 사회적 이익을 증대시키고자 하는 전략의 한 형태였다고 볼 수도 있을 것이다.

18세기 이후 저작권 영역에서의 제도적 변화도 활발했다. 특히 유럽에서 출판 시장의 성장과 글을 읽을 수 있는 독자층의 폭발적 증대는 저작권의 법적 확립을 재촉하였다. 일례로 구텐베르크의 인쇄술 이전에 유럽에는 단지 몇 천 권의 책만 있었을 뿐이었지만, 1500년경에는 이미 유럽에만 9백만권의 책이 있었으며, 16세기 말 몽테뉴의 개인 도서관에는 1,000권의 책이 있었지만 18세기 초 몽테스키외는 3,000권의 책을 소유하고 있었다. 칸트는 "삶을 유지해 나가는 데 끊임없는 독서는 거의 필수 불가결해졌다. 학자들뿐만 아니라 도시의 행정가들, 기술자들조차도 장소를 불문하고 끊임없이 무엇인가를 읽고 골똘히 생각하고 있다"고 할 정도였다. 이에 영국에서는 1774년 Donaldson v. Becket 판결을 통해, 그리고 프랑스에서는 1793년 국민공회(National Convention)를 통해 저작권 제도를 정립해 나갔다. 미국은 1790년 저작권법(US Copyright Act of 1790)을 통해 문화적 창작물에 대한 저작권을 14년으로 인정했으나, 곧 1831년 42년, 1909년 56년으로 그 보호 기간을 확대하기도 했다.

19세기 중엽이 되면서 현재와 같은 형태로 "지식재산(intellectual property)"이란 용어가 등장하게 되었다. 정확히는 1845년 10월 미국 매사추세츠주 법원의 판결문에 사용된 것이 그 첫 사례라고 한다. 18-19세기를 거치며 지식재산이란 무엇이고, 그것에 대한 권리가 창의성과 독창성, 그리고 특허의 경우 발명의 진보성에 대한 논의를 통해 창작자에게 주어져야 한다는 주장이 인정되며 지식재산권 제도가 정비되었다. 동시에 지적 창작물과 발명의 사회적 성격과 그 사용에 있어서의 비경합성, 그리고 그것의 진보가 공공의 이익에 큰 이득을 줄 수 있기 때문에 지식재산을 제한적 성격의 것으로 정의하고 이에 지식재산의 독점적 사용을 규제하는 의미에서 일정 기간 동안만 창작자에게 그 권리를 부여해주었다. 무엇보다 저작권과 특허라는 지식재산은 개인의 독창성과 창의성 개념에 대한 인정에 기반했지만, 지적 창의물의 사회적인 성격과 그것의 진보가 공공의 이익에 미치는 막대한 영향을 인정하여 이에 대한 제한을 두려고 했던 것이다. 이에 지식재산권은 근본적으로 지식 생산과 유통, 그 사용에 있어 사익과 공익의 균형을 추구하는 제도로 정착되었다고 할 수 있다.

사적 재산권(property right)의 정립을 통해 근대 자본주의 시장경제의 기반이 마련되었다면, 20세기 부상한 지식경제의 법적, 경제적 기반은 지식재산권 제도를 통해 마련되었다고 할 수 있다. 특히 지식재산에 관한 논의는 21세기 "지식경제"의 부상과 "혁신"의 중요성, 그리고 지식과 문화적 산물의 생산과 처리에 기반한 사회의 재편성을 논의하는 "정보사회"와 같은 주요 사회적 변화에 대한 담론에서 매우 중요한 역할을 차지한다. 지식경제학의 선구자였던 프린스턴 대학의 경제학자 프리츠 매클럽(Fritz Machlup)은 이미 1960년대 초반 미국에서 지식의 생산과 분배, 그리고 소비가 국가총생산(GNP)의 29%를 차지하고 있으며, 이러한 지식경제영역이 다른 산업영역에 비해 급성장하고 있다고 지적했다. 경제가 이제 실물이나 화폐 중심에서 지식 중심으로 이동해가고 있다는 인식과 더불어 지식의 경제적 역할과 사회적 함의에 대한 논의, 그 중에서도 특히 혁신이 경제와 사회적 변화에 미치는 영향에 대한 논의가 점차 증대하면서 지식재산을 어떻게 이해하는지에 대한 논의가 점차 증대하였다.

20세기 중반 이후 컴퓨터와 인터넷, 그리고 소프트

웨어 혁신에 기반한 정보통신산업(ICT)의 발전, 그리고 유전자 조작에 기반한 생명공학산업의 탄생은 지식재산에 기반한 자본주의 경제 성장의 새로운 장을 열어주는 듯했다. 특히 미국 서부의 실리콘 밸리(Silicon Valley)를 중심으로 부상한 컴퓨터 산업과 생명공학산업에서의 혁신은 당시 경제 위기에 처해있던 미국에 지식-기반 신경제, 무엇보다 실물이나 금융 자본이 아니라 지식이 새로운 자본인 "자본 없는 자본주의"의 탄생을 가져오는 듯했다. 이에 지식이란 무엇이고, 이를 어떻게 법적이고 경제적인 방식의 "지식재산"으로 정의해 새로운 지식 경제와 혁신 기반 성장을 도모할 것인지에 관한 논의가 매우 활발해졌다. 무엇보다 지식-기반 경제가 어떻게 등장했으며, 이의 부상이 사회의 부의 생산과 분배를 재편하고 있는지에 대한 논의가 활발하게 이루어지기 시작했다.

우선 지식경제 시대가 대두되면서 창의적 과학기술과 혁신의 주체들, 특히 기업과 대학에서의 지식 생산과 그것이 혁신 과정에 어떻게 영향을 미치는지에 대한 연구들의 일환으로 지식재산권 제도의 역할이 중요하게 논의되었다. 무엇보다 "혁신"의 중요성과 지식의 역할에 대한 경제학적인 분석이 활발하게 진행되었으며, 이 과정에서 지식의 생산뿐만이 아니라 이의 사적 소유에 기반한 지식의 발달과 기술 혁신 과정에 대한 중요성이 점차 인식되게 되었다. 일례로 창의적 지식의 사적 소유에 기반한 정보통신과 생명공학 분야에서의 벤처 창업이 혁신과 경제적 성공으로 이어지면서, 20세기 첨단 과학기술-기반 산업에서 지적 재산을 어떻게 새롭게 정의할 것인지, 그리고 그것을 누가 소유할 것인지에 대한 논의가 기업과 특히 대학에서 논의되기 시작했다.

지식재산권 소유의 문제는 과학기술에 기반한 산업의 등장과 이에 바탕을 둔 지식경제의 태동을 계기로 중요한 이슈로 부상했으며, 이에 20세기에 걸쳐 지식재산권의 소유 방식이 과학연구의 주체와 지원체계가 변화함에 따라 변화해 왔다는 점이 부상하였다. 우선 19세기 말에서 20세기 초 소위 2차 산업혁명이라 불리는 전기, 화학공업 분야와 같은 산업의 발전은 과학지식의 중요성과 이의 산업적 이용이 기업의 경쟁과 성공에 있어 매우 중요하다는 점을 보여주었다. 일례로 경제활동에 있어서 과학기술의 중요성을 인식한 미국의 제너럴 일렉트릭(General Electric, GE), AT&T, 듀퐁(DuPont)과 같은 전기화학 기업들은 기업 내에 사내연구소(industrial laboratory)를 설치하고 기초과학기술 연구에 직접 투자하기 시작했다.

기업의 연구소 설립과 함께 20세기 초 지식과 발명의 경제적 가치가 가시화되고 점차 더 중요해짐에 따라, 누가 이러한 연구의 부산물로 나타나는 혁신의 결과물, 특히 특허라는 지식재산권을 소유할 것인지가 중요한 문제로 대두했다. 사실 20세기 초까지도 기존의 장인과 공장 노동자들은 자신의 숙련이 깃든 여러 발명들에 대해 자신들의 소유권을 주장하고 행사할 수 있었다. 기업에 고용된 발명가와 과학기술자들은 소위 '작업장 권리(shop right)'라는 제한적 권리를 지녔는

데, 이는 발명가 자신이 발명의 법적 권한을 소유하지만 그 사용권을 기업에 라이센스해야 한다는 계약과 같은 것이었다.

하지만 20세기에 들어서면서 특허가 기업 간 경쟁에서 우위를 점하고 시장 지배력을 유지, 확대하는 중요한 수단으로 사용되기 시작하면서, 오히려 고용주인 기업이 이들 특허들에 관련된 법적 소유권을 주장하기 시작했다. 이에 20세기 초반 미국의 기업들은 고용주인 기업이 지식재산권의 소유를 지니고 있다고 주장하며 과학기술자들을 상대로 소송을 제기하였으며, 미국의 법원은 기업에 고용된 이들이 발명한 특허에 대한 소유권을 부정하는 판결을 내리기 시작했다. 이러한 경향은 점차 심화되어 1930년 말에 이르면 기업연구소 내부에서 개발된 기술과 특허에 대한 소유권은 전적으로 과학기술자들을 고용한 기업에게 넘어가게 된다.

20세기 초반부터 미국의 대학에서도 과학기술 관련 기초연구가 교육과 더불어 대학의 주요 활동으로 자리 잡기 시작하면서, 대학에서 창출된 지식재산에 대한 소유와 그 권리에 대한 문제가 등장했다. 하지만 순수 연구교육기관의 길을 걸어온 대학의 경우 발명과 특허를 관리할 수 있는 제도적인 기반이 매우 취약했다. 게다가 20세기 초반 전기, 화학, 제약 산업의 여러 기업들이 공격적으로 특허를 취득했을 뿐만 아니라 이를 기반으로 경쟁 기업들의 시장 진입을 막으며 시장에서의 독점적 이윤을 추구한다는 비판이 거세게 나타났다. 이에 기업이나 대학에서 연구 활동에 종사하던 많은 과학자들은 자신들의 연구 결과가 사적 이윤추구의 수단이 되어 가고 있다며 이를 비판했다. 이러한 비판의 연장선상에서 마이클 폴라니(Michael Polanyi)와 같은 과학자이자 과학철학자는 특허제도가 과학의 창조성에 대한 단선적 이해에 기초하고 있을 뿐만 아니라 지나친 지식재산권의 추구가 기초과학연구 활동에 상업적 동기를 연관시켜 과학연구의 방향을 왜곡할 수 있을 것이라 우려했다.

20세기 초반 대기업 연구실에 의한 지식의 사유화와 이를 통한 독점적 시장 지배를 비판하는 이들이 나타났다. 일례로 1930년대 대공황기 경제위기에 기업으로부터 연구자금을 받은 스탠포드 대학의 한 연구자는 특허와 과학은 "물과 기름처럼 잘 섞이지 않는다"며 비밀스럽고 독점적인 기업의 연구와 자유로운 대학의 연구를 비교하기도 했다. 이러한 비판 과정에서 자유로운 지식의 공유와 교류만이 창조적 지식 생산의 기반이 될 수 있으며, 때문에 사회는 이러한 이유에서 공적인 차원에서 과학 연구를 지원해야 한다는 생각이 부상하게 되었다. 과학자는 자신의 연구결과를 사회에서 공적으로 사용할 수 있도록 동료 과학자와 대중에게 공개하고 발표해야 한다는 과학자 공동체의 정체성도 이 시기를 거치면서 확립되었다. 20세기 초반까지만 해도 많은 대학의 기초 과학자들은 특허와 같은 지식재산 제도에 대한 비판적 태도와 과학 지식의 공적 성격에 대한 믿음을 공유하고 있었던 것이다.

2차 대전을 거치며 과학연구의 성격과 그 지원의

출처와 규모가 크게 변화하였다. 특히 미국 연방정부는 레이더, 핵폭탄 등의 개발을 위해 연구 대학들에 막대한 규모의 과학기술 연구자금을 지원했다. 이에 1950년대에 이르면 각종 군사기술관련 연구를 통해 스탠포드(Stanford), 캘리포니아 대학 버클리 분교(University of California, Berkeley), MIT, 칼텍(Caltech)과 같은 대학의 실험실들이 성장했고, 대학이 첨단 과학기술연구 영역에서 기존의 기업 연구소들만큼이나 중요한 역할을 담당하기 시작했다. 이와 동시에 이들 연구 대학을 중심으로 캘리포니아의 실리콘 밸리(Silicon Valley)나 보스턴 지역의 루트 128 (Route 128)과 같은 첨단산업단지가 등장하며 과학기술연구가 지역경제에 미치는 긍정적 효과가 가시화되며 여러 정책입안자들과 정치가들, 경제학자들이 과학기술의 발전과 경제성장 간의 연관관계에 주목했다.

전후 과학기술정책 전문가들이 과학기술과 혁신의 선형모델(linear model)이라 칭한 바 있는, 기초과학에 대한 투자가 기술혁신을 낳고 이것이 국가의 경제발전에 기여한다는 시각은 이렇듯 전후 미국에서 진행된 연구 대학의 성장과 지역경제의 발전이라는 맥락에서 등장하였다. 특히 과학기술과 경제발전에 관한 선형모델적 관점의 기저에는 과학기술에 대한 당대의 독특한 경제학적 이해가 있었다. 케네스 애로우(Kenneth Arrow)와 같은 경제학자들과 과학기술정책 입안자들은 과학기술 지식의 생산과정이 경제학적 분석으로 예측하기 힘든 불확실한 과정이라는 점을 강조했다. 이에 시장의 자원

배분 메커니즘에 따라 과학기술에 대한 투자가 이뤄질 경우 짧은 기간에 이윤을 가져올 수 있는 응용연구에만 투자가 치중될 수 있으며 이 경우 혁신적인 결과를 가져올 수 있는 연구에 대한 투자가 저해될 우려가 있다는 것이다. 이들 전후 경제학자들은 특히 기초연구의 결과물이 특허와 같은 제도를 통해 사적인 소유물이 될 경우 기술혁신에 필요한 비용이 기하급수적으로 늘어날 수 있다고 지적했다. 따라서 사적인 이윤추구를 목적으로 하는 기업 이외의 공공기관들에서 과학기술의 발전을 지원해 광범위한 과학기술영역에서 공적 지식 또는 과학적 공유재(public knowledge, or scientific commons)를 구축하는 작업이 사회 전체의 이익을 위해 꼭 필요하다고 역설했다.

20세기 중반 각종 공공재단과 연방정부의 과학기술 지원을 통한 공적 과학지식(scientific commons)의 등장과 성장은 이러한 과학기술지식과 경제발전, 지식재산권, 그리고 공공의 이익이라는 관계에 대한 독특한 이해에 바탕을 두고 있었다. 일례로 1950년대 중반 이후 전체 미국 연구 대학 지원의 50%가 넘는 연구기금을 제공한 미국 보건교육복지부(Department of Health, Education, and Welfare, DHEW)는 연구기금을 받은 과학자가 특허를 취득할 경우 이를 공적 지식으로 만들기 위해 정부가 해당 지식재산권을 소유하도록 했다. 또한 연구 대학의 황금기로 불리는 1950-60년대를 거치면서 1960년대 중엽 버클리 대학의 총장이었던 클라크 커(Clark

Kerr)는 연방정부와 미국 사회의 연구 대학에 대한 투자가 지식경제의 부상을 이끌고 있다고 평가하면서, 대학이 미국 사회를 이끌어가는 동력으로 부상했음을 천명하기도 했다. 2차 대전 이후 미국의 연구 대학들은 이러한 공적 과학기술을 생산하는 제도적인 기관으로, 그리고 지식경제의 태동을 가능하게 한 연구기관으로 유례없는 성장을 거듭하며 공공의 이익에 기여하는 연구기관이라는 신임을 얻을 수 있었던 것이다.

지식의 사유화와 혁신, 그리고 공유재의 비극?

1960년 중반까지 맥클럽과 같은 전후세대 지식 경제학자들과 지식재산권 관련 연구를 하는 법학자들은 지식재산권이 한 기업의 시장 독점지배를 가능케 하는 수단으로 활용될 것을 우려하면서 지식재산권의 무리한 적용과 확대에 반대해왔다. 대표적으로 맥클럽이 1950년에 출판한 『특허제도에 대한 경제적 소고 An Economic Review of the Patent System』가 이러한 시각을 보여준다. 그는 특허제도의 목표가 독창적 발명의 공개를 유도해 궁극적으로 공공의 복리를 증대시키는 데에 있고, 이를 위한 수단으로 발명가에게 경제적 보상을 보장하는 독점적 권리를 부여하는 것이라고 지적했다. 하지만 그는 지식재산권의 지나친 독점을 제한하지 않는다면 특허제도가 그 본연의 목표를 잃고 개인과 기업의 이익만을 위한 법률적 제도로 변질될 우려가 크다고 주장했다. 그의 지식재산권과 경제발전, 그리고 공공재에 대한 이해는, 이후 과학기술의, 그리고 넓게는 지식재산권의 제한적 소유와 사회의 필요에 따라 공중파와 같은 여러 자원의 공적 소유를 뒷받침하는 데 큰 영향을 미쳤다.

반면 1970년대 지식재산권에 대한 새로운 이해는 이후 공적 지식의 사유화를 법률적으로 정당화시켜 주면서 과학지식의 광범위한 사유화를 가능하게 해 주었다. 흔히 시카고 학파라 불리는 몇몇 경제학자들과 법학자들은 공중파나 환경자원과 같은 공공적인 자원들의 배분에 있어 시장 원리를 도입해야 한다고 주장하였다. 이러한 주장은 게럿 하딘(Garrett Hardin)이 1968년 논문 "공공재의 비극(the tragedy of the commons)"에서 수자원 고갈과 오염과 같은 환경문제의 원인을 공유재산으로 인한 시장 실패라는 준거 틀로 이해한 것과 그 맥락을 같이 하는 것이다. 즉 공공재에 적절한 사적재산권을 부여해주면 이들이 사회적으로 보다 효율적으로 분배될 수 있다는 것이다.

이러한 논의는 지식의 사유화에도 큰 영향을 미쳤

다. 대표적인 시카고 법경제학자 중 한명인 에드문드 키치(Edmund Kitch)는 1970년대 이후 지식재산권 확장에 대한 이론적 기반을 마련해준다. 그는 지식경제 부상의 시대에 지식의 영역에서도 적절한 재산권을 부여해준다면 광범위한 과학지식 기반의 혁신이 나타날 수 있다고 주장했다. 대부분의 기초과학기술 연구에 기반한 발명이나 발견들이 상업화를 통해 혁신에 이르기 위해 오랜 시간 투자와 발전 과정이 필요하며, 이때 특허 제도가 발명가에게 독점권을 제공해주어 이 기술에 대한 개발과 투자를 가능하게 해 준다는 것이다. 지식의 사유화는 결국 개인의 사익을 추구하는 강한 유인을 적절히 활용하고 그 결과 새로운 혁신이나 기술에 대한 투자와 개발을 촉진시킴으로써 궁극적으로 과학기술혁신의 성과를 보다 많은 이들에게 가져다준다는 것이다. 그의 주장은 1970년대 과학기술 영역에서 지식재산권의 확대와 그 제도적 정비에 큰 영향을 주게 된다.

1970년대 지식경제의 부상과 맞물리면서 미국에서 지식의 사유화를 가능하게 하는 여러 지식재산권 제도가 정비되고, 특히 당시 부상하고 있던 생명과학과 정보통신 등 첨단 과학기술-기반 산업에서의 지식재산권에 대한 논의가 활발하게 일어났다. 일례로 1970년대 중반부터 소프트웨어를 개발하는 회사들이 등장하고, 이들은 무엇보다 자신들의 소프트웨어가 하나의 새로운 지식재산으로 인정되어야 함을 주장하기 시작했다. 마이크로소프트 사의 창립자인 빌 게이츠는

1976년 알테어(Altair)라는 컴퓨터에 사용되는 베이직(BASIC) 소프트웨어를 개발했다. 그는 그 과정에서 1년이 넘는 시간과 인력, 그리고 $40,000가 넘는 컴퓨터 사용료가 투자되었다며, 이들 컴퓨터 사용자들에게 "대부분의 사용자들이 소프트웨어를 훔쳐 사용하고 있다"고 공격했다. 그렇지만 당시 학계의 컴퓨터 사용자들은 대부분의 소프트웨어가 자신들이 자발적으로 협력하여 공동 개발한 소프트웨어의 핵심 부분들에 기반한 것이기 때문에 이를 회사가 소유하는 것은 잘못된 것이라 지적했다. 이에 컴퓨터 사용자 공동체들은 오픈 소스(open source) 중심의 사용자 공동 소유 소프트웨어를 개발하기 시작했다.

소프트웨어라는 지식재산의 본질과 그 특성을 둘러싼 논의 또한 활발하게 이루어졌다. 컴퓨터라는 정보처리 기계를 운용하는 명령들의 집합인 소프트웨어는 기계의 구성 일부로서 기계와 관련된 특허 제도를 통해 그 지식재산을 인정받아야 하는지, 혹은 컴퓨터를 운영하는 명령들의 집합체로서의 텍스트, 즉 저작권을 통해 그 지식재산에 대한 독점권을 인정해주어야 하는지에 대한 문제가 나타났다. 보다 근본적으로 계산 기계를 특정 목적을 위해 운용하는 방식에 대한 명령들의 집합체가 지닌 창의성이나 독창성을 어떻게 판단할지에 대한 문제가 제기되었다. 다시 말하면 이 시기 소프트웨어를 지식재산으로 인정할 기준은 무엇이고, 이를 누가 소유해야 할지에 대한 근본적 문제제기가 나타났던 것이다.

1970년대 중반 등장했던 생명공학 분야에서도 지식재산권에 대한 문제가 특히 생명과학 분야에서 발견과 발명에 대한 특허와 허용 범위, 그리고 그 소유권을 둘러싸고 첨예하게 나타났다. 우선 기업의 연구자들 중 일부가 생화학과 유전학 기술을 동원하여 기름을 분해하는 등 새로운 특성을 지닌 생물체들에 대한 특허를 출원하기 시작했다. 이에 이들 생물은 자연의 산물이기 때문에 특허를 부여할 수 없다고 주장하는 이들과, 이들 생명체는 인간이 만든 인공의 산물이자 "발명"이기 때문에 특허의 대상이 되어야 한다는 입장이 팽팽하게 맞섰다.

또 다른 측면으로 분자생물학, 유전학의 발달로 나타난 유전자재조합 기술과 같은 새로운 생명공학 관련 기술들의 특허 소유권에 대한 문제들이 제기되었다. 대부분의 대학 내 생의학 연구가 미국 연방정부의 공공자금 지원을 받았고, 이러한 연구의 결과물은 공공에게 공개될 뿐만 아니라 특허와 같은 발명의 경우 공공의 보건과 의학적 향상을 위해 미국 정부의 소유가 되어 공공에게 사용될 수 있게 되었다. 그렇지만 1970년대 중반 지식의 사유화가 혁신을 유도한다는 지식재산에 대한 새로운 이해, 그리고 유전자재조합 기술(recombinant DNA technology)이나 단클론항체(monoclonal antibody) 등 기초 생의학에서의 혁신적 발견들의 등장으로 이의 의학적, 산업적 응용들에 대한 기대가 커지게 되었다. 이에 대학의 생의학 연구자들이 특허를 신청하게 되었고, 이를 공공의 소유로 할지, 혹은 사적 소유를 허용해주어야 할지에 대한 광범위한 정책적 토론이 나타났다.

이처럼 1970년대 말에서 1980년대 초에 이르러 미국에서는 생명과학과 정보통신 관련 기술, 특히 생명공학의 발전으로 각종 유전자조작 기술과 그 결과로 나타난 유전자조작 세포나 생명체, 그리고 인공적으로 합성된 유전자와 같은 생명물질들이 광범위하게 특허가능한 '발명'의 범주에 포함되기 시작했다. 또한 그동안 지식재산의 범주에 잘 포함되지 못했던 소프트웨어가 본격적으로 지식재산권 논의에 다루어지게 되었다. 특히 연구 대학을 중심으로 "공유재의 비극"으로 대표되는 지식재산에 대한 새로운 경제학적 분석, 그리고 혁신을 장려하는 공공정책적 흐름으로 지식의 사유화가 추진되었으며, 이러한 취지에서 1970년대 중반부터 각 대학은 특허를 관리하는 기술이전국을 제도화하기 시작한다. 또한 연방정부 역시 지식의 사유화와 혁신의 추구에 대한 유인을 제공하는 방편으로 연방기금 기반의 발명을 대학의 연구자에게 양도할 수 있도록 하는 바이-돌 법안(Bayh-Dole Act)을 1980년 제정한다. 이 법안은 연방정부의 지원을 받은 연구자들에게 그들의 연구결과에 기초한 특허의 지식재산권을 양도할 수 있게 하면서 과학기술의 사유화의 길을 열어주었다. 공공의 자산으로 간주되어온 기초과학연구의 결과들이 사적인 소유물이 될 수 있는 제도적인 근거가 된 이 법안은 지식의 공적인 성격을 크게 변화시키는 계기가 되었다.

1980년 생명공학의 성공과 대학에서의 지식 사유화를 가장 대표적으로 보여주는 사례는 바로 1976년 설립된 첫 유전자재조합 기반 생명공학회사 제넨텍(Genentech)일 것이다. 1970년대 중반 스탠포드 대학의 연구자와 유전자재조합 기술을 개발했던 캘리포니아 대학의 허버트 보이어(Herbert Boyer)는 당시 대학들에 설치되기 시작했던 기술이전국을 통해 자신의 연구에 대한 특허를 신청하고, 이 기술의 상업적 가능성과 특허 승인을 기대하며 제넨텍이라는 회사를 차렸다. 이 회사는 곧 유전공학 기법을 사용하여 인슐린 개발에 성공하였고, 1980년 주식시장에 상장된 제넨텍은 당시 상장 하루 만에 가장 큰 수익을 얻는 희대의 기록과 백반장자의 반열에 오른 보이어가 그날 곧장 포르쉐를 사러 갔다는 일화를 남겼다.

1980년 이후 보이어와 같이 실험실 연구의 특허에 기반하여 성공한 수많은 기업가형-과학자들이 나타났다. 제넨텍에 투자해 큰 수익을 얻은 벤처 투자회사인 클라이너 & 퍼킨스는 후에 스탠포드 대학의 대학원생이 개발한 인터넷 검색 알고리즘에 기반한 회사인 구글에 투자하기도 한다. 스탠포드를 중심으로 실리콘 밸리에서 폭발적으로 성공한 생명공학과 정보통신 산업 모델은 21세기 지식경제 사회의 혁신의 신화로 남아있게 되었다. 뿐만 아니라 이렇듯 지식이 경제성장에 기여하고, 지식의 개발자와 과학자, 그리고 혁신가가 지식재산권을 통해 부를 축적한다는 새로운 기업가적 과학자

(entrepreneurial scientist)의 모습이 현대 지식경제사회의 새로운 이데올로기로 등장했다. 지식의 생산자는 이의 산업적, 의학적 응용을 통해 자신의 부를 축적하는 동시에 사회에 기여해야 한다는 '자본주의적' 의무를 지니게 된 것이다.

반공유재의 비극

지식재산권은 창의적 지적 활동의 산물에 제한된 재산권을 부여함으로써 개인의 권리와 이익을 추구하면서도 지적 산물을 공개해 공공의 이익 증진을 동시에 균형 있게 달성하려는 제도이다. 하지만 20세기 후반 지식재산권 범주의 확대와 강화는 사익과 독점 추구에 대한 문제를 둘러싼 광범위한 논쟁을 불러일으키고 있다. 일례로 1990년대를 거치며 일군의 법학자들과 경제학자들은 공공재와 지식의 사유화가 사회 전반의 이익에 부합하지 않음을 지적하기 시작했다. 대표적으로 1998년 법학자였던 마이클 헬러(Michael Heller)는 각종 유형-무형재산의 지나친 사유화가 오히려 공공의 이익에 부합하지 않는다는 '반공유재의 비극(The Tragedy of Anticommons)'이라는 테제를 발표했다. 헬러는 지나친 지식의 사적소유가 독점을 공고하게 하고 시장을 통한 자원의 효율적 배분을 저해함으로써 공공의 이익에 반하는 '반공유재의 비극'이 20세기 후반 미국 지식경제 기반 자본주의 시장의 여러 영역에서 나타나고 있다고 지적한다.

헬러는 생명과학과 생명공학산업을 반공유재의 비극의 대표적 예로 든다. 그는 1980년대 이후 생명공학회사들이 기존에 과학 공동체가 공유하고 있었던 기초연구관련 유전공학 신기술들과 생의학 물질들, 그리고 연구용 쥐와 같은 생명체에 대한 광범위한 지적소유권을 주장했으며, 그 과정에서 특허의 범주와 수가 폭발적으로 증가하고 생명공학과 관련된 지식과 기술영역에 걸쳐 수많은 지식재산권 소유자들이 나타났다고 지적했다. 생명공학 영역에서 새로운 지식재산권에 관련된 결정들은 특허의 범주와 범위를 넓혀 지식과 물질에 폭넓은 사적 소유권을 부여함으로써 새로운 특허의 소유자들이 커다란 부를 가질 수 있는 기회를 주었다. 하지만 헬러는 몇몇 이들이 자신들의 특허에 기반해 이의 개발과 혁신에 투자하기보다는 특허가 지닌 독점적인 지위를 이용해 시장을 지배하거나 특허를 상품으로 거래해서 오히려 연구개발과 신약개발에 필요한 비용을 증대시키는 폐해를 낳았다고 주장한다. 이들이 특허를 상품처럼 거래하면서 증대시킨 비용은 결국 연구자들과 제약회사들 그리고 궁극적으로 소비자에게 새로운 경제적인 부담을 지운다는 것이다.

그렇다면 21세기 특허와 저작권은 생명공학에서 정보통신산업 같은 첨단 산업에서부터 문화 산업에 이르기까지 다양한 분야에서 창의적 산물의 소유자에게 발명과 창작의 유인을 제공하고 있는가? 현재 지식재산권 제도가 지식재산에 제한된 권리를 부여하여 공공이 보다 많은 이익을 향유할 수 있도록 해 주고 있는가? 21세기 혁신을 추구하는 기업들은 단지 유전자의 염기서열과 같은 물질적 세계뿐만이 아니라 가상의 세계에서 창작한 아바타나 게임 캐릭터들, 그리고 비지니스 모델이나 데이터베이스와 같은 광범위한 영역에서 특허나 저작권을 통해 이윤을 얻고 있다. 수식은 특허의 대상이 아니지만, 인공지능의 시대를 재편할 수 있는 알고리즘에 대한 특허 신청은 폭증하고 있으며, 관련 기술들 또한 지식재산의 영역에 편입되고 있다.

일례로 다음과 같이 단순한 온라인 구매 방법에 대한 특허를 생각해보자. 미국 아마존은 '원클릭'기술이라는, 저장된 배송지와 결제정보 등을 사용해 한 번의 클릭으로 상품을 구매하는 편리한 기법을 개발하고 이를 1999년 미국 특허청에 등록하였다. 경쟁회사였던 반즈&노블 역시 비슷한 방식으로 한 번의 클릭을 통해 책을 주문할 수 있는 기법을 도입했는데, 아마존은 자사의 특허를 침해했다고 이 회사에 소송을 제기했다. 반즈&노블은 곧 이 기술의 사용을 중지했고, 이 기술은 아마존에 의해서만, 혹은 아마존에 이 기술을 사용하는 대가로 비용을 지불하는 회사들만이 사용할 수 있게 되었다. 2017년 이 특허가 만료되기 전까지 애플의 앱스토어는 아마존에 막대한 사용료를 지불하고 이 기술을 사용해오기도 했다.

21세기 과학기술이 급격히 발전하고 있으며, 특히 생명공학과 제약 산업, 정보통신 기술, 그리고 인공지능과 같은 영역에서 지적재산의 정의나 소유를 둘러싸고 새로운 기술적, 법적, 경제적 논의들이 점차 증가할 것이다. 일례로 인공지능이 창작한 예술품이나 발명품과 같은 것들의 지식재산의 소유자는 누구인가와 같은 문제를 꼽을 수 있다. 그 알고리즘의 창작자인가? 그 알고리즘을 사용한 회사인가? 그 알고리즘이 수많은 예술작품을 학습하고 이를 기반으로 창작한 것이라면 우리는 그 작품의 저작권을 누구에게 귀속시킬 것인가? 그 이외에도 아직 나타나지 않은 여러 지식재산권 관련 논의들이 있을 것이다.

게다가 21세기 지식과 문화 산업의 규모가 커지고, 과학기술의 경우 대학과 연구소, 기업의 연구자들이 네트워크를 이루어 거대 규모의 연구 및 개발 프로젝트를 수행하는 시대에 들어서면서 지식재산의 소유 문제 또한 첨예해질 것이다. 일례로 수많은 과학자들이 참여하고, 국가나 기업의 연구소들 또한 자금을 지원하는 협력 및 거대 프로젝트의 경우, 새로운 발명이나 지식이 어떤 특정한 몇몇 사람들에 의해 어떤 실험실에서 나타났는지 판단하기도 점차 어려워지고 있다. 또한 다양한 연구와 실험 네트워크 하에서 혁신이 나타났을 경우에 이러한 연구가 여러 단계에 걸쳐 대학, 정부와 기업, 혹은 그 외 후원단체들에 의해 지원을 받았다면 이의 지식재산권은 누구의 소유로 하여야 하는 지의 문제가 나타날 것이다. 일견 법적이고 기술적인 문제로 보이는 이러한 지식재산권의 문제는 사실 지금까지 지식재산권 제도를 형성해온 지식의 창의성과 독창성에 대한 논의, 창작과 발명에의 유인과 공공이익 사이의 균형을 위한 제도로서의 지식재산의 성격과 논쟁에 대한 이해를 기반으로 접근해야 할 것이다.

지식재산의 영역을 중심으로 나타나고 있는 '반공유재의 비극'에 대한 인식과 비판은 21세기 생명공학과 의학, 정보통신과 같은 IT 산업에 종사하며 과학기술 기반에 혁신을 추구하는 이들만의 문제는 아니며 이와 관련된 법, 경제 분야의 정책 입안가들만의 문제도 아니라는 것을 보여준다. 지식경제의 시대 첨단 산업과 문화의 발전과 이를 통한 경제 성장을 지원하는 국가는 많은 공공 자금을 산업과 문화의 영역에 투자하고 있다. 또한 지식재산권 제도의 재편과 변화가 현재 지식정보 사회를 살아가며 IT 인프라를 통해 경제적, 문화적 삶을 영위해나가고 의학과 생명공학, 제약 산업에 기대 건강을 유지하고 질병을 치유하고 있는 우리의 삶에 큰 변화를 일으킬 수 있다는 것을 보여준다. 즉, 지식재산권의 광범위한 적용과 확대가 1970-80년대 경제적인 유인을 통한 기술의 발전을 도모하고자 하는 취지로 기술이전정책으로서 도입된 것과 달리, 오히려 여러 과학기술 분야의 발전을 저해할 수도 있고 독점적 시장 지배 하에 우리의 경제, 문화적 삶과 복지의 문제가 좌지우지될 우려도 있다는 것이다.

이 책에서 논의하는 지식재산의 기원과 소프트웨어, 생명공학 영역에서의 지식재산 범주와 소유의 재편, 그리고 대학에서의 연구와 지식의 상업화, 혁신에 대한 논의는 이런 맥락에서 궁극적으로 공공 이익에 관련된 문제라고 할 수 있다. 이에 과학자들과 정책 입안가들, 그리고 특허관련 전문가들 사이에서 첨단기술 기반 산업의 지속적인 성장과 발전을 위해, 그리고 과학 공동체가 새로운 지식, 신기술과 신물질의 자유로운 교류를 통해 창조적인 과학연구를 지속할 수 있도록 다양한 정책 실험이나 실천들을 행하고 있기도 하다. 책에서도 살펴볼 것이지만 시민 사회와 과학기술과 의학 학회와 같은 창의적 공동체가 확대된 지식재산권에 대한 도전의 일환으로 유전자 특허가 부당하다는 소송을 진행한 것은 그 한 예라고 볼 수 있다. 새로운 지식재산권 관련 법안이나 대학에서의 지식재산권체제의 도입에 있어 나타나는 문제들에 대한 대안적 해결을 위해서는 과학기술과 지식재산권, 그리고 경제발전과 공공의 이익 사이의 복잡다단한 관계가 존재함을 인식하고, 이들 각 영역의 관계를 조명해 줄 수 있는 분석이 필요할 것이다.

지식재산권 : 더 논의할 문제들

20세기 중반 이후 지식경제가 부상하고 혁신과 경제성장, 그리고 지식재산권의 관계가 재정립되었다. 특히 과학기술 혁신과 창의적 문화 상품들이 자본주의 생산성 향상과 고부가가치를 가져다주는 영역으로 인식되었다. 이 과정에서 지식과 정보 처리 중심으로 경제와 사회, 그리고 문화의 영역들이 재편되기 시작했다고 할 수 있다. 한때 일부 법률가와 경제학자의 영역이었던 지식재산권 논의가 보다 넓은 정치경제적, 사회적, 문화적 함의를 지니게 되었다. 이에 지식재산이란 무엇이고 이를 법적으로 소유한다는 것이 무엇을 의미하는지, 그리고 그 경제적, 사회적, 문화적 함의에 대한 다학제적 논의 역시 매우 활발해졌다.

첨단 산업과 문화 영역을 중심으로 우리의 경제 생활과 건강, 자유로운 연구와 지적 생활, 그리고 문화적 창작과 향유에 대한 지식재산의 문제가 경제적, 비-경제적 영역에 걸쳐 폭넓게 나타나게 되었다. 생명과학과 소프트웨어와 같은 정보통신 관련 분야에서의 혁신은 경제 활동에서의 혁신과 질병 치료와 같은 의료보건 분야의 발전을 가져오기도 하지만, 이들 분야의 지식재산을 시장 지배적인 방식으로 사용하면서 이에 대한 공공의 접근을 어렵게 해 사익과 공익의 균형을 요구하는 사회적인 논의가 나타나기도 했다. 일례로 엔지니어와 컴퓨터 사용자 공동체들이 벌이는 오픈소스 운동, 그리고 생명과학자와 의학자들로 구성된 학회, 그리고 환자 단체들이 제기하는 생명공학과 제약 관련 특허들에 대한 소송 등이 이를 보여준다. 이들은 창의적이고 혁신적인 지식 생산 과정에서 공유와 협력의 중요성을 강조하며 협력과 공개에 기반한 오픈소스 코딩과 바이오브릭(BioBricks) 생물학과 같은 새로운 혁신 모델을 주창하기도 하였다.

마찬가지로 창의적 지식과 문화의 영역에서 그것의 생산과 분배, 접근을 지나치게 저해하는 지식재산의 사용은 관련 분야의 창의적 발전과 이의 향유를 저해할 수 있다. 이에 창의적 지식 생산과 문화적 창작에서 협력과 차용의 중요성을 강조하고, 지식재산권 정의와 사용에 있어 공공의 이익을 도모할 수 있도록 지식재산의 독점적 사용을 제한하는 다양한 제도적 장치들이 존재하고 있다. 일례로 지식재산에 있어, 연구나 리뷰, 비판과 같이 비상업적 목적으로 지적 창작물을 일부 인용하는 것을 허용한다는 '공정한 이용(fair use)'을 허용해주며, 특허의 경우 역시 기초 연구를 위해서 특정 특허를 사용하게 해주는 '실험적 사용 예외(research exemption)'나 팬데믹과 같이 공중보건에 위협적인 상황에서 다른 이들이 특허를 사용할 수 있게 해주는 '강제실시(compulsory license)'를 허용하고 있다. 일례로 아프리카 국가들은 AIDS 치료제 특허에 대한 강제실시를 통해 복제약 생산을 신청하기도 했으며, 신종플루 유행 당시 제약회사 로슈(Roche)의 항바이러스제 타미플루(Tamiflu)에 대한 특허의 강제실시를 통해 복제약을 생산한 국가들도 존재한다.

또한 유럽연합의 경우 특허 허가의 판단에 있어 발명이 창의적이고 새로운 것뿐만 아니라 그것이 그 사회의 가치나 도덕적 규범("ordre public" or morality)을 위배하는지에 대한 여부를 추가로 고려할 수 있도록 되어 있다. 이는 특허를 허용하는데 있어 그 발명의 새로움을 판단하는 신규성, 그리고 그것이 관련분야에 지식이나 기술을 가진 사람들이 통상적으로 알고 있는 것보다 낫다는 것을 보여주는 진보성이라는 두 가지 기술적 기준만을 사용하는 미국과는 다른 태도이다. 일례로 유럽에서는 인간 배아줄기 세포(human embryonic stem cell)를 사용한 유전공학 기술과 그 산물에 대해서 인권이나 생명의 신성함에 대한 도전이라며 이러한 기술을 특허와 같은 사유화 대상에 포함시키지 말 것을 요구한다. 유럽의 녹색당과 일부 환경운동 단체들 또한 유전자조작 생명체에 대한 특허를 다국적 농업회사와 농부 사이의 이윤과 분배 정의의 문제나, 이들이 환경과 생태계에 가져올 위험, 환경정의나 동물의 권리와 같은 문제들을 제기하며 특정 유전자나 생명공학의 산물들에 대한 특허를 허용하지 않아야 한다고 주장하고 있다.

지식재산에 대한 문제는 도덕과 사회 정의와 같

은 다양한 문제들과 연관되어 있을 뿐만 아니라, 보다 국제적인 차원에서 경제질서와도 연관되어 있다. 특히 20세기 후반 세계화와 국제교역의 급속한 성장은 선진국들이 절대 우위에 있으며 비교적 복제가 용이한 제약을 비롯한 화학, 소프트웨어, 엔터테인먼트 산업 분야들이 그들의 수출에 차지하는 비중이 급증하면서 지식재산권에 대한 국제적 차원에서의 보호가 보다 강화되고 있다. 이에 선진국들은 1995년 세계무역기구(World Trade Organization, WTO)의 지식재산권 협약(Agreement on Trade-Related Aspects of Intellectual Property Rights, TRIPS)을 통해 개발도상국들에게 지식재산권 관련 제도의 도입과 선진화를 요구하고 있다. 일례로 지식재산권 정의와 그 보호에 있어 다자간 인정할 수 있는 최소한의 기준을 강제하는 TRIPS와 같은 제도를 활용한 미국이 WTO 무역 협상을 통해 20년의 특허보호기간을 명문화하는 등 선진국들은 첨단과학기술에 기초한 지식경제사회를 이끌며 지식재산권 체계의 확립과 이를 강제하는 제도를 전 세계적으로 관철하려 노력하고 있기도 하다.

21세기 세계화의 시대를 배경으로 국제무역에서의 지위와 위계에 따라 선진국과 개발도상국, 그리고 후진국들이 지식재산에 대해 서로 다른 입장을 보이고 있기도 하다. 특히 복제가 용이한 소프트웨어나 문화 산업에 있어서 우위에 있는 선진국들이 강력한 지식재산에 대한 정의와 보호를 요구하고 있다. 반면 개발도상국과 후진국들은 교육과 연구와 같은 영역에서 지식재산권에 대한 광범위한 보호가 새로운 지식의 접근과 습득을 위한 비용을 크게 증대시켜 지식경제 시대에 창의적인 지식 생산의 격차를 크게 확대하고 있다고 비판하고 있다. 또한 첨단 과학기술과 대규모 투자가 필요한 신약개발을 선진국이 독점하고 있으며, 후진국과 개발도상국의 진입장벽이 높은 제약산업에 있어 개발의 이득과 접근에의 균형을 촉구하고 있기도 하고, 특히 후진국에 산재한 생물자원 개발에 있어서 선진국과 후진국 간의 정당한 이익 공유를 요구하고 있기도 하다. 이에 서구에서 지식의 사유화와 지식재산권의 강화에 따른 지식과 문화에 대한 생산과 접근에서 나타나는 독점과 같은 논의가 진보적인 입장으로 간주되지만, 개발도상국과 후진국 전반에서는 대다수가 동의하는 논의들로 간주되기도 한다.

21세기 지식 경제의 부상과 세계화에 따라 과학기술 혁신과 창의적 문화 산물의 교류가 보다 활발하게 이루어지고 있다. 이에 따라 지적 재산에 대한 법적 권리, 즉 지식재산권이 어떠한 방식으로 문화와 지식 생산의 장을 새롭게 재편하고 있는지를 이해하고 지식과 문화의 상업화에 대한 폭넓은 논의들과 어떻게 연관되는지를 살펴보는 것은 문화와 지식 생산의 장의 현재를 이해하고 미래를 전망하는 논의의 매우 중요한 한 축으로 부상했다. 이에 지식재산이란 무엇이고 그것에 대한 법적 권리와 소유에 관한 문제가 21세기 지식경제의 사회에서 과학기술과 혁신, 그리고 지식과 문화 일반

영역에 이르기까지 어떻게 나타났는지 살펴보는 것은 지식재산에 관한 매우 중요한 학술적 문제일 뿐만 아니라 지식과 문화의 생산과 이에 대한 분배와 접근(access)을 둘러싸고 매우 중요한 논의의 한 축으로 등장했다.

이 소개글에서는 지식재산에 대한 주요 논의와 주제들을 다학제적인 시각과 역사적인 맥락에서 살펴보는 것을 통해 지식과 창의적 문화적 산물, 그리고 혁신의 원천과 그 사회적 이용을 둘러싼 논쟁을 소개하고 이에 대한 논의를 이해하는 데 필요한 지식재산의 정의와 변화를 개관했다. 이를 통해 지식재산에 대한 논의가 지식과 문화에서 발명가와 저자란 무엇이고 이들이 성취해낸 독창성과 혁신의 사회, 문화적 유용성이 무엇인지에 관한 문제들을 논의하는 데 핵심 축으로 작용했다는 점을 지적했다. 또 다른 측면에서 지식재산권에 대한 논의는 창의적이고 독창적인 지식과 문화 생산 활동에 대한 유인을 제공하는 동시에 이의 사회적 사용과 이득을 어떻게 극대화할 것인지에 관한 사회적이고 정책적 문제들을 논의하는 데 있어서도 중요한 역할을 했다.

지식의 소유와 전파가 다양한 형태의 지식재산권 체계 하에서 역사적으로 변해왔으며, 지식재산권에 대한 이해 또한 다양한 경제적, 법적, 사회적 맥락에서 상이한 방식으로 나타났다는 것을 인식하는 것은 지식경제의 부상과 함께 지식과 문화의 생산과 소유와 관련된 여러 제도적, 법률적 변화를 둘러싼 논쟁의 기원과 그 해결책을 논하는데, 법과 경제학적 시각의 한계를 인식하는데 도움을 줄 수 있을 것이다. 이 글에서 지적했듯이 사실 지식재산권에 대한 논의는 법과 경제학의 논의 범위를 넘어서 과학학, 역사학과 인류학, 정치학과 커뮤니케이션 연구, 그리고 문학과 탈식민지학, 예술과 교육학에 걸쳐 다양한 방식으로 전개되고 있다. 지식재산권의 정립과 변천에 대한 이해를 바탕으로 지식경제사회 부상과 지식재산권의 강화로 인해 나타나는 특허와 독점과 같은 지식의 사유화가 창의성과 혁신을 어떻게 저해할 수 있으며, 이러한 변화들이 어떻게 사익과 공익의 균형을 추구하는 지식재산의 취지와 부합하는지를 논의할 수 있다.

21세기 지식경제 시대에 창의적이고 협력적인 작업들이 더욱 더 중요한 역할을 수행하고 있다. 이에 지식재산은 과학기술 지식과 문화의 생산과 유통의 장을 재편하고 있는 사회, 경제적인 변화들을 인식하고 이의 사회적, 문화적 함의들을 논의하는 핵심 축으로서 등장했다. 무엇보다 창의적이고 혁신적인 공동체를 유지, 발전시키는 것이 혁신과 경제 성장에 중요한 과제일 뿐만 아니라 적절한 유인과 제도를 통해 창의적 생산을 광범위한 사회문화적 이익을 향유할 수 있도록 하는 것이 매우 중요하고 시급한 논의로 부상하고 있다. 지식과 혁신이 핵심적 역할을 수행하는 시대에 지식재산은 어떠한 역할을 수행해야 하며, 새로운 기회와 이득을 공동체가 최대한 누리기 위해서 어떠한 방식으로 지식재산을 재정의해야 할 것인지에 대한 논의를 새롭게 시작해야 할 때가 된 것이다.

더 읽어볼 만한 문헌들

번역된 저서

David C. Mowery, Richard R. Nelson, Bhaven N. Sampt, and Arvids A. Ziedonis (eds.), Ivory Tower and Industrial Innovation (Stanford: Stanford University Press, 2004)
『산학협력의 좌표를 찾아서 - 미국 대학의 기술이전과 바이-돌 법』(소명출판, 2011년)

Michael Heller, The Gridlock Economy: How Too Much Ownership Wrecks Markets, Stops Innovation, and Costs Lives (New York: Basic Books, 2008)
『소유의 역습, 그리드락』(웅진지식하우스, 2009년)

Clark Kerr, The Uses of the University (Cambridge, MA: Harvard University Press, 1963)
『대학의 효용 』(학지사, 2000년)

주제별 분류

지식재산권 기원과 변천 (시대별 논의)

Michel Foucault, "What Is an Author?" in Donald Bouchard (ed.), Language, Counter-Memory, Practice: Selected Essays and Interviews (Ithaca, NY: Cornell UP, 1977): 113-138.
『작가란 무엇인가』(지식산업사, 1997년)에 해당 원고가 수록되어 있음

Catherine L. Fisk, Working Knowledge: Employee Innovation and the Rise of Corporate Intellectual Property, 1800-1930 (Chapel Hill: University of North Carolina Press, 2009)

Mario Biagioli, Peter Jaszi, and Martha Woodmansee (eds.), Making and Unmaking Intellectual Property: Creative Production in Legal and Cultural Perspective (Chicago: University of Chicago Press, 2011)

Stuart Banner, American Property: A History of How, Why, and What We Own (Cambridge, Mass: Harvard University Press, 2011)

James Boyle, The Public Domain: Enclosing the Commons of the Mind (New Haven: Yale University Press, 2008)

지식경제의 부상과 혁신

Fritz Machlup, The Production and Distribution of Knowledge in the United States (Princeton: Princeton University Press, 1962)

Joel Mokyr, The Gifts of Athena: Historical Origins of the Knowledge Economy (Princeton, NJ: Princeton University Press, 2002)

지식/기술혁신산업과 지식경제

AnnaLee Saxenian, Regional Advantage: Culture and Competition in Silicon Valley and Route 128 (Cambridge, MA: Harvard University Press, 1994)

Eric von Hippel, The Sources of Innovation (Oxford University Press, 1988)

Roger L. Geiger, Research and Relevant Knowledge: American Research Universities since World War II (New York: Oxford University Press, 1993)

Donald E. Stokes, Pasteur's Quadrant: Basic Science and Technological Innovation (Washington, D.C.: Brookings Institution Press, 1997)

문화와 과학에서의 창의적 공동체의 역할

Adrian Johns, Piracy: The Intellectual Property Wars from Gutenberg to Gates (Chicago: University of Chicago Press, 2009)

Christopher M. Kelty, Two Bits: The Cultural Significance of Free Software (Durham: Duke University Press, 2008)

Lawrence Lessig, Remix: Making Art and Commerce Thrive in the Hybrid Economy (New York: Penguin Press, 2008)

Lewis Hyde, Common as Air: Revolution, Art, and Ownership (New York, N.Y.: Farrar, Straus and Giroux, 2010)

Steve Weber, The Success of Open Source (Cambridge, MA: Harvard University Press, 2004)

1

지식재산권? 공익과 사익, 혁신의 균형 사이에서

1부에서는 18세기 이후 나타난 지식재산권 개념의 역사를 간략히 살펴보고, 왜 지식재산권이 제한적 의미의 재산권으로 정의되었는지를 창의성, 발명, 그리고 지식의 공공적 성격에 대한 논쟁을 분석하며 살펴본다. 이는 2-4부에서 다루어질 생명공학산업과 정보통신산업에서 지식재산권을 둘러싸고 나타나는 논쟁의 지적, 정치적 배경을 제공해준다.

기원전 700 (B.C.) – 서기 2000 (A.D.)

지식재산권의 등장, 그리고 공익과 사익 사이의 균형이라는 아이디어

저자 : Carla Hesse* · 번역 : 양승호 · 수정 : 이두갑, 김주희

*
캘리포니아 대학, 버클리 캠퍼스
(University of California, Berkeley),
역사학과 교수

지식재산권(intellectual property), 즉 아이디어(idea)에 소유권을 부여할 수 있다는 발상은 무엇보다 유럽 계몽사조(Enlightenment)의 유산이다. 18세기 계몽사조 이전의 사람들은 지식이 신으로부터의 계시, 그리고 고전의 보존과 이해를 통해 얻어지는 것이라고 믿었다. 반면 계몽주의 철학자들은 지식이 인간 개개인의 감각과 경험에 기반을 둔 정신 활동에서 기원하는 것이며, 그런 의미에서 지식은 인간 스스로 생산하는 것이라고 이해하였다. 지식의 기원에 대한 이러한 발상의 변화가 이루어진 이후에야 인간은 비로소 단순히 신의 계시와 경전에 기록된 영원한 진리를 받아들여 이를 전파하는 것 이상의 존재가 될 수 있었다. 일군의 계몽주의 철학자들은 인간이 이제 새로운 아이디어의 창조자이자 나아가 그 소유자가 될 수 있다고 생각하기 시작했다.

지식재산권은 위에서 지적했듯이 매우 근대적인 개념일 뿐만 아니라 매우 복잡하고 깊은 역사를 가진 개념이다. 지식재산권을 형성한 법적 전통은 최소한 저작권(copyright), 특허(patent), 그리고 상표법(trademark)이라는 세 개의 담론이 얽힌 집합체에서 그 기원을 찾을 수 있다. 이에 오늘날의 지식재산권은 이 세 법 체제가 논의되는 상호작용 속에서 등장하였다고 할 수 있다. 물론 저작권, 특허, 상표법이라는 세 제도는 각자 서로 다른 전근대적 법적 전통과 관습들을 통해 성립되었으며, 각 체제들은 각기 다른 과정들을 거쳐 오늘날의 형태로 정립되었다.

이 글은 근대적 지식재산권 개념이 등장하는 과정의 핵심에 저작권의 정립이 있다고 주장한다. 이에 대륙법상 저작권 개념을 정의하는 두 보완적 개념인 저자 권리(author's rights)와 문학적 재산권(literary property)의 등장을 중심으로 지식재산권의 역사를 살펴본다. 무엇보다 18세기에 이르러 처음으로 '아이디어'와 '재산권'을 논의하는 언어와 개념들이 마련되었으며, 이 두 어휘가 최초로 법적 연관을 맺기 시작했다. 그리고 아이디어에 재산권을 부여할 수 있는가에 대한 논쟁이 가장 첨예하게 이루어지기 시작한 것 역시 18세기였으며, 지금까지도 이러한 논쟁이 지속되고 있다.

전근대 (pre-modern) 시대 지식의 기원과 그 소유의 문제

"헬리콘 산의 무사이(Μοῦσαι, 英語 Muses, 그리스 신화의 음악의 여신들)로부터 우리는 노래하니…" 이것은 헤시오도스의 『신통기 Theogony』의 첫 문장이다. 고대 그리스의 문학 다수가 이와 같은 표현으로 시작하며, 이것이 의미하는 바는 시인이 자신의 창작물이 아니라 신들의 창작물을 노래한다는 것이다. 지식, 그리고 이것을 인류에 전파할 재능은 모두 악신(樂神) 무사이가 시인에게 부여한 축복 때문인 것으로 여겨졌다. 한편, 플라톤은 모든 아이디어가 태어나는 순간부터 마음 속에 내재하여 있으며, 이들은 모두 선조의 영혼들로부터 물려받은 것이라고 주장하였다. 고대 그리스인들은 아이디어가 소유 혹은 판매의 대상이 될 수 있다고 생각하지 않았다. 물론 그리스인들은 필경사(글을 필사해주는 전문가)에게 노동의 대가로 임금을 지불하고, 저자의 업적을 기리거나 노고를 치하하였다. 하지만 신들의 축복인 아이디어 그 자체는 신들에 의해 자유로이 주어진 것으로 간주했다. 때문에 고대 그리스 학당들은 소장서를 재판매하지 않고, 대신 학당 스승의 가장 뛰어난 제자에게 선물의 형태로 승계했던 것이다. 일례로 소크라테스는 수

업료를 걷는다는 이유로 소피스트들을 경멸하였다. 이는 지식에 값을 매기는 행위였기 때문이다.

전근대(pre-modern) 세계의 다른 주요 문명권들, 예를 들어 중국, 이슬람, 유대, 그리고 기독교 문화권의 전통을 살펴보더라도 아이디어나 그 구체적 표현에 대해 누군가의 소유권을 인정하지 않았다. 기원전 5세기 중국에서 편찬된 논어(論語)의 내용 중에서 공자 왈, "나는 저술하기를 좋아하고 만들어내지 아니하며, 선인의 도(道)를 따르는 것에 그치지 않고 옛 것을 그 자체로서 좋아한다(述而不作 信而好古)"라고 전한다. 중국 학자의 위대함은 그가 가져오는 혁신이 아니라 선인(그리고 나아가 신들)의 도와 지혜를 얼마나 잘 해석하고 온전히 전달하는가에 달려있었다. 지혜는 오로지 과거로부터 오는 것이었으며, 학자의 임무는 이를 발굴하고, 보전하고, 후대로 전승하는 것이었다. 유가의 사상은 상업을 혐오하였으며, 같은 논리로 이윤을 위한 집필 행위 또한 배격하였다. 저작 활동의 목적은 이윤이 아니라 자신과 타인의 도덕적 수양이 되어야만 했다. 평판, 특히 후대의 존경이야말로 학문의 진정한 보상으로 여겨졌다. 혹여 명망을 통해 세속적(금전적) 보상을 얻게 된다고 하더라도, 이는 부수적인 것으로 생각되었다.

지식 활동에서 세속적 보상을 추구하지 않았다고 해서 중국에 서적을 매매하는 상업이 발달하지 않았다는 말은 아니다. 일찍이 세계 최초의 활자를 발명하였던 중국에서는 이미 11세기에 이르러 출판업이 번창하였다. 하지만 중국에서 저자는 자신의 저서에 대한 특별한 권리를 인정받지 않았다. 물리적 실체인 책이라는 실물과 달리, 그 책에 담긴 내용은 소유의 대상이 아니었던 것이다. 저자 고유의 독특한 표현조차 그 저자만의 것으로 주장할 수 없었다. 중국인들은 자신들의 문자인 한자(漢字)가 자연에서 취득된 것이라고 이해하였고, 자연의 활용을 누군가가 독점할 수 없듯 그 누구도 특정 문자를 전유할 수는 없다고 생각하였다. 사고팔 수 있는 것은 오로지 생각을 담고 있는 그릇, 즉 종이와 먹물로 구성된 물리적 책에 국한되었다.

이슬람 세계에서도 또한 수 세기에 걸쳐 지식재산권 혹은 그와 흡사한 개념을 인정하지 않았다. 모든 지식은 신에게서 기원하는 것이라고 여겨졌다. 그중에서 코란은 가장 위대한 경전으로서 다른 모든 지식이 궁극적으로 코란에서 기원한 것으로 생각되었다. 신의 말씀을 전하는 문서인 만큼, 코란은 그 누군가 소유할 수 있는 대상이 아니었다. 물론 주요 성원에서 학당을 여는 교리학자(이맘) 등이 코란의 '진정한 의미'를 지키는 파수꾼의 역할을 수행하였지만 말이다. 코란 지식 전승의 주 원칙은 어디까지나 구전이었으며, 구전을 통해 스승에서 제자로, 마호메트와 그의 제자들로부터 몇몇 선택받은 소수 매개자를 통해 최종 청취자로 끊임없이 지식의 계보가 형성되었다. ('코란'이라는 명칭 자체가 '낭독'이라는 뜻이다) 이슬람 세계는 코란을 문서로 보존하기보다는 말을 통한 전승에 의해 보존하는 것을 선호하였다. 책은 그저 정확한 전승을 돕기 위한 도구에 불과했으며, 어느 특정 판본의 권위와 정확성은 다른 판본과의 비교가 아니라 끊임없이 구전되는 학자들의 기억과 비교되어 판별되었다. 구전이 글보다 더 정확하게, 더 순수하게 신의 말씀을 전달할 수 있다는 이슬람의 믿음은 인쇄술의 도입에 큰 장애물로 작용하였다. 19세기에 들어 대중 언론(신문)이 등장하는 때가 되어서야 인쇄술이 이슬람권에서 널리 사용되게 되었다.

엄밀히 말하자면, 이슬람 세계의 필사 전통에서 법적 원저자(authorship)의 개념이 등장한 바는 있었다. 하지만 이 저자개념이 오늘날의 이해와 비슷한 지식재산권으로 발달하지는 않았다. 샤리아(이슬람 교법)에선 '사기/빙자'를 엄격히 금지하고 있는데, 이 조항을 근거로 특정 문서를 명망 있는 학자가 작성한 것처럼 속여 문서의 가치를 올리려 하는 시도를 금지하는 제도가 존재하였다. 하지만 특정 학자의 이름을 사칭하는 것이 금지되었다고 하여 그 학자가 자신의 실제 저작물의 내용에 대한 권리를 보호받게 된 것은 아니었다. 금지된 것은 어디까지나 사칭이지 일반적 의미의 도용이 아니었기 때문이다. 책을 훔친 도둑이 잡힐 경우 다른 절도범에게 적용되는 처벌이 적용되지 않았다(샤리아는 본래 절도의 죗값으로 손을 절단할 것을 요구하고 있다). 이것은 샤리아에서 책의 절도를 책의 물리적 형체, 즉 종이와 잉크의 집합체의 절도가 아닌 그 내용, 즉 아이디어의 절도로 인식하고 있기 때문이다. 아이디어는 누가 소유할 수 있는 대상이 아니므로, 책의 절도는 범죄로 인정할 수 없다고 해석한 것이다.

유대-기독교 문화권 또한 상황은 비슷했다. 예언자 모세는 그의 십계명을 야훼에게서 계시받은 것이고, 이를 대가 없이 자유로이 사람들에게 전파하였다. 또한 신약성서 마태복음 10장 8절에서 기록하는 예수의 말을 통해 "너희가 거저 받았으니 거저 주어라"라고 지시하였다. 이들 문구는 지식이 하느님의 선물이라고 가르치고 있는 것으로 해석되었다. 중세 신학자들은 이 문구의 논리를 연장하여 "지식은 하느님의 선물이니 판매할 수 없다(Scientia Donum Dei Est, Unde Vendi Non Potest)"라는 교회법을 제정하였다.

하느님의 것을 판매하는 것은 물론 성물매매죄로서 금지되어 있었다. 위 원칙에 따라 지식을 판매하는 것으로 볼 수 있는 행위 모두가 금지되어, 대학교수, 변호사, 판사, 그리고 의사 등의 지식 전문직 종사자들은 그들의 노력에 대한 감사의 선물을 받을 수는 있어도 정식 요금(fee)은 받지 않아야 한다는 요구를 받았다.

정리하자면, 전근대 사회에서는 모든 형태의 지식 교류에 걸쳐 '선물', '봉사'의 표현이 광범위하게 사용되었음을 확인할 수 있다. 옛 저자들이 책의 서문에 남겨놓은 봉헌문에는 무엇보다 선물과 봉사의 어휘가 자주 등장한다. 누군가에게 책을 상징적으로 바침으로써 저자들은 자신의 '봉사'에 대한 감사의 표시, 즉 금전적 후원을 받고자 하였다. 15세기 이후 유럽에서 인쇄술이 도입되면서 점점 더 많은 책이 상업적으로 유통되고, 저자들이 인쇄자들에게 자신의 저작을 '판매'함으로써 이윤을 남길 수 있게 되었다. 하지만 이때조차도 상기한 '선물의 어휘', 그리고 관련된 도덕적 원칙들은 사라지지 않았다. 이들 원칙은 시장 논리의 영향 밖에서 저자들의 행동을 제어하는 일종의 정신적 유산으로 남은 것이다. 저자는 자신이 작성한 원본에 대해 특정 권리를 주장하였고, 출판사는 인쇄된 판본들에 대해 특정 권리를 주장하였지만, 양측 모두 책을 자신의 '소유물'이라고 주장할 수는 없었다. 르네상스의 휴머니즘은 시인, 발명가, 그리고 화가 등을 전례가 없는 수준의 사회적 지위로 격상시켰지만, 그들의 창조적 '재능'은 여전히 신의 선물로 여겨졌고, 그들의 업적이 자신만의 정신적 기술이나 노동의 산물로 여겨지지는 않았다.

16세기 마르틴 루터 또한 그의 저술 『인쇄자들에의 경고 Warning to Printers』에서 "거저 받은 것을 거저 주는 것이므로, 나는 나의 봉사에 대하여 어떤 보상도 원하지 않는다"라고 단호히 선언하였다. 18세기 초기에도 모든 저자를 하느님의 필경사로 여기는 사상이 영향력을 발휘하였다. 1711년 알렉산더 포프는 여전히 시인을 전통적인 진리의 재생산자로 서술하였으며, 시인이 새로운 사상을 창조한다고 보지는 않았다. 비슷한 시기 괴테 또한 18세기 초 독일 시인들에 대해 "시를 짓는 활동은 신성한 행위였고, 시에 대하여 값을 흥정하려 하는 행위는 거의 성물매매와 같은 죄로 여겨졌다"라고 기록하였다.

이러한 신학적이면서도 도덕적인 사상, 즉 생각의 창조와 유통 과정에서 이윤을 추구하는 행동을 혐오하는 인식은 19세기 미국에서도 확인할 수 있다. 1830년대 브라운 대학의 총장을 지낸 프랜시스 웨일랜드(Francis Wayland)는 그가 작성한 교과서 『도덕 과학의 원론 Elements of Moral Science』에서 "재능은 그 보유자의 이득이 아니라 만인의 공익을 위해 주어지는 것이다"라고 주장하였다. 그리고 저명한 학자 조지 뱅크로프트 (George Bancroft) 또한 1855년에 기존의 기독교적 전통에 헤겔(Hegel)적인 가치관을 덧칠하며 다음의 글을 남겼다:

> "작가가 자신의 손을 통해 생명을 불어넣는 모든 형체는 먼저 그의 마음속에서 잉태된다. 이 작업은 작가의 자연적 능력을 통해서 이루어지지만, 그의 능력은 그 작가의 소유물이 아니라 인류 모두의 것이다… 영국에서 출판된 시가 머나먼 미국 이리호변과 미시시피강변에서 읽히면서 그의 생각은 만인의 공공재가 되는 것이다."

인쇄술의 발명과 출판 특권 (privilege)

전근대 세계 거의 전체에 걸쳐 생각은 사적 소유물로 인정되지 않았지만, 그렇다고 반대로 생각이 사람과 사람 사이에 항상 자유로이 유통되었던 것은 아니다. 오히려 유통되는 지식 중 어디까지를 '신의 은총'이라고 여길 것인지, 어떤 지식이 누구에 의해 얼마나 널리 보급될 것인지에 대하여 '신의 지상 대리인'들이 결정하고 통제하였다. 동서고금을 막론하고 위정자들은 종교 지도자들과 연합하여 그들의 영토 내에서 기술적, 정신적(spiritual) 지식 전반의 생산과 유통을 통제하고자 하였다. 이를 위해 전근대 세계 곳곳에서 정교한 검열 체계, 출판업에 대한 독점권한 수여와 영업 허가제, 그리고 승인 판본에 대한 독점 판매권 등 다양한 제도가 등장하였다. 기술적 발명 또한 이와 흡사한 형태의 정부 공인 독점권, 즉 특허제도를 통해 보호받게 되었다.

중국의 경우 당 왕조(서기 618-907년)에 이르러 황제의 권위와 이해관계를 보호하기 위해 광범위한 종류의 서적에 대한 필사와 배포를 금지하는 법령이 제정되었다. 책의 출판을 규제하는 법률 중 알려져 있는 가장 오래된 것은 835년 당 문종 때의 것으로, 연표의 사적 출판을 금지하는 내용이었다. 송 왕조(서기 960-1179년)에 들어서는 인쇄 산업에 대한 대대적인 정부 규제가 시작되었으며, 송 제국 내 주요 도시에 공식 인쇄소가 설치되었다. 정치적으로 민감한 서적, 예를 들어, 천문학 도표, 점복서, 연표, (칙령) 포고문, 왕조 역사서, 그리고 과거시험 출제문 등에 대해서는 특별 허가제를 통한 통제가 이루어졌다. 그 외에 각 인쇄 사업자는 특정 서적 판본을 조정에 신고하고 이에 대한 독점 인쇄 허가를 취득할 수도 있었다.

하지만 이런 독점 허가는 근대적 의미에서의 재산권에 기반을 둔 것이 아니었다. 이는 어디까지나 '허가'였으며, 독점권은 조정의 필요에 의해 언제든지 취소될 수 있었다. 18세기에 이르러 중국 전역에 걸쳐 포괄적인 검열 및 배포 허가 제도가 시행되었고, 그 범위에는 사사로운 문서도 포함되었다.

1450년 유럽에서의 인쇄술 발명 이후, 유럽의 정부들 또한 중국과 흡사한 제도적 장치를 통해 지식의 확장된 유통에 대응하였다. 구텐베르크로부터 백 년도 채 지나지 않아 종교 개혁이 온 유럽을 뒤흔들자, 교파 간 사상적 대립의 확대 속에서 출판업에 대한 규제 또한 빠르게 확대되었다. 위정자들은 상업적 독점권, 소위 '특혜'를 인쇄사업자들에게 부여하고, 특혜의 대가로 국가의 검열과 통제에 따를 것을 요구하였다. 유럽에서 이러한 제도가 가장 먼저 시행된 것은 1469년 베네치아에서였다. 요한 슈파이어(Johann Speyer)라는 인물이 5년의 기간 동안 베네치아 공화국 영토 내의 모든 인쇄 업무에 대한 독점권을 수여받게 된 것이다. 특정 지역, 문서, 혹은 문서 부류에 대한 독점적 인쇄권을 수여하는 제도는 이렇게 베네치아에서 시작해 이탈리아 전역을 거쳐 이후 프랑스와 영국에까지 빠른 속도로 도입되었다.

영국은 이 중에서도 대표적 사례이다. 서적 산업에 대한 최초의 왕정 특혜는 1504년 윌리엄 포크스(William Facques)라는 인물을 위해 신설된 '왕정 인쇄업자(King's Printer)'라는 직책이다. 이 직위를 통해 그는 왕실 포고문, 법령, 그리고 기타 공적 문서를 인쇄할 독점적 권리를 획득하였다. 1557년에 이르자 영국 왕정은 런던 내 인쇄업자와 출판업자의 조직인 '판권 조합(Stationer's Guild)'을 공인된 지위로 격상시키고, 런던뿐만 아니라 영국 전역에 걸쳐서 인쇄 및 출판업에 대한 사실상의 독점권을 부여하였다. 1559년, 종교적 논쟁이 영국 사회를 혼란에 빠뜨리자 논란을 잠재우기 위한 조치로서 여왕 엘리자베스 1세는 왕실이 임명한 검열관의 허가 없이는 어떠한 문서도 출판할 수 없도록 명하였다. 이에 따라 판권 조합은 허가된 서적의 공식 명단을 작성하였다. 원칙적으로는 왕정이 언제나 어떠한 이유로든 서적에 대한 출판 허가를 연장, 취소, 그리고 제한할 수 있었다. 책의 판매로 이득을 취할 권리가 등장한 셈이지만, 그 근간에 있던 것은 생각의 소유권 개념이 아니라 왕정의 특혜에 의한 '특권(privilege)'의 부여였다.

서적이 새로이 허가될 때마다 조합이 유지 중인 허

가 도서 목록으로 해당 항목이 '복사'되었는데, 이 목록은 시간이 지나면서 조합원들에 의해 서서히 도서의 특정 '판본(copy)'을 인쇄할 일종의 독점권 집합으로 취급되게 되었다. 원칙적으로는 왕정 허가에 의해 부여된 것이지만 조합원들은 이 '판본 권리(copy right)'를 사고팔기까지 하며 이후의 지식재산권과 흡사한 형태로 다루었다. 1570년대에 이르러서는 판권 조합의 최상위 간부 4인이 가장 높은 이윤을 창출하는 서적 부류를 독점하는 체제가 정착되었다. 이 간부들은 상기한 '판매 허가증'을 자신들의 영구적인 재산권으로 취급하며 자신들의 활동을 정당화하였다. 왕정 인쇄업자 크리스토퍼 바커(Christopher Barker)는 신약성서, 일반 기도서, 법령, 포고문, 그리고 그 외 공문을 독점하였고, 윌리엄 세레스(William Serres)는 개인용 기도서, 기술 지침서(primer), 그리고 각종 교과서의 인쇄를 독점하였으며, 리차드 토틀(Richard Tottel)은 관습법 관련 문서에 대해, 존 데이(John Day)는 문법 교재, 교리 문답서(catechism), 그리고 성경 시편(Psalms)을 운율에 맞게 정리한 책에 대해 독점권을 행사했다.

유럽 기독교 문화권 전체에 걸쳐 왕실 허가를 통해 취득한 독점적 인쇄권을 기반으로 하는 영국과 흡사한 형태의 거대 출판업 체제가 형성되었다. 17세기 중반에 들어서자 파리의 출판 및 인쇄업 조합은 영국의 동업자들과 같은 방식으로 왕실과의 인맥을 이용하여 채산성이 좋은 고서와 종교서적, 당대 가장 유행하는 인기서에 대한 독점적 출판권을 획득하는 데에 성공하였다. 독일 지역에 산재해 있던 300개 이상의 소국들 또한 각기 서로 다른 제도를 도입하여 서적에 대한 검열, 독점권 부여, 조합 활동 규제를 꾀하였다.

저자는 자신이 작성한 원고를 공인 출판사에 판매하여 그 값을 챙길 수 있었지만, 저작 활동에서 기대할 수 있는 주된 물질적 보상은 어디까지나 저작물을 마음에 들어 한 왕실 혹은 귀족이 제공할지도 모를 후원에 있었다. 저자는 자신의 저작물을 스스로 출판할 수 없었으며, 왕실로부터 스스로 출판 특권을 획득하지 못하는 이상 자신의 책의 판매에서 오는 이윤에 전혀 접근할 수 없었다. 출판의 이윤은 오로지 출판사의 몫인 것이었다. 정부 공인 독점권은 서적, 기술적 발명, 그리고 이들 저작물을 재생산할 수단 모두를 통제하였으며, 이 제도를 통해 출판업자, 인쇄업자, 그리고 그 외 기술자들의 이해관계를 절대 왕정의 입장과 성공적으로 일치시켰다. 이들 사상 통제 세력은 자국 내 유통되는 모든 아이디어를 밀접히 통제하고자 하였다.

정리하면, 근대 초기의 상업적 인쇄 제도 및 출판업계의 발달은 세계 전체에 걸쳐 종교적 이념에 근거하고 있는 정부 공인 독점권을 통해 이루어졌다. 이 제도의 어디에도 지식재산권 혹은 흡사한 개념에 대한 언급은 없었다. 당시 지배적이던 지식과 정치적 당위성의 이론상에서 오늘날의 지식재산권 개념은 상상할 수조차 없는 것이다.

출판 자본주의와 저자의 탄생

1700년대에 들어서 유럽의 문화적 생활 양상이 대대적으로 변화하였다. 사람들은 이전처럼 특정 서적을 반복적으로 읽는 것이 아니라 많은 서적을 광범위하고 포괄적으로 읽기 시작했다. 그리고 중산층에 속하는 독서 시장 또한 확장하면서 18세기 유럽의 인쇄 산업은 그야말로 폭발적으로 성장하였다. 영국에선 18세기 전반에 걸쳐 매년 서적 출판량이 4배씩 증가하였다. 프랑스 또한 문맹률이 감소하였고, 근대적이고 세속적인 (즉 종교와는 무관한) 서적의 수요가 급상승하였다.

유럽 전역에서 많은 사람들이 이러한 생활 방식의 변화를 감지하였다. 1747년에만 하더라도 요한 게오르크 줄처(Johann Georg Sulzer)가 "베를린 대중이 책을 읽지 않는다"라고 한탄하였던 반면에, 반세기 후의 이마누엘 칸트(Immanuel Kant)는 "끊임없이 책을 읽는 것은 삶을 사는 데 있어 필수적이고 일반적인 조건이 되었다"라고 당시 사회상을 묘사하였다. 다른 저자들 또한 칸트의 의견에 동의하였다. "20년 전만 해도 책에 대해 생각도 않던 지역에서 이제 책을 읽고 있다. 이는 학자에 국한된 변화가 아니라 일반 시민과 장인들 또한 여러 주제에 대한 논의와 사색으로 마음을 단련하고 있다."

18세기 전반에 걸쳐 유럽 전체에서 문맹률이 감소하고 중산계급의 독자층이 확대되면서 자연스럽게 서적에 대한 수요 또한 증가하였다. 그러면서 정해진 종류와 개수의 종교서와 고서만을 보존하고 유통하는 체제에 기반을 두고 있던 기존의 인쇄 출판업계가, 새롭게 증대한 이러한 수요를 만족시킬 수 있는 서적들을 공급할 능력이 있는지 시험받게 되었다.

이런 사회적 변화는 전통적인 저작(authorship) 개념에 큰 압력을 가하였다. 인쇄물 수요의 증가, 특히 세속적 서적(소설, 희극, 그리고 자기계발서 등)의 수요 증가에 힘입어 더 많은 젊은 남녀가 전문 저자의 삶을 선택하기 시작했다. 이들 신세대 저자 집단은 이전의 저자들과는 성격이 크게 달랐으며, 후대의 칭송이나 후원과 같은 기존에 중시되어 온 보상보다는 당대 독자층의 관심, 그리고 그 관심이 제공할 수 있는 잠재적 이윤에 더 관심이 많았다. 18세기 들어 등장한 영국의 다니엘 디포(Daniel Defoe), 프랑스의 드니 디드로(Denis Diderot), 그리고 독일의 고트홀트 레싱(Gotthold Lessing) 등의 저자들은 유럽 사상 최초로 귀족층의 후원 없이 저작물의 출판 수익만으로 생계를 꾸리고자 시도하였다. 당연하게도 이들은 자신들의 '상품'이 창출하는 이윤의 많은 부분이 자신들의 주머니에 돌아오기를 바랐다. 일회성이며 액수가 고정된 '영예비(honorarium)'를 지불하던 옛 방식은 서서히 버려졌고, 그 대신 저자가 자기 창작 노동(creative labor)의 성과에 대한 판매 수익의 일부를 직접 배당받아야 한다는 주장이 대두되었다.

시간이 지나며 더 많은 저자들이 자신의 원고를 출판사에 완전히 매각하기보다는 특정 판본의 계약 인쇄 '권한'을 판매하는 것을 선호하게 되었다. 또한 작가들은 점점 자신을 '신의 영원한 진리의 전달자'가 아닌 '자기 창작물의 창조자'로 여기게 되었다. 자기 저작의 궁극적 근원이 외부가 아니라 자신 내부에 있다고 여기게 되면서 저자들은 자연스럽게 창작물은 오로지 저자의 소유물이며, 재산으로서 법적 보호, 상속, 그리고 매매의 대상이 될 수 있다는 주장을 하게 되었다. 1710년 다니엘 디포는 다음의 주장을 남겼다. "책은 저자의 소유물이며, 그의 노력의 산물이고, 그의 생각의 자식이다. 그가 이를 판매한다면 그 시점에서부터 구매자가 그 재산의 소유자가 된다." 이렇게 저자들은 자신들의 저작물이 그들의 재산이라고 선언하며, 자신들이 원한다면 타인에게 계약을 통해 소유권을 이전할 수야 있겠지만, 더 이상 출판을 위해 출판업자에게 책에 대한 권리를 완전히 이양하는 일이 강제되어서는 안 된다고 주장했다.

인쇄물의 수요 증가는 이들 인쇄물에 대한 해적행위(불법 판본의 생산 및 배포)의 증가로 이어졌다. 폭발적인 수요 증가를 따라가지 못하는 공급, 그리고 몇몇 출판업자의 영구적 독점권으로 인해 인위적으로 발생한 인쇄물 판매가의 급격한 인플레이션은 규칙을 조금 어기더라도 시장에 침투하고자 했던 사업가들에게 새로운 기회를 제공하였다. 이 기회를 감지한 몇몇 상인들은 공인 출판업자들의 독점 권리 주장을 무시하고 시장에 대거 뛰어들었다. 유럽 전역에 걸쳐 불법 출판물이 대량으로 유통되기 시작한 것이다. 공인 출판본에 비해 저렴한 해적본이 국외 혹은 지방 중소도시 등지에서 생산되며 주요 도시의 출판물 시장을 잠식하기 시작했다. 해적본 생산업자들은 그들의 이윤 창출행위를 정당화하기 위해 스스로를 '공익'을 위해 서적 조합의 특혜와 맞서 싸우는 자유의 투사로 포장하였다. 그들은 당대의 출판 특권 제도에 대해 의문을 던졌다. 저자도 죽고 그의 상속자도 사라진 책에 대해서, 심지어 인쇄술이 발명되기도 전의 서적에 대해서도 특혜를 부여하는 현행 제도가 과연 유지되어야 하는가? 대중을 계몽할 서적을 저가로 사회에 공급하는 '대의'가 몇몇 출판업자 개인의 이득보다도 중요하지 아니한가?

18세기 중반이 되자 기존의 출판업계 통제 제도가 유럽 곳곳에서 붕괴하는 지경에 이르렀다. 먼저 영국에서, 그리고 이어서 프랑스와 독일에서도 출판업 규제를 개혁할 필요에 대한 주장이 당사자 전반에 걸쳐 제기되었다. 독자들은 더 저렴하게 책을 구매하기를 희망하였다. 정부 관계자들은 상업을 증진하고 자국의 고학력자 수를 확대하고자 하였다. 국외 및 지방 등지의 출판업자들, 특히 스코틀랜드, 스위스, 그리고 리옹과 같은 프랑스 중견 도시들의 인쇄업자들은 런던과 파리의 서적 조합들의 독점권을 해체하고자 했다. 저자들은 자신의 저작물에 대해 절대적이고 영구적인 재산권을 인정받기를 바랐다. 기존의 출판 특혜를 누리던 조합 소속 출판업자들, 특히 함부르크, 라이프치히, 프랑크푸르트 암 마인, 런던, 파리 등지의 인쇄 조합들은 자신들의 전통적 특권을 재산권의 형태로 개정하여 불법 해적판의 시장 잠식으로부터 더 확실한 법적 보호를 받을 수 있기를 원하였다.

지식의 재산권에 대한 이러한 다양한, 그리고 때때로 상충하는 주장들 아래서 여러 사람들을 만족시킬 수 있는 대안을 내놓으려는 노력들은 지식의 성질에 대하여 수많은 논쟁으로 이어졌다. 아이디어는 전통적인 이해대로 하느님의 은총으로 간주해야 하는가? 아니면 신세대 저자들의 주장과 같이 지식을 작성(창조)한 저자의 불가분한 재산으로 취급해야 하는가? 지식의 소유권은 허가나 특혜의 성격을 지니는가, 아니면 내재적, 선천적인 권리인가? 생각의 출판과 배포를 규제할 수 있는 세속적 원칙들과 근거들을 찾을 수 있을 것인가?

저자와 지식에 대한 '자연권'

유럽 출판업계의 개혁은 지식에 대한 근본적 이해와 그 목적성에 대한 발상의 전환을 수반하는 것이었다. 유럽의 여러 사상가들은 아이디어의 기원과 그 본질에 대한 중요한 논쟁을 벌였다. 그 결과로 얼핏 보기엔 단순히 상업 규제 정책에 대한 논쟁으로 보였던 것이 실은 아이디어에 대한 몇 가지 상이한 철학적 (구체적으로 말하자면 인식론적) 입장에 관련된 문제였음이 드러났다.

당시 가장 영향력이 있었던 의견 중 하나는 저자에게 자신의 발상에 대한 자연적 재산권(natural right)이 있다는 주장이었다. 이는 영국에서 존 로크(John Locke)의 『통치론 Two Treatises of Government』(1690) 제2논고(Second Treatise)와 에드워드 영(Edward Young)의 『창작론 Conjectures on Original Composition 』(1759)이라는 두 기념비적 저작을 통해서 처음으로 제기되었다.

『통치론』 제2논고에서 로크는 "모든 인간이 자기 자신에 대하여 소유권(property)을 가지며, 인간은 자신의 신체 노동과 자기 손에 의한 창작 결과물에 대하여 자연적 재산권을 가진다"라고 주장하였다. 세 세대가 지난 후에, 시인 에

드워드 영(Edward Young)은 소설가 새뮤얼 리차드슨(Samuel Richardson)의 도움을 받아 "저자는 단순히 자기 노동뿐만 아니라 그 개성의 흔적을 저작물에 부여한다"고 주장하였다. 영에 의하면, 저자의 창작 활동은 농부의 농업 활동, 심지어 발명가의 발명 활동보다 한 단계 더 위에 위치한 생산적 작업이다. 영이 생각하기에 저작 활동 또한 다른 활동과 마찬가지로 자연물을 가공하여 생산물을 내놓지만, 거기에서 멈추지 않고 저자 자신으로부터 무언가를 창작해내는 작업이었다. 그렇기 때문에 모든 저작물에는 저자 인격의 흔적이 반드시 남게 된다. 영은 기계적 발명품에 대해 특허제도를 통한 제한이 가해질 수는 있으나, 지성의 산물, 즉 저자의 인격의 연장선 상에 있는 생산물인 '저작'에 대한 권리는 영구적으로, 무제한적으로 저자의 소유여야 한다고 주장하였다. 이렇게 18세기의 발명품인 지식재산권은 처음에 이를 '가장 순수한 형태의 재산권'이라고 주장하는 이들에 의해서 그 당시 사회에 나타나기 시작했던 것이다.

에드워드 영의 발상은 존 로크의 생각과 마찬가지로 지식 이론에 대한 획기적인 세속화를 불러왔다. 존 로크가 『인간 지성론 Essay Concerning Human Understanding』(1689)에서 주장한 것과 같이 모든 지식이 자연에 대한 마음 노동의 산물이라면, 지식과 신의 계시 사이에는 더 이상 아무런 관계도 남아있지 않기 때문이다. 로크의 세속적 인식론 속에서 창작적 영감(inspiration)은 그 근원이 인간 내부에 존재하는 것이었고 이는 곧 '인식(cognition)'으로 새롭게 이해되었다. 로크의 인식론에 더하여 영은 '인식' 행위가 개별 심성의 독특한 작용 속에서 이루어진다고 주장하였다. 지식의 근원으로서 개인주의적 '인격'이 신을 대체한 것이다.

영국에서 등장한 이 새로운 지식론은 곧바로 유럽 대륙에서도 다루어지기 시작했다. 영의 창작론은 곧바로 독일어로 번역되었으며, 영어 원본이 출판된 지 2년 뒤에 두 번째 판본까지 발간되었다. 그동안 프랑스에서도 로크와 영의 사상은 상당한 관심을 받았다. 예를 들면, 1726년 프랑스의 법리학자 데리쿠르(D'Hericourt)는 로크의 저술을 인용하여 법정에서 저자들의 영구적인 재산권을 변호했다. 그는 마음의 창작물은 "저자 자신의 노동의 산물이며, 이에 대해 저자는 영구적이고 완전한 처분 결정권을 가진다"라고 주장하였다. 사람이 자신의 손으로 일궈낸 땅을 소유하듯, 자신의 마음에서 생산한 생각 또한 소유할 수 있어야 한다는 것이다. 데리쿠르는 서적에 대한 왕정 특허는 단순히 왕정의 의사대로 주고 뺏을 수 있는 은혜가 아니라, 저자의 노동에 근거하는 영구적, 내재적 권리를 단순히 법적으로 확인받는 절차에 불과하다고 결론지었다. 저자에게는 얼마든지 이 권리를 계속 보유하거나 판매할 권리가 있었다. 판매할 경우, 구매자가 이 재산권을 영구적으로 소유하게 된다.

같은 주장이 백과전서의 저자 드니 디드로에 의해 펼쳐졌다. 1763년 디드로는 파리 서적 조합에 의해 『서적 거래에 대한 소론 Letter on the Book Trade』을 작성해줄 것을 의뢰받았는데, 우리는 로크와 영의 자연권에 대한 입장의 영향을 그의 글에서 확인할 수 있다.

> "생각을 소유할 수 없다면, 대체 인간이 그 무엇을 소유할 수 있다는 말인가? 생각이야 말로 인간의 가장 소중한 부분이며, 필멸의 인간에게 불멸의 영예를 가져다줄 가장 가치 있는 보배가 아니었던가? 인간 그 자신, 그 존재, 그 영혼 그 자체를 어찌 밭, 나무, 포도 덩굴 따위와 견줄 수 있단 말인가? 물질적 재산이란 그저 자연이 만인에게 동등하게 내어주고, 이를 인간이 경작을 통해 손에 넣은 것에 불과하지 않은가?"

영과 마찬가지로 디드로 또한 마음의 산물은 각 개인의 고유재산이며 경작을 통해 보유하는 토지보다도 더 근본적인 재산이라고 생각하였다. 그러므로 지식재산은 토지 재산보다도 사회적 규제로부터 더 자유로워야 마땅할 것이었다.

저자의 고유 인격을 지식재산권의 근거로 보는 주장을 가장 강하게 내세운 인물은 바로 독일 계몽사조기 가장 위대한 저자 중 한 사람인 고트홀트 레싱(Gotthold Lessing)이었다. 레싱은 1772년에 수필『생과 삶 Live and Let Live』에서 독일 출판계의 구조조정을 제안하면서 기존 체제를 맹렬히 비판하였다. 그는 저작 활동에서 이윤을 추구하는 것을 금지한 전통적 신학 원칙을 직접적으로 공격하였다.

> "무엇이라? 저자가 그 생각의 산물에서 최대한 이윤을 생성하고자 하는 것이 비판받아 마땅한 행동이라고? 그가 자신의 가장 고귀한 재능을 사용한다고 해서, 하찮은 기술공에게조차 허용된 이윤 창출을 금지당해야만 하는가? 거저(free) 받았으니 반드시 거저 주라고 하였더냐! 그 고귀한 루터가 그리 말하였지만… 내게 묻는다면 루터의 경우는 많은 측면에서 예외적이어서 논외로 해야 할 것이다."

레싱 이후 많은 독일의 저자들이 끊임없이 저작물에 대한 저자의 고유적, 영구적, 불가침적 재산권을 주장하였다.

한 세대 이후 철학자이자 칸트의 제자였던 요한 피히테(Johann Gottlieb Fichte)가 이 논쟁에 더욱 깊이 파고들었다. 그는 "마음의 창조물을 재산이라고 본다면, 이 무형 재산은 무엇으로 정의되는 것인가?"라는 어려운 질문을 제기하였다. '원고'라는 물리적 형체는 인쇄를 통해 복사하는 순간 더 이상 고유하지 않기 때문에 지식재산을 원고와 동일시할 수는 없는 노릇이었다. 지식재산은 다른 유형 재산과 달리 그 내용을 정의해줄 물리적 실체를 가지지 않는다. 지식재산권 개념 도입의 장애물은 이것뿐만이 아니었다. 보통 많은 사람들이 동시에 같은 생각을 하기도 하며, 이들 모두 자신의 생각을 독자적으로 표출할 수 있게 허용하는 것이 직관적으로 옳은 일이었다.

여기에 피히테가 제시한 해결책은 이후 광범위한 영향력을 행사하였다. 그는 생각이 실제 재산의 하나로 취급되기 위해선 어느 특정 인물이 자신만의 것으로 주장할 수 있는 구분 수단이 있어야 한다고 생각했다. 그는 1791년 책 『재출판의 불법성 증명: 논리와 우화 Proof of the Illegality of Reprinting: A Rationale and a Parable』에서 이 '구분 수단'이 저자가 자신의 생각을 표현하는 데에 사용한 특별한 '표현(expression)'에 있다고 제시하였다. 출판된 후 책에 담긴 아이디어 자체는 모두의 것이었지만, 이 생각이 표현된 구체적 형태인 표현은 저자의 고유 재산으로 남는 것이다. 이미 통용되고 있던 사상이라 하더라도 저자가 독특한 표현을 사용함으로써 그의 고유한 재산으로 만들 수 있다는 주장이었다. 피히테가 제시한 구분들, 즉 물질적 책과 추상적 책의 구분, 그리고 아이디어의 내용과 형태의 구분은 이후 사상 자체가 아닌 그 독특한 표현 형태에 기반을 둔 자연권적 지식재산권 제도가 도입되는 데에 결정적 영향을 끼쳤다.

지식, 사회적 산물

모든 사람이 피히테, 디드로, 영과 동의하며 새로운 지식재산권 개념에 호응한 것은 아니었다. 몇몇은 이처럼 널리 퍼지고 있던 사회적 운동을 단순히 새로운 형이상학적 유행이자 서적 출판사들의 독점을 유지할 수 있도록 고안된 얄팍한 상술이라고 여겼다. 1770년대 한 열성적 독일 상공주의자는 몇몇 독일 출판사들이 행하던 해적판 제작 행위를 옹호하기까지 하였다. "책은 추상적 객체가 아니다…이는 종이 위에 기호를 통해 아이디어를 인쇄한 제조물이다. 책은 생각 자체를 담지 않는다; 생각은 기호를 해석하는 독자의 마음속에서 발생해야 한다. 책은 가격을 지불받고 생산하는 상품이다. 모든 정부는 가능한 한 그 국경 밖으로 재물이 유출되는 것을 막고 통제할 의무가 있으며, 그런 관점에서 외국의 예술 상품을 국내에서 재생산하는 것을 장려할 필요가 있다."

1776년 프랑스 수학자 겸 철학자였던 콩도르세(Condorcet) 또한 새롭게 제시된 자연권으로서의 지식재산권 개념에 매우 깊은 우려를 보였다. 그의 우려는 무엇보다 상업적이기보다는 철학적 성격을 지닌 것이었다. 디드로의 서적 거래에 대한 소론에 대해 직접 반박하며 콩도르세는 디드로의 로크식 논리를 비판하였다. "지식의 재산권과 토지의 재산권은 당연히 서로 관계가 없다. 토지는 오직 소유자 한 사람만에게 득이 되지만, 생각은 다수에게 득이 된다. 지식재산은 자연 질서에서 도출되어 사회적 제도로 보호받는 권리가 아니다. 지식재산은 그 가치가 사회 그 자체에 기반을 둔, 사회적 재산이다. 그런고로 지식재산권은 진정한 권리가 아니며, 오히려 특권(privilege)이다."

콩도르세는 아이디어가 단일 정신의 산물도, 왕권으로 통제되어야 할 하느님의 계시도 아니라고 주장하였다. 그에게 아이디어는 자연에 내재한 것이며 모두에게 동등하게 그리고 동시에 접근 가능한 것이었다. 모든 아이디어는 본질적으로 사회적이며, 개인 한 사람이 생산하는 것이 아니라 오히려 공동체의 집단적 경험을 통해서 형성되는 것이었다.

무엇보다 콩도르세는 생각에 대한 개인의 소유권을 인정해주어 얻을 수 있는 사회적 공익이 전무하다고 보았다. 진정한 지식은 객관적이므로, 생각에 대한 개인의 표현은 진정한 지식이 아닌 단순 필체 (style, 피히테가 '형태'라고 부른 그것)만을 보호할 수 있었다. 문학보다는 과학을 숭상하는 학자로서 콩도르세는 '필체'에 아무런 가치도 없다고 여겼다. 필체는 그저 자연의 진리를 왜곡할 뿐이었으며, 아이디어의 개인주의화를 장려하는 것은 그저 자기기만과 이기적 이윤 추구를 장려하고 지식과 공익의 추구를 뒷전에 두는 조치였다. "오직 표현, 그리고 특정 문장 형태에만 특권이 부여되는 것이지 그 내용에는 특권을 줄 수 없다… 이런 종류의 특권은 그저 지적 활동을 소수의 사람에게 국한시키는 장애물에 불과하다. 이는 필요하지도 유용하지도 않으며… 의롭지 못하다."

디드로, 레싱, 그리고 피히테가 낭만주의적 독창성을 숭배하던 동안 콩도르세는 과학적 합리주의에 기반한 공공 문화를 조성하고자 노력했다. 콩도르세가 보기에 저자의 재산권에 기반을 둔 '출판' 수익 창출 모델은 주기적으로 발행되는 『학자들의 저널 Journal des Savantes』과 같은 간행물에 대한 구독 모델로 대체될 수 있었다. 사람들은 유용하다고 생각하는 간행물을 구독하고, 저자들은 개인적으로 출판 수익을 추구하는 대신 간행물에 기고하는 임금 근로자 내지 비영리 프리랜서 작가로 활동할 수 있으리라는 제안이었다. 하지만 그에게 있어 이 구체적 모델 제안보다 더 중요한 관건은 바로 '지식재산권'의 근거가 무엇인지에 대한 문제였다. 콩도르세는 아이디어가 사회적 산물이기 때문에 재산으로 인정받기 위해선 그 권리의 기반이 개인 자연권이 아니라 사회적 유용성과 공익에 있어야 한다고 보았다.

콩도르세는 위의 주장을 통해서 근대 지식재산권 논의의 두 번째 큰 흐름인 "사회적 공리주의(social utilitarianism)"를 수립하였다.

공리주의적 지식재산권 등장

계몽사조기에 일어난 인식론적 대립은 당시 서적 시장 개혁을 둘러싼 정책 토론을 철학적 논란으로 바꾸었다. 지식은 세계에 내재한 것인가, 아니면 사람의 마음에 있는 것인가? 아이디어는 어디까지 '발견'되는 것이고, 어디까지 '창작'되는 것인가?

콩도르세는 지식을 객관적이고 본질적으로 사회적인 성격을 가진 것으로 보았기 때문에 만인의 소유물이어야 한다고 주장하였다. 반면 아이디어를 주관적으로 보는 디드로, 영, 레싱, 그리고 피히테 등은 지식이 가장 순수하고 개인적인 의미의 재산이라고 주장하였다.

이 대립하는 철학적 입장 속에서 두 가지 법리적 해석이 등장하였다. 콩도르세의 객관적 인식론에 동의하는 측에선 공리주의적 입장을 표하였다. 그들은 아이디어에 어떠한 자연적 재산권도 존재하지 않으며, 개인에게 특정 형태의 표현에 대해 특권을 부여하는 것은 어디까지나 이것이 새로운 아이디어의 생산과 유통을 장려하는 '공익'에 기여할 때에만 정당화가 가능하다고 주장하였다. 반대로 로크, 영, 디드로, 피히테 등의 주관적 인식론에 동의하는 측에서는 아이디어의 영구적 재산권이 자연적 권리라고 보았다. 이들에게 지식재산권 법적 보호는 만인 공통의 권리를 그저 확인하는 절차인 것이다. 결국 공리주의 진영은 법의 가장 중요한 가치가 공익에 있다고 보았으며, 자연권 진영은 개인 창조자의 인격적 존엄이 법의 중심적 가치가 되어야 한다고 보았다.

18세기에 걸쳐 모든 유럽 국가에서 서적 거래와 지식재산을 놓고 위 두 진영 간의 법적 대결이 펼쳐졌다. 이해관계가 얽힌 당사자들은 양 진영에서 법리적 고지를 선점하기 위해 치열한 대립각을 세웠다. 법정에서 가장 먼저 이 문제를 다룬 것은 1695년 기존 출판 허가법이 만료되면서 새로이 법을 제정하게 된 영국이었다. 영국 의회는 사상 검열을 약화시키기 위해 출판 전 검열관에게 원고를 사전 제출하도록 하는 제도를 폐기하려고 하였는데, 이 과정에서 본의 아니게 서적 출판을 둘러싼 특혜 및 허가 제도의 근간을 흔들게 되었다. 출판 전에 서적을 공식 목록에 등록하는 절차를 폐지할 경우 출판업자를 해적판으로부터 보호할 제도적 수단이 없어지는 것이었다. 출판업 조합은 자신들의 전통적 특혜를 재산권의 형태로 보호받고자 하였지만 해적판 사업자들은 사전 등록 제도가 폐지되었으므로 모든 서적을 누구나 자유로이 인쇄할 수 있다고 주장하였다.

의회는 1710년에 드디어 이 법적 공백을 해소했다. 소위 "앤의 법령(Statue of Anne)"이라고 불리는 이 법은 검열 문제를 지식재산권의 문제와 완전히 분리시켰다. 이 법은 저자와 저자로부터 필본을 구매한 출판사는 14년의 기간 동안 그 책을 인쇄할 독점적 권리를 가진다고 지정하였다 (14년은 본래 기계의 발명 특허 제도에서 사용되었던 기간이다). 그리고 이 기간을 14년 더 연장할 기회가 단 한 번 주어졌다. 이 특혜 기간이 만료되면 서적은 권리 소멸 상태가 되어 누구든 자유롭게 출판할 수 있게 된다. 이 법에 의해 기존 고전들에 대해 판권 조합이 가지고 있던 모든 독점권은 해제되었다. 결과적으로 앤의 법령(정식 명칭은 적절하게도 '학문 장려, 그리고 정당 권리자의 서적 인쇄 권한 회복을 위한 법'이다)은 판권 조합과 저자의 자연권을 주장하는 진영의 입장, 그리고 해적판 업자들과 '공익'의 수호자 진영의 입장 사이의 일종의 타협점을 지정한 것이었다.

말할 필요도 없이, 양 진영 모두 이 타협점에 만족하지 않았다. 이 법령에는 서로 모순되는 철학적 가정들이 양립해 있었기 때문에, 이후 법적으로 수많은 이의제기가 이루어지기도 했다. 런던 출판업자와 해외 업자가 맞붙은 여러 소송에서 (1760년 톤슨 대 콜린스(Tonson v. Collins)건, 1769년 밀라 대 테일러(Millar v. Taylor)건) 특정 고유 표현법에 대한 영구적 재산권이 일시적으로 인정되었다. 하지만 1774년 도날드슨 대 베켓(Donaldson v. Becket)건의 판결은 이를 뒤집었으며, 고유 표현법에 대한 타협적 개념인 '제한적 재산권'을 영국 법의 주요 원칙으로서 확고히 제정하였다.

도날드슨 대 베켓 판결은 두 가지 면에서 매우 중요한 판례가 되었다. 먼저, 18세기 영국의 저명한 법리학자인 윌리엄 블랙스톤(William Blackstone)의 이의에도 불구하고 재판부는 서적 규제의 가장 중요한 목표가 (공익 진영의 주장대로) '학문 장려'에 있다고 선언하였다. 둘째로, 저작권이 관습법에 기반을 둔 자연권임을 재판부가 인정하였으나, 이 저작권 제도의 실천은 언제나 구체적인 정부 법안에 의존하는 사회적 제도라는 점을 이 판결에서 확인하였다. 영국에서는 공익을 중심으로 하는 공리주의적 논리가 자연권에 기반하는 지식재산권의 논리에 대하여 승리한 것이다.

자연권적 대 공리주의적 지식재산권

초창기 북미의 영국령 식민지에서는 자연권 논리와 공리주의 논리가 모두 논의되었다. 각 식민지 내에서 어느 입장이 우위를 점하고 있었는지는 제각각이었다. 1787년 제정된 미 연방 헌법은 도날드슨 대 베켓 판결에 의해 성문화된 앤의 법령의 골조를 따르고 있다. "국회는 … 학문과 유용한 기술(useful arts)을 장려하기 위해, 저자와 발명가들에게 그들 자신의 작문과 작품에 대한 독점적 권리를 부여할 수 있는 권한을 가진다." 1790년 5월 31일 제정된 미국 저작권법 또한 이 헌법 규정에 기반하고 있다. 저자와 발명가는 자신의 아이디어에 대하여 특별한 권리를 지니는 개인으로 인정되었지만, 이 권리를 행사할 수 있는 범위는 공익을 위하여 제한되었다. 미국에서도 영국에서와 마찬가지로 관습법에 기반한, 자연권으로서 보호받는 영구적 저작권 개념과 이를 제한하고자 하는 (하지만 무효화하지는 않는) 법적 규제 사이에 긴장 상태가 유지되었다.

프랑스에서도 영미권에서와 흡사한 대립이 존재하여 도날드슨 대 베켓 판결과 유사한 종류의 법적 대결로 이어졌다. 18세기 초 프랑스 왕정은 재산권 입장을 주장하는 파리 출판업자들과 공리주의를 주장하는 지방 경쟁사들 사이의 분쟁을 평화롭게 정리하려는 취지에서, 출판 허가는 재산권의 일종이 아니며 오히려 법리상의 정의(justice)에 기반을 둔 일종의 특혜라고 결론을 내렸다. 이 결론은 왕정의 의사에 따라 출판 허가가 언제든 제한되고, 갱신되고, 취소될 수 있다는 것을 의미하였다. 프랑스 왕실의 이러한 판단은 서적 유통을 관리하는 관료들에게 상당한 활동 자율권을 선사하였지만, 파리 서적 조합의 독점을 해소하는 데에도, 지방 및 해외 인쇄업자들이 생산하는 해적판의 유통을 막는 데에도 별다른 기여를 하지 못했다.

1777년 프랑스 왕정은 갈수록 강도가 높아지는 비판에 수긍하여 특혜 제도를 개혁하였다. '지식재산'의 개념은 여전히 거부하였지만, 왕정이 드디어 저자들에게 저자 고유의 특혜 범주(privilèges d'auteur)를 부여한 것이다. 이 '저자 특혜'는 개인 재산권과 같이 영구적이고 상속이 가능하였다. 저자가 원고에 대한 권리를 출판업자에게 매각한다면 이 출판업자의 독점적 출판 권리는 10년 동안 제한적으로 인정되었다(1회 한정 10년을 더 연장할 수 있었다). 이는 출판업자들의 특혜가 제한되는 한편 저자들에게 무기한의 특혜가 주어진다는 것을 의미했다. 예상할 수 있듯이 파리 서적 조합은 왕정의 새 정책에 격노하였으며, 새 법을 무시하고 사실상의 파업에 돌입했다. 이 상황은 1789년 대혁명까지 유지되었다.

프랑스 혁명은 모든 것을 바꾸어 놓았다. '언론의 자유'가 선언되었으며 출판 특혜는 소멸되었다. 서적 거래에 대한 왕정의 규제는 폐지되었으며, 파리 서적 조합 또한 해체되었다. 저자들은 창조적 개인이나 아이디어의 소유주가 아니라 시민 사회의 영웅이자 계몽의 수하로서 칭송되었다.

프랑스 서적 시장을 세속적인 근거에 기반을 두어 재정립하고자 에마뉘엘 조제프 시에예스(Emmanuel Joseph Sieyès)는 콩도르세 등의 도움을 받아 1791년 "언론 자유에 관한 법안"을 작성하였다. 시에예스의 법안은 영국의 앤의 법령과 같이 저자의 작성물을 저자에 내재한 자연적 권리에 의거하는 일종의 재산으로 인정하였으며, 이 재산권에 대한 법적 보호를 약속하였다. 하지만 동시에 이 법안은 콩도르세의 '사회적 공리주의' 논리를 반영하여 저작물에 대한 재산권 보호가 저자 사망 후 10년까지만 유지되도록 기한을 제한하였다.

시에예스의 법안은 혁명기 파리의 흥분 속에서 그 누구의 호응도 얻지 못하였다. 많은 언론가들은 문서의 자유로운 유통을 위협하는 그 어떤 제도에도 반대하였다. 팸플릿 논평가들은 이 법이 구시대(ancien régime) 특혜의 부활을 시도하고 있다며 맹비난하였다. 한편 출판업계의 베테랑들은 자신들이 기존에 누리던 권리와 특혜의 복원을 요구하였다.

결국 이 문제는 1793년 파리 서적 길드의 로비 활동이 정지되고, 자코뱅 과격파에 의해 정부가 장악된 이후에야 결론이 날 수 있었다. 국민 공회는 시에예스의 법안을 약간 개정하여 "창작자(Genius)의 권리 선언"이라는 이름으로 반포하였다. 1793년 7월 19일 제정된 이 법은 이후 프랑스의 모든 지식재산권 관련 법의 기반이 되었다. 1791년 시에예스가 제안한 양 입장 간의 타협을 받아들였으며, 영국의 1774년 도날드슨 대 베켓 판결과 마찬가지로 '제한적 재산권'을 통해 저자의 권리 보호와 학문 증진에 대한 공익 보호 사이의 균형을 지향하였다.

이 기간에 독일의 작가와 지식인들 또한 프랑스의 지식재산권 논쟁을 자세히 지켜보고 있었다. 1870년이 되기까지 독일 지역을 통치하는 통일 국가는 존재하지 않았기 때문에 출판 업계를 규제할 제도적 장치 또한 없었다. 그럼에도 불구하고 몇몇 국가에서는 시에예스 법안의 개정판과 흡사한 법률을 제정하였다. 예를 들어, 1794년에 규모로는 가장 큰 독일 국가였던 프로이센에서 법령이 개정되면서 출판사의 특혜를 재확인하는 한편 출판사의 것과 유사한 특혜를 저자에게도 부여하였다.

나폴레옹 시대에 들어 프랑스 민법이 많은 독일 국가에 강제로 적용되면서 프랑스의 모델이 더 넓은 지역에 전파되었다. 바덴은 독일 국가로는 최초로 1806년과 1810년에 법을 통해 저자들에게 현대적 의미의 저작권을 부여하였다. 바이에른에서 1813년에 처음으로 저자 권리(Rechten des Urhebers)라는 용어가 사용되었으며, 1815년 빈 평화 회의 이후 저자 권리가 점점 독일 법 내에서 더 인정받게 되었다. 하지만 프랑스나 영국과 같은 형태로 저작권을 보호하는 일관적인 법적 제도가 독일 지역 전역에 적용되는 것은 1870년 독일 제국에 의해 통일이 이루어져서야 가능하게 되었다.

지식재산과 사익과 공익의 균형에 대한 도전

옥스포드 영어사전에 의하면 영어에서 '지식재산(intellectual property)'이라는 표현이 처음으로 쓰인 것은 1845년이었는데, 이는 우연이 아니었다. 이 시기에 영국에서는 '저작권'이 재산권 보유자와 공익 사이에서 균형(balance)을 맞추어야 한다는 공론이 성립되어 있었다. 저자와 발명가는 자신의 노력과 생각의 산물에서 이윤을 추구할 수 있지만, 그 기간은 제한되었다.

하지만 이 합의로 논쟁이 종식된 것은 아니었다. 앞서 살펴보았듯이 근대의 저작권법은 서로 모순되고 실제로 검증된 적이 없는 여러 철학적 가정들에 기반을 두고 있었으며, 이 때문에 끊임없는 논란의 대상이 되었다. 이 논란은 오늘날 아이디어와 정보가 새로운 기술을 통해 국경을 자유로이 넘나드는 시대에 들어 더욱 심화되었다. 그 결과 근대적 지식재산 개념을 둘러싼 철학적 대립은 점점 더 국제적 양상을 띠게 되었으며, 개인 권리와 공익 사이의 균형점 또한 여러 번, 때로는 대대적으로 수정되었다.

산업 혁명에 이르러 문학 작품과 기계적 발명품을 소비하는 국제적 시장이 조성되었다. 이 지적(intellectual) 시장의 등장은 곧 국제 지식재산권을 관리하기 위한 새로운 규제 체제가 등장할 것임을 암시했다. 19세기 중반에 이르러 프랑스와 벨기에, 스위스 각국의 출판업자 간의 경쟁을 규제하기 위해 사상 최초의 국제 저작권 협정이 맺어졌다. 1858년 소설가 빅토르 위고(Victor Hugo)는 브뤼셀에서 국제 저자 및 예술가 대회를 개최하였으며, 이 회의를 통해 저자의 권리에 대한 국제적 보호 제도의 기반을 닦고자 노력하였다. 만국 공통으로 적용될 보편 원칙에 대한 합의를 도출하는 데에 실패하면서 이 대회는 대신 자국 저자들에게 부여하는 권리를 외국 저자들에게도 동등하게 인정해줄 것을 각국 정부에게 주문하였다.

그로부터 한 세대가 지난 이후, 몇 차례의 회의 끝에 스위스 베른에서 10개 유럽 국가가 참여하는 최초의 국제 저작권 협정이 맺어졌다. 이 협정은 국가 단위로 저작권을 정의하는 것을 원칙으로 삼고 있었지만, 협정에 의해 저작권 보호 제도가 국제화되면서 저작권에 대한 사상적 논쟁 또한 저자의 보편적 권리를 옹호하는 쪽으로 기울어졌다. 협정으로 인해 저작권이 국제적으로 다루어지면서, 공리주의적 동기에 의거하여 각 국가 정부가 부여하는 제도적 제한 논리에 비하여, 불가침의 자연권에 기반한 보편적 저자 권리 보호 논리가 힘을 얻은 것이다. 법리 수준에서 발생한 이 진보적 논리 변화로 인하여 유럽의 지식재산권 제도는 점점 공익 보호보다도 사적 지식재산권 보호의 방향으로 기울어지게 되었다. 19세기부터 20세기에 걸쳐 저자의 저작권 보호 기간이 연장되어, 처음에는 저자 사후 10년 내지 14년의 짧은 기간까지만 보호되던 저작권이 오늘날에는 긴 경우 50년 혹은 심지어 70년까지 유지되게 되었다.

저작권에 대한 법적 입장은 확실히 중립적인 법적 고찰에 의해 결정되는 것은 아니었다. 19세기에 이르러서는 지식재산 수출입 '흑자' 국가들, 예를 들어, 프랑스, 영국, 독일 등의 국가들이 개인 자연권에 기반한 저자 권리 보호와 이윤 추구 보장 논리를 더 선호하는 경향이 명백해졌다. 반대로 지적-과학적 산물의 수입국이었던 미국이나 러시아 등지에서는 저작권이 각국의 독자적 제도에 기반을 둔 특혜라는 공리주의적 태도를 고수하면서 국제 저작권 협정에 동참하는 것을 거부하였다. 이를 통해 19세기 개발 도상국들은 경제 강국들의 아이디어와 창작물, 발명품 등을 거리낌 없이 도용할 수 있었다.

미국은 여기서 아주 대표적 사례다. 시간이 지나면서 지적 재산 수입국에서 수출국으로 변화하자 미국의 지식재산에 대한 법리 또한 객관주의-공리주의에서 보편주의-자연권 보장 논리로 변하였다. 19세기 초 미국에서는 뉴욕, 필라델피아, 보스턴 등지의 주요 출판업자들이 영국 저자들의 작품을 무단으로 도용, 출판하여 상당한 이득을 취할 수 있었다. 이들은 자신들의 행동을 공리주의적 논리로 정당화하면서, 저작권은 영국의 법적 제도에 불과하고, 출판업자에겐 가장 저렴한 가격에 유익한 문서를 미국 대중에 배포할 공공 의무가 있다고 주장하였다. 한 예로, 월간지 『하퍼스 Harper's Monthly』는 본래 영국 잡지의 글을 무단으로 도용하여 편찬하는 문집으로 시작하였다. 1843년 찰스 디킨스(Charles Dickens)의 저작 『크리스마스 캐롤 A Christmas Carol』은 영국의 정식 계약 출판사에서는 정가인 2달러 50센트로 판매되던 반면 도용한 미국의 출판사에서는 단돈 6센트로 판매되고 있었다. Funk and Wagnalls의 창업자인 목사 아이작 K 풍크(Isaac K. Funk) 또한 언스트 리넌(Ernst Renan)의 『예수의 삶 Life of Jesus』 해적판을 인쇄하여 창업 자본을 마련하였다. 1830년 미국 내 출판업자에 대해 국제적 저작권 보호 원칙을 도입하자는 목소리가 미국인 저자들 및 미국 문화 보호주의자들에 의해 주로 제기되었다. 이들은 국내 저작권 및 저자 이윤을 보호해줄 제도적 장치 없이는 미국 작가들이 미국 시장 내에서 영국 작가들의 (도용된) 출판물과 경쟁하기 힘들다고 생각했다. 저자 권리 보호론자들은 저자의 보편적, 자연적 권리에 기반한 논리를 펼쳤으며, 국가주의적 호소를 통해 미국 국회가 미국 저자들의 활동을 장려하고, 싼값에 유통되는 영국 저작물로부터 미국 시장을 보호할 것을 요구하였다.

일면으로는 당연하게도, 미국과 영국 내 수많은 저자들의 항의에도 불구하고 미국 출판업자들의 활발한 로비 활동으로 인하여 저작권 보호 제도 도입이 무산되었다. 1842년 필라델피아의 출판사인 셔르만드 & 존슨(Shermand and

Johnson)은 다음과 같은 편지를 미국 국회에 보냈다.

> "영국 문단의 모든 작품은 우리 모두의 것입니다. 영국 저작물은 우리에게 마치 공기와 같이 무료로, 아무런 제한 없이, 심지어 번역될 필요도 없이 제공되고 있습니다. 학문과 도덕적 수양에 세금을 부과할 셈입니까? 정녕 이 지식의 강을 법이라는 둑으로 틀어막아야 하겠습니까?"

공익 보호의 논리가 적용 가능하다면 지식은 얼마든지 자유로이 도용될 수 있는 것으로 생각된 것이다. 19세기 중반의 미국에서는 콩도르세의 논리가 되려 더 과격한 형태로 군림하고 있었다. 1870년이 되자 미국 내 의견 대립이 한층 더 날카로워졌다. 한쪽에선 무역 보호론자들, 인쇄인 조합, 그리고 출판업자들이 영국 저작물의 해적판 인쇄 수익을 보호하고자 모든 종류의 국제 협정에 반대하고 있었다. 다른 한편에선 국내 저자들의 이윤을 보장하고자 하는 자들이 자유 무역론자, 국제 저작권 협정 옹호자 등과 힘을 합쳐 저자의 보편적 권리를 주장하였다.

1880년에 들어 지식재산권을 둘러싼 이 정치적 대립은 큰 전환점을 맞이하였다. 새로운 저가 출판사들이 주로 미국 중서부 주에서 새로이 등장하며 동부의 대형 출판업자들의 시장을 잠식하기 시작한 것이다. 이들 신생 기업들은 저렴한 가격과, 성장 중인 중서부 '개척지' 시장에 대한 접근 용이성 등으로 무장하여 동부 대형 업체들과 경쟁하였다. 이 신규 경쟁자의 등장에 기존 출판업계는 경영 전략을 정비하고, 지식재산권에 대한 입장을 수정함으로써 대응하였다. 동부의 기존 출판업자들은 자신들이 신생 기업보다 해외의 저자들과 독점 계약을 맺기에 더 유리한 위치에 있다는 점에 주목하고, 미국 시장에 국제 저작권 협정을 적용함으로써 이 이점을 활용하고자 하였다. 1886년 유럽에서 베른 협정이 체결되자 하퍼스(Harper's)나 스크리브너(Scribner)와 같은 동부 대형 출판사의 입장 변화 또한 더욱 가속되었다. 미국이 어떠한 종류이든 국제적 협정에 동참한다면, 저 협정에 의해 보호되는 작품의 출판 이윤은 고스란히 독점 계약을 체결하기 더 유리한 기존 출판사들에 돌아갈 것이기 때문이다. 아이작 풍크(『예수의 삶 Life of Jesus』의 해적판 인쇄로 부를 축적한 바로 그 사람이다!)를 비롯한 미국 내 신학자들은 이제 '지식재산권 침해의 죄'를 꾸짖기 시작했으며, 해적판의 생산이 모세의 십계 중 제7계(도둑질을 하지 말라)를 위반한다고 주장하였다. 미국 의회 또한 이들의 목소리에 동의하였다. 의회는 비록 미국 법이 저자의 자연 권리를 인정하지 않는다는 이유로 베른 협정에 직접 서명하지는 않았지만, 1891년 영국과 상호 저작권 보호 협정을 체결함으로써 국제 저작권 규제 체제에 동참하였다.

20세기 초에 이르러 미국은 국제 무역 시장과 지식재산권 시장의 주요 경쟁자이자 지식재산의 흑자 수출국으로 부상하였다. 저작권에 관한 미국의 법적 원칙 또한 사회적 공리주의적 원칙에 입각한 상업적 특혜 논리에서 멀어지고, 작가 개인의 자연권에 기반한 저자 권리 보호의 논리 쪽으로 기울기 시작했다. 지식재산권의 자연권 기반 당위론은 18세기부터 이미 미국 내에서 제기되었지만, 이 논리가 미국에서 지배담론이 된 가장 결정적 계기는 1903년 미 대법원의 블라이스타인 대 도날드슨 Bleistein v. Donaldson 대법원 판결이었다(주임 판사 홈즈(Holmes), 188 U.S. 239). 이 판결은 유랑극단의 홍보 포스터에 사용된 이미지의 상업적 재생산에 관한 것이었다. 피고 도날드슨은 이 이미지들이 너무나도 일반적인 형태를 가지고 있어 저작권 보호 대상(즉, 예술적 창작물)으로 분류될 수 없다는 주장을 펼쳤다. 홈즈의 법정은 이에 반박하며, 법정은 문학/예술 평론의 장이 아니며, '예술적 가치'를 판단할 권한이 없다고 주장하였다. 그와 반대로 재판부는 모든 종류의 이미지가 그 '가치'와 무관하게 자연에 대해 특정한 개인이 반응한 것의 결과물이라고 지적하였다. 게다가 개인의 인격은 언제나 독특한 속성을 가지기 때문에, 모든 창작 이미지는 심지어 개인 필체와 같은 낮은 수준의 저작물이라 할지라도 특정 인격의 독특한 산물이라는 것이다.

홈즈의 판결은 인격의 고유성과 자연권의 논리, 즉 계몽사조기 드포, 디드로, 레싱 등이 제시한 지식재산권 논리를 미국 법리 원칙으로 내세웠다. 이러한 논리 변화는 미국이 유럽으로부터 세계 경제의 지배적 위치를 쟁탈함과 동

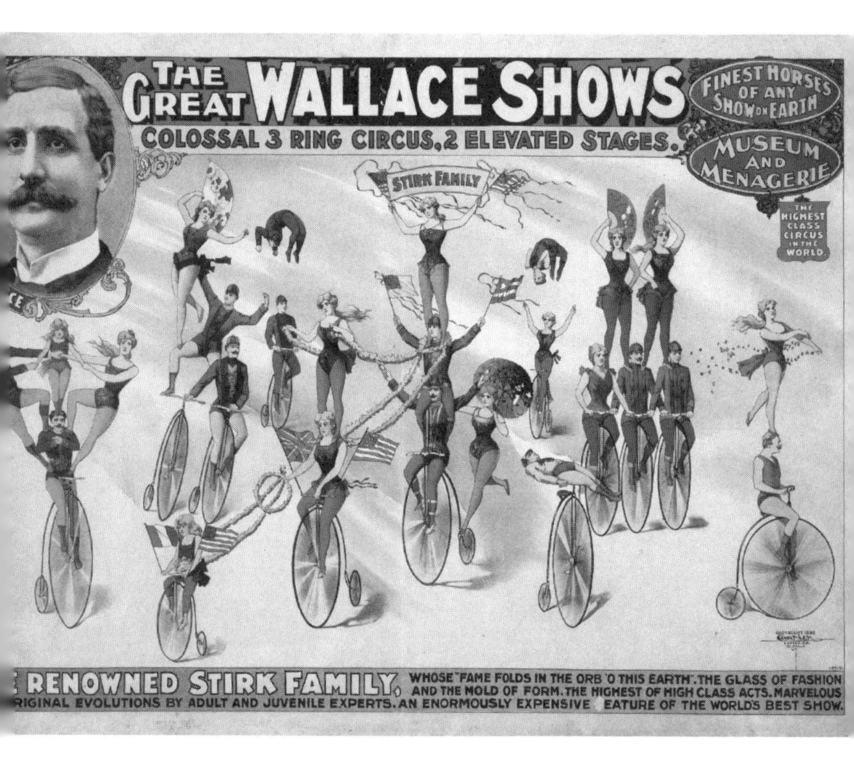

블라이스타인 대 도날드슨 대법원 판결의 대상이었던 유랑극단의 홍보 포스터
(출처: 위키피디아 'Bleistein v. Donaldson Lithographing Co.')

시에 이루어졌다. 20세기 이후 미국의 저작권 공방은, 블라이스타인 대 도날드슨 판결, 1988년 미국 베른 협정 조인, 그리고 1995년 디지털 밀레니엄 저작권법(Digital Millennium Copyright Act)에 이르기까지 꾸준히 지식재산권 보유자의 권리를 옹호하고, 사회적 공리주의 논리를 약화시키는 방향으로 진행되었다. 이는 18세기부터 시작된 지식재산권 논의의 균형이 '학문 장려'를 통한 공익의 보호보다 개인의 상업적 이윤 보호로 기울어지는 것을 의미했다.

공리주의적 입장과 저자 자연권 입장의 대립은 미국-서구 세계 밖의 근대화 과정에서도 발생하였다. 개발도상국은 문화적 상품과 기술의 수입국이며, 그 점에서 19세기의 미국과 비슷한 입장에 처해있다. 그리고 이들 개발도상국들이 현재 취하고 있는 태도 또한 과거의 미국과 같이 자국 정부와 사회의 입장이 수출국들의 저작권, 특허, 혹은 상품권과 관련된 국제 지식재산 보호제도보다 우선한다는 공리주의적 태도이다.

러시아와 중국에선 18세기 미국에서 벌어진 것과 거의 같은 형태의 공방이 미국과 행위자만 바뀐 모습으로 진행되었다. 이 두 국가에서 신학의 권위는 마르크스주의 공권력으로 대체되었다. 마르크스주의는 로크(Locke)식 인식론에 기반하여 새로운 아이디어와 발명품은 자연 자원을 대상으로 인간의 지적(intellectual) 노동을 통해 생산된다는 해석을 내놓았다. 이는 마르크스식 노동가치론에 부합하는 지식재산 노동론으로 이어졌는데, 여기에 마르크스는 콩도르세의 논리와 매우 흡사한 변형을 가미하였다. 모든 노동은 언제나 내재적으로 사회적이며, 이 때문에 지적 노동 또한 개인의 활동이 아니라 집단적인 과업이라고 주장한 것이다. 마르크스의 초창기 저술에서 이 해석의 논리를 확인할 수 있는데, 마르크스는 모든 개인이 사회적 학습을 통해 성장하며, 그러므로 개인은 그를 양육하고 교육한 사회의 산물이라고 봤다. 그리고 저자가 지적 노동에 동원한 자연 자원 또한 마땅히 모두의 공공재이므로, 지적 노동의 산물 또한 사회 전체의 소유물이 되어야 한다고 했다. 개인 작가와 발명가의 저작물 또한 모두 인민 전체의 소유물(즉 인민의 대표자인 공산주의 혁명 정부의 소유물)이라는 것이다. 초창기 볼셰비키들은 이 논리에 기반을 두어 1917년 혁명 이후 수많은 러시아 작가들의 작품을 '국유화'하였다. 중화인민공화국 공산당 또한 문화혁명 당시 다음의 선언을 전파하였다: "제철공장 노동자가 임무 수행 중 생산하는 모든 철에 자기 이름을 써서야 되겠는가? 그것이 정당하지 못한 행동이라면, 대체 왜 지적 노동자가 같은 행동을 하는 걸 좌시해야 하는가?"

러시아와 중국의 지식재산권의 역사는, 비록 20세기 초에 잠시 진보주의적 재산권 논리의 지배를 받기는 했지만, 대체로 신정 체제(theocratic regime)에서 공산 체제로 지식의 독점적 통제의 주체가 평행이동하는 과정이었다. 하지만, 두 국가 모두 저자와 발명가들에게 비(非)재물적 보상제도를 수립할 필요성을 갈수록 강하게 인식하였다. 이에 따라 공훈제도, 경시대회, 그리고 사회적 특혜 등의 제도를 통해 사회주의 체제 내에서 창작과 발명을 장려하는 수단을 마련하였다. 소련은 '저자 공증서' 제도를 통해 공익에 기여하는 개인의 공을 치하하였으며, 문화혁명 이후의 중국 또한 유사한 제도를 마련하였다. 비록 이들의 저작물 사용 여부에 대한 결정권은 오로지 국가에 있었지만, 이러한 인증 제도를 통해서 개인이 자신의 저작물에서 발생하는 가치에 대해 작게나마 물질적 보상을 받을 수 있게 하였다. 공산주의 체제 하에서 지식재산에 대한 공리주의 논리가 지배하고 지식 생산을 국가가 독점하는 과정에서, 작가와 발명가의 재산권을 인정하지 않는 대신 이들을 국가가 후원하는 제도가 성립된 것이다.

이슬람 국가들은 또 다른 길을 걷고 있다. 이슬람권은 신정 체제를 유지하였으며, 이로 인해 샤리아(이슬람 율법)가 현대적 세속국가에서도 최상위 권위를 지니고 있다. 코란 내의 재산권 개념은 전통적으로 물질적으로 체감 가능한 '유형(tangible)' 재산에 국한되었다. 그렇기 때문에 코란 내에는 아이디어의 소유 가능 여부에 대한 언급이 전무하다. 샤리아를 따르는 법조 체제에선 코란이 침묵하는 경우 각국 정부가 (코란을 위배하지 않는 한도 내에서) 새로이 법을 제정할 수 있다. 그 결과 20세기에 이르러 대부분의 이슬람 국가에서는 서구 법리에 입각한 지식재산권 제도가 자리 잡았다.

하지만, 서구적 지식재산권은 최근 들어 이슬람 법리학자들의 공격을 받고 있다. 아이디어를 소유 대상으로 보는 법적 논리와 샤리아 사이에 모순점이 있는지를 두고 활발한 논쟁이 벌어지고 있는 것이다. 몇몇 율법학자들은 '지식재산권'이 무형 재산의 보유를 일절 금지한 코란의 규정과 본질적으로 어긋난다고 주장하고 있으며, 지적재산권 보호는 오로지 특정 개인에 의한 지식의 독점으로만 이어진다고 말한다. 다른 학자들은 아이디어 자체와 그 유형의 표현을 구분하면서, 표현에 근거하는 서구식 저작권 개념을 옹호한다.

이들 국가들은 지금도 원칙적으로는 신정국가이기 때문에 아직까지 출판물을 검열할 권한을 유지하고 있다. 이슬람권의 법 제도는 저자의 저작권에 대하여 국가가 권리 보장 기간과 권리의 범위를 얼마든지 제한할 수 있도록 허용하고 있다. 예를 들어 이란에서는 저작권의 기한이 저자 사후 30년으로 지정되어 있지만, 이 기간이 지나면 해당 저작물은 향후 30년간 국가 소유가 되고, 이 기간이 끝나고 나서야 공공재로 분류된다. 또한, 대부분의 이슬람 국가에선 저작권 보호를 외국인에게 적용하지 않는다(하지만 일부 아랍국가들 간에는 쌍방 저작권 보호 협정이 맺어져 있다). 국제적 시점에서 본다면 이슬람 율법 또한 국가와 사회의 권익이 보편적 자연권 논리보다 우선한다는 공리주의적 논리를 따르고 있다고 말할 수 있다.

20세기 말에 들어 지식재산권의 성격과 그 올바른 적용 범위에 대하여 국가 간에 심각한 대립이 나타났다. 일반적으로 개발 도상국(중국, 대만, 러시아, 중동, 그리고 나아가 아프리카, 남아메리카 포함) 측에서는 콩도르세에서 기원하는 공리주의적 논리를 펼치고 있다. 이들 국가는 지식재산권이 사회적 성격을 가지며 국가는 공익을 위해 자국민 및 외국인 저자의 권리를 제한할 권한을 가지고 있다고 주장한다. 그리고 이런 주장은 19세기 미국에서 그러했듯 개발 도상국에서 타국인의 저작을 무단 도용하는 것을 정당화하는 데에 쓰이고 있다. 반대로 미국과 서구 세계에서는 저작권 법이 갈수록 18세기 당시의 균형에서 멀어져, 공리주의 논리를 버리고 전례가 없는 수준으로까지 개인의 재산권 보호와 저작물에 대한 독점적·상업적 사용을 허용하는 방향으로 치우치고 있다. 게다가 1970년 이래 이들 국가들은 더 적극적으로 무역 제재와 국제 무역협정을 동원하며 서방세계의 법적 논리를 개발 도상국들에게 강요하고 있다.

서구 세계, 특히 미국의 이러한 지식재산권 논리 변화는 여러 가지 이유로 우려할 만하다. 가장 급한 윤리적 사안으로는 AIDS 의약품, 줄기세포, 그리고 민속 식물학 문제에 관련되는 국제 지식재산권 논란이 있다. 자연권 논리가 극단적으로 우세해지면서 무고한 사람들의 고통, 그리고 국제적 이득을 위한 지역(local) 지식의 착취로 이어지고 있다. 국제 법리에서 균형 감각이 소멸하면서 지식 수출국에게 지식재산에 대한 독점적 권한을 집중시키는 결과가 초래되고 있다. 무엇보다도 이런 치우침은 본래 서구 사회에서 지식재산권 법이 처음 제정될 당시에 그토록 중요하게 여겨졌었던 균형, 즉 공익과 사익 사이의 정치적 균형을 위협하고 있다. 서구 민주주의 사회의 미래를 위해서 계몽사조기에 등장한 지식재산권 논쟁의 핵심적 의의가 다시금 강조될 필요가 있다. 그 의의란 바로 아이디어의 유통에 대한 상업적 독점을 해체하고 시민들 사이에 자유로이 소통이 이루어질 수 있도록 하는 것이다.

2

지식의 사유화와 첨단 산업의 등장

2부에서는 20세기 중후반 생명공학산업과 정보통신산업이라는 지식기반 산업의 등장에서 지적재산권이 어떻게 새롭게 정의되었으며, 이 과정에서 창의성, 혁신, 그리고 사적 이익과 공공의 이익 사이의 관계가 어떻게 새롭게 자리매김 되었는지를 살펴본다. 특히 이 과정에서 지식 생산과 후원 체계가 재편성되면서 대학과 정부, 산업의 관계가 어떻게 변화되었으며, 이러한 변화를 추동한 지식의 사유화에 대한 새로운 법적, 정책적 변화가 나타났는지를 살펴본다.

누가 무엇을 소유하는가? 유전자 재조합 기술의 사적 소유와 공공 이익에 관한 1970년대의 논쟁

저자 : 이두갑 • 번역 : 장준오

1974년 11월, 스탠포드 대학과 캘리포니아 주립 대학(University of California, 이하 UC)은 스탠포드의 유전학자 스탠리 코헨(Stanley Cohen)과 UC의 생화학자 허버트 보이어(Herbert Boyer)를 발명자로 유전자 재조합 기술(Recombinant DNA Technology)에 대한 특허를 신청했다. 1976년 초부터 이 특허 신청에 관한 뉴스가 널리 퍼지면서 동료 과학자들, 특허 심사자들, 대학, 정부 관료, 정치인, 그리고 대중들은 코헨과 보이어가 유전자 재조합 기술에 대한 발명권(inventorship) 및 소유권(ownership)을 주장할 수 있는가에 관한 문제를 끊임없이 제기하고 토론했다. 한 측면에서, 스탠포드와 UC 대학의 특허 출원이 코헨과 보이어를 유전자 재조합 기술의 단독 발명자로 규정하면서 스탠포드의 생화학자인 존 모로우(John Morrow)처럼 이들과 연구 기법을 공유하고 DNA, 효소, 플라스미드 같은 연구 물질을 교환했던 동료 과학자들을 분노하게 했다. 다른 측면에서, 유전자 재조합 기술의 사적 소유를 주장하는 이들의 특허 신청은 그 자체로 몇몇 대학과 정부 관료들을 비롯한 생명 의학 연구 공동체를 매우 놀라게 했다. 개인 과학자가 납세자들의 공적 자금을 사용해서 개발한 분자생물학의 기초 연구 기술을 "소유"할 수 있는가? 1975년 2월 아실로마 회의(Asilomar Conference)에서 유전자 재조합 연구의 안정성 및 공중보건 위험에 대한 논쟁에 휘말린 바 있었던 정치인들과 시민들은, 이제 유전공학 실험의 위험에 대한 우려를 넘어 이 기술이 이익을 위해 사적으로 통제될 가능성까지 염려하게 되었다.

1976년 6월, 재조합 DNA 특허에 대한 논쟁이 한창일 때, 스탠포드 대학의 홍보 및 대외 협력 관련 부처장이었던 로버트 로젠츠바이크(Robert Rosenzweig)는 미국 국립보건원(National Institutes of Health, 이하 NIH)의 원장인 도널드 프레드릭슨(Donald Fredrickson)에게 편지를 보냈다. 그는 이 편지에서 "재조합 DNA 분야의 발견에 대해 특허 제도를 통해 이에 대한 사적 권리의 보호를 적용하는 것에 관한" NIH의 공식 입장이 무엇인지를 표명할 것을 요청했다. 보다 구체적으로 로젠츠바이크는 NIH가 유전자 재조합 기술 발전에 연구자금을 지원했던 주요 기관으로서 자신들이 특허에 대한 권한을 주장할 것인지, 혹은 스탠포드와 UC에게 특허권을 양도할 것인지에 대한 입장 표명을 요구했다. 여기서 주목해야 할 점은 1968년 NIH는 오랫동안 방치되어 있었던 기관 특허 협약(Institutional Patent Agreement, 이하 IPA)을 다시 도입했다는 것이다. 이 협약을 통해서 NIH는 연구자금을 지원받은 피수여자의 요청에 따라서 연구 결과로 인해 발생한 특허권을 양도할 수 있게 되었다. 하지만 이 협약은 조건부였으며, NIH는 몇 가지 근거들을 기반으로 특허권 양도를 철회하고 이 발명에 대한 권리를 주장할 수 있었다. 이에 과학자들과 정치인들이 유전자 재조합 기술의 사적 소유에 대한 스탠포드와 UC의 주장을 날카롭게 비판하면서 공적 지원을 통해 등장한 발명의 법적 소유권에 대한 국가적 논란이 심화되었다. 이러한 논란의

와중에 1977년 8월 NIH는 유전자 재조합 기술이라는 발명에 대한 법적 소유권을 개별 연구자들과 민간 기관에 양도하는 것을 유예하기로 결정했다.

이 글은 어떻게 학계의 행정가들과 과학자들, 정부 관료들, 그리고 기업가들이 공적 이익의 추구라는 명분하에 유전자 재조합 기술의 법적 소유권을 두고 논쟁하였는지 분석한다. 지금까지 유전자 재조합 기술과 그 특허권이 생명공학과 생명의학 연구의 상업화에 대한 역사서술에서 중심적인 위치를 차지하였음에도 불구하고, 유전자 재조합 기술의 사적 소유와 이것이 공공의 이익에 어떠한 영향을 미치는지에 관한 논의들이 치열하게 벌어졌다는 점이 제대로 조명되지는 않았다. 그렇지만 사실 보이어와 코헨의 첫 유전자 재조합 특허는 6년간의 격론 후에 1980년에 이르러서야 승인되었다. 유전자 재조합 기술의 사적 소유에 대한 논쟁이 역사적으로 간과되어온 부분적인 원인은, 학자들이 유전자 재조합 기술의 상업화를 분석할 때 연구 대학이 연방 정부의 연구자금 지원을 통해 개발한 발명에 대해 소유권을 주장할 수 있게 한 바이-돌 법안(Bayh-Dole Act)의 기본 원칙을 종종 암묵적으로 가정했기 때문이다. 하지만 바이-돌 법안은 1980년에 제정되었으며, 1970년대 동안 연방 특허 정책에 관한 공공 정책적 논쟁은 유전자 재조합 기술의 특허 적용 문제와 점점 더 복잡하게 얽히게 되었다. 이를 고려할 때, 유전자 재조합 기술이 어떠한 논란과 논의를 거쳐 사적 소유가 되었는지에 관한 논쟁적 과정을 분석하는 것은 대학 연구의 상업화를 이해하는 데 중요한 역할을 할 수 있다. 무엇보다 실제로 정부의 연구자금 지원을 통해 개발된 생의학 발명과 혁신들에 대한 상업화가 정책적으로 제안되고, 이를 둘러싼 논란 끝에 결국 상업화가 연구 대학의 중요한 임무로 인식된 것이 이 시기에 일어난 일이기 때문이다.

다른 측면에서 이 논문은 생명의학 사업의 상업적 형태인 생명공학(biotechnology)의 등장을 둘러싼 경제적, 법적 전환들을 조명한다. 유전자 재조합 기술에 대한 표준적인 역사 서술에서 자주 언급되듯이, 이 기술의 발전은 유전공학의 역사에서 결정적인 업적 중의 하나로 평가되었다. 이후 보이어와 코헨의 유전자 재조합 실험 기법과 절차, 그 결과에 대한 특허 출원은 필연적이지는 않을지라도, 적어도 생명을 분자적 수준에서 조작할 수 있는 생명공학의 상업화로 이어지는 논리적인 단계의 하나로 간주되었다. 특히 보이어가 1976년 벤처 투자가 로버트 스완슨(Robert Swanson)과 공동으로 생명공학 벤처회사인 제넨텍(Genetech)을 설립한 것은 분자 생물학자들의 과학자로서의 삶에 있어서 상징적인 변화로 여겨졌다. 이들 분자생물학자들의 창업 벤처는 1980년 말 제넨텍이 월 스트릿(Wall Street) 주식상장을 성공적으로 마치며 보이어의 초기 투자자금 500달러가 3,700만 달러로 가치평가 되며 점차 가속화되었다. 필자는 이 논문에서 이러한 변화를 유전자 재조합 기술의 내재적인 기술적 힘을 통해 설명한다기보다는, 오히려 이 기술의 상업화를 학계에서 공적 지식과 산업의 사적 지식이 재구성되던 1970년대의 맥락에 위치시키며, 어떻게 생명공학산업의 눈부신 등장이 공적 지식에 대한 경제적, 법적 재개념화에 의존했는지 보일 것이다.

유전자 재조합 기술의 사유화에 대한 필자의 분석은 생명의학 연구의 상업화에서 특허가 담당한 중요한 역할과 1970년대 경제발전이라는 새로운 사회적 임무가 연구 대학들에 도입된 과정에 대한 역사적 연구들을 토대로 하고 있다. 이 글은 먼저 1970년대 미국 자본주의 체제가 생산성 감소라는 위기를 겪는 과정에서 연구 대학과 연방 정부가 국가 경제에 어떻게 새로운 역할을 담당할 필요가 있는지에 관한 광범위한 논쟁을 분석한다. 과학연구와 경제발전 관계의 전환에 대한 논쟁은 여러 방식으로 특허가 과학자, 대학, 정부 관료, 정치인들 사이에서 주요 정책적 논쟁의 주제로 등장하게 되는 토대를 마련했다. 이러한 분석을 배경으로 이 글은 이어 1960년대 말에 대학 내 학문적 연구의 상업화가 진행된 지점으로 스탠포드 대학의 특허 관리 제도화를 분석한다. 특히 필자는 스탠포드 기술이전사무소(Office of Technology Licensing, 이하 OTL)의 설립자인 닐스 라이머스(Niels Reimers)가 어떻게 코헨과 보이어를 대신하여 유전자 재조합 기술에 대한 사적 소유권을 주장했는지 분석할 것이다. 라이머스의 시도는 연방 정부 연구자금 제공 기관이 연구 자금의 피수여자나 연구 계약자의 요구에 따라 특허권을 포기할 수 있게 한 연방 특허 정책의 최근의 변화, 특히 유전자 재조합 연구의 주된 후원자였던 NIH와 미국국립과학재단(National Science Foundation, 이하 NSF)의 특허 정책의 변화를 반영한 것이었다.

유전자 재조합 기술의 소유권을 둘러싼 법적, 정치적 논쟁은 어떻게 소수의 영향력 있는 정부 관료 집단과 대학의 연구 관리자들 – 소위 연구 관리자들 – 이 사적 소유와 공공의 이익을 결부시켜 대학 연구의 상업화를 위한 새로운 법적 체제를 도입했는지 보여준다. 당시 (지식재산권) 법 영역에서의 경제적 합리성에 대한 재평가와 그 중요성의 부상을 기반으로, 그들은 유전자 재조합 기술의 '공적' 소유가 근본적으로 공공의 이익을 증진하려는 것과 상충하는 것이라고 주장했다. 오히려 그들은 발명을 공적 영역에 위치시키는 법과 정책은 과학기술 연구결과를 혁신적인 제품으로 개발하는 것을 가로막을 뿐이라고 강변했다. 1970년대 미국 경제의 불황 와중에 공공의 이익을 경제 발전의 측면에서 재정의함으로써 그들은 사적 소유와 공공의 이익이 인과적 관계를 맺고 있다는 새로운 논리를 제시했다. 사적 소유와 공공 이익의 인과적 연결에 대한 믿음은 생명의학 연구의 상업화의 기저에 깔린 근본적인 도덕적 가정 중 하나가 되었으며, 이는 과학기술자의 과학적, 도덕적 삶에 중요한 변화를 가져왔다. 그 결과로 초래된, 그리고 최종적으로는 바이-돌 법안의 통과로 이어진 연방 특허 정책의 변화는 상업적 생명공학의 등장을 위한 강력한 법적 플랫폼을 제공했다. 이런 의미에서 생의학 영역에서의 새로운 법적 체계는 최신 유전공학 기술들에 대한 대응으로서 나타났다기보다는, 오히려 생명공학의 새로운 발전 양상을 형성시키는 힘이었다고 할 수 있을 것이다.

1960년대 "연방기금" 대학(Federal Grant University)과 지식의 유용성

1960년대 중반 미국에서 연구 대학들이 급격하게 팽창하면서 연구 대학의 정치적, 경제적 역할이 더욱 두드러졌다. 제2차 세계 대전부터 미국의 연구 대학들은 과학 연구를 위해서 정부의 연구비 지원에 강하게 의존하게 되었다. 여기에는 물론 과학과 기술의 발전이 더 폭넓은 사회적, 경제적, 문화적 이익을 낳을 것이라는 공공의 믿음이 크게 작용했다. 연방 연구자금의 거대한 유입은 냉전 또는 치명적 질병과의 전쟁이라는 맥락 속에서 과학을 문화적이고 정치적인 차원에서 동원하는 것과 더욱 긴밀히 연결되었다. UC의 총장인 클라크 커(Clark Kerr)는 연구 대학에 대한 연방 정부와 정치의 영향력이 증대되는 것을 지켜보면서 이를 '연방기금 (보조) 대학(federal grant university)'이라고 할 정도라고 표현했다. 무엇보다 전후 미국 연구 대학의 존재와 그 성장이, 학문적 연구를 국가가 왜 그리고 어떻게 지원하는 것이 좋을지에 대한 정치적 협상 결과에 크게 의존하여 성장해 왔다는 것이다.

대학의 과학자들과 행정가들은 자신들의 입장에서 기회주의적으로 정치인들과 대중에게 과학적 발견이 기술적 혁신과 경제 성장의 기초가 될 것이라는, 곧 과학 연구가 공익을 약속한다는 느슨한 믿음을 키우고 강조했다. 커는 그의 1963년 책 『대학의 용도 The Uses of the University』에서 대학이 수준 높고 창의적인 연구 활동을 통해 다양한 차원의 사회적, 경제적, 정치적 요구들을 해결해 주는 '멀티버시티(multiversity)'로 변모해왔음을 자랑스럽게 논의한다. 또한, 전 노동 경제학자이기도 했던 커는 미국의 연구 대학들이 새로운 경제적 중요성이 있는 고등 연구 및 교육 기관으로 진화함으로써 '지식 산업'의 발전에 있어서 중심적 기여를 수행하고 있다는 점을 더욱 강조한다. 커에 따르면 연구 대학들은 미국 경제의 변화에 중요한 역할을 수행해왔는데, 그 이유는 이제 지식의 생산과 관리가 경제적 번영의 열쇠가 되었기 때문이라는 것이다.

하지만 1960년 중반부터 연방 정부의 지원을 과학 연구가 공공에 가져다주는 유형의 이익으로 정당화하는 입장에 대해, 오히려 대학에서의 연구가 실제로 사회적, 경제적으로 얼마나 유용하고 타당한지를 평가해야 한다는 정책적 요구들이 등장하기 시작했다. 대학 연구가 공공의 삶과 어떤 관련과 의의가 있는지, 그리고 그 경제적 유용성은 어떠한지에 대한 경제 및 과학 정책 연구들이 수행되기 시작했다. 이러한 공공 정책적 질문들에 답하기 위해 시행된 정책 연구들의 결론은, 2차 세계 대전 이후에 널리 수용된 견해, 즉 학문적 연구의 발전과 산업적 혁신의 성장 사이에는 인과적 연관관계가 있다는 견해에 반기를 들었다. 이는 곧 과학연구와 기술발전, 경제성장이 직접적 연관이 있다는 선형 모델에 대한 도전을 의미했다. 예를 들어, 1965년에 개시된 국방부의 '프로젝트 힌드사이트(Hindsight)'는 "기초적이고 지시가 없이 상대적으로 자율적인 과학(basic and undirected science)"에 대한 국방 연구 자금의 지원이 무기 시스템의 발전에 중요한 기여를 하지 못했다고 결론 내렸다.

1960년대 후반에 급증했던 미국 정부의 과학 후원에 대해 비판과 공격으로 인해서, 과학 연구에 대한 연방 정부의 지원을 정당화하는 핵심적인 논거가 큰 도전을 받기 시작했다. 2차 세계 대전 이후 일군의 과학자들과 경제학자들은 과학 연구가 경제적 불확실성과 재정적 위험을 수반하는 활동이고, 이 때문에 시장은 기술 혁신을 유지하기에 부적절한 형태의 경제조직이라고 주장했다. 예를 들어 당시 널리 인용된 1958년의 RAND 보고서에서 노벨경제학상 수상자인 케네스 J. 애로우(Kenneth J. Arrow)는 "발명, 혁신을 장려하기 위한 자원을 한 사회가 최적으로 배분하기 위해서는 정부, 또는 손익 기준에 좌우되지 않는 다른 조직이 연구와 발명을 지원해야 한다"고 주장했다. 다시 말해서, 시장주도의, 근시안적인 응용 연구는 예상 밖의 창의적이고 혁신적인 과학적, 기술적 발전을 유도하거나 이를 최대한 활용하기에는 부적절하다는 것이다. 2차 세계 대전 이후의 연방 연구 지원 시스템이 과학자들의 기초과학의 공적 지원에 대한 야심찬 요구를 만족시키지는 못했지만, 애로우와 같은 이들의 주장이 널리 수용되면서 과학기술을 지원하는 정부 자금은 지속적으로 증대하였다. 정부의 과학연구 지원은, 기업과 이윤 동기를 추구하는 과학지원에 대한 대안적인 방식으로서, 더욱 폭넓고 생산적인 과학적, 기술적 지식과 자원을 비축하는 저수지(reservoir)를 조성할 것이라고 기대되었다.

연방 정부의 과학지원을 정당화하는 이러한 논의와 달리, 1960년대 후반부터 과학 연구의 경제적, 사회적 기여에 대한 정책적 질문들이 강력하게 제기되면서, 연구 대학이 연방 정부로부터 과학 연구를 지원받는 것만큼이나 그에 합당한 기여를 하고 있는지 책임을 묻는 질문들 또한 제기되었다. 1969년 스탠포드 대학의 총장인 케네스 S. 피처(Kenneth S. Pitzer)는 보건복지부(Department of Health, Education, and Welfare, 이하 DHEW) 장관인 로버트 H. 핀치(Robert H. Finch)에게 보낸 편지에서, 연구 대학이 처한 정치적이고 경제적인 맥락이 크게 변화하고 있다고 토로했다. 그는 "변화의 바람은 분명하다"고 관측했다. "다른 긴급한 국가적인 요구들에 대한 지원과 함께 과거에 존재했던 대학에 대한 연방 지원은 그 성장을 멈추었으며, 많은 프로그램들에서 지원이 감소하였다. 게다가 1960년대 학생 소요(student unrest)는 워싱턴 정계와 일반 대중 양쪽에서 고등 교육에 대한 열정과 지원을 약화시켜버렸다." 이러한 고등 교육에 대한 비판에 대해 반박하면서, 피처는 지금까지 "대학 연구로부터 비롯된 진보된 지식의 기반이 경제 성장과 사회 발전의 원동력을 마련해주었다"고 강조했다. 하지만 그는 갈수록 첨단 과학과 기술에 의존하는 경제 체제하에서 "기초적이고 근본적인 새로운 지식의 생산은 더 이상 사치가 아니라 필수이며, 이는 대학만이 유일하게 수행할 수 있는 활동"이라며 이에 대한 지원의 감소가 가져올 여파에 대해서 경고했다.

대학 연구의 의의에 대한 전반적인 비판과 함께, 생명의학 연구의 가장 주요한 국가적 후원자인 NIH(DHEW 산하의 연구 기관)는 더 많은 치료 약물과 의학 혁신을 개발하라는 정치적 압력에 직면하고 있었다. 1960년대 중반 NIH의 연간 예산은 10억 달러를 넘을 정도로 급격하게 증가하였고, 미국 보건 연구에 대한 NIH의 직접 지원 비중은 40%에 달하게 되었다. 이에 정치인들은 "미국인들이 돈을 지출한 만큼의 가치를 돌려받고 있는지" 의문을 제기하기 시작했다. 린든 존슨(Lyndon Johnson) 대통령은 1966년 NIH를 방문하면서 "너무 많은 에너지가 기초연구에 사용되고 있으며, 실험실의 결과물을 미국인들의 실질적인 이익으로 전환하는 데 충분한 에너지가 사용되지 못하고 있지는 않은 지" 질문했다. 저명한 의학 분야의 후원자인 메리 래스커(Mary Lasker)나 미국암협회(American Cancer Society)와 같은 민간 단체들은 더 많은 목적-지향적이고 응용 가능한 생명의학 연구들이 시급하다고 주장하기 시작했으며, NIH가 생의학 연구에 기반을 둔 새로운 치료법이나 암 백신개발과 같은 혁신적 의학 개발을 목표로 국가적 프로그램에 착수할 것을 요청했다. 힌드사이트 프로젝트 보고서와 함께 이어진 생명의학 연구의 유용성에 대한 정치적 공격들은 "NIH 관료들에게 마치 폭탄이 떨어진 것처럼 큰 충격으로 다가왔다."

1960년대 후반, 대학 행정가들과 정부 관료 그룹은 국가 경제 불황과 함께 과학연구에 대한 연방 지원의 감소가 임박했으며, 이에 대해 점차 정치적인 요구와 조사를 받게 될 것임을 절실하게 깨닫게 되었다. 기초 연구의 경제적 효과에 의문을 던지는 정책 연구들로 인해 더 이상 선형 모델을 동원해서 대중과 정부의 지원을 얻는 것이 어렵게 되었던 것이다. 공공의 지원을 받는 기관이 그 지원의 효과에 대해서 책임을 지는 것은 놀라운 일이 아니었지만, 과학자들과 대학 행정가들은 그들의 연구가 직접적, 그리고 간접적으로 국가 경제의 번영에 기여한다는 그들의 주장에 대한 회의론에 직면하게 되었다는 사실에 매우 놀랐다. 이에 학계와 정부 관료 같은 후원자들은 학계 연구들이 보다 국가의 정치적, 경제적 삶을 증진할 수 있도록 할 수 있는, 즉 연구의 관련성(relevance)을 높일 수 있는 실용적인 해결책들을 고안하기 위해 노력했으며, 그를 통해 지속적인 연구 지원을 확보하려고 했다.

몇몇 과학자들은 생명의학 연구의 사회적, 의학적 관련성에 대한 요구가 과학 연구의 의제를 좌우해서는 안 된다고 경고했지만, 다른 과학자들과 정부 관료들은 이 정치적 압력을 활용해서 "이제 우주와 원자력 프로그램에 쓰던 것과 똑같은 양과 질의 노력을 질병과의 싸움에 투입해야 한다"고 주장했다. 하지만 NIH로부터 주로 자금을 지원받던 학계와 정부의 생명의학 연구자들은 상업적·의학적으로 성공할 수 있는 치료 약물을 개발하기 위한 법적, 기술적 수단을 거의 지니고 있지 않았다. 이미 1962년에 NIH 내에서 가장 큰 기관 중 하나인 국립암연구소(National Cancer Institute, 이하 NCI)의 소장이었던 케네스 엔디콧(Kenneth Endicott)은 현재 DHEW의 특허 정책에 대한 철저한 검토를 요청했다. 그는 기초 생명의학 연구 기관들이 자본과 기술적 노하우의 부족으로 인해 본격적인 신약 개발에 착수하기 힘들 것이라는 점을 인정했다. 그는 또한 "NCI가 지닌 높은 수준의 과학기술 역량을 보충하고 우리가 이미 쌓아 올린 기초 연구의 결과물을 응용하기 위해서는, 산업적 노하우에 대한 접근이 필요"하고, 이를 통해 "산업계가 공학, 대량 생산, 대규모 공장의 운영, 그리고 산업 인력이 가지고 있는 특별한 강점을 활용할 수 있다" 고 주장했다.

하지만 민간 기업은 공공의 자금을 지원받으며 일하는 학계와 정부의 연구자들과 협력하기를 주저했다. NIH의 국장이자 2차 세계 대전 동안 항말라리아제 프로젝트에 참여하면서 임상 및 약리학 프로그램을 이끌었던 제임스 섀넌(James Shannon)은 화학 및 제약 산업계가 정부의 자금을 받는 연구 및 개발 프로그램에 참여하면 독점적 지식과 실행에 대한 보호를 받을 수 없을 것이라는 우려를 잘 인식하고 있었다. 이에 1963년 섀넌은 공군 출신의 젊은 변호사인 노먼 래트커(Norman Latker)를 NIH의 첫 번째 특허 자문위원(patent counsel)으로 임명하고 NIH의 특허 정책에 대한 검토를 지휘하도록 지시했다. DHEW에 보내는 편지에서 섀넌은 래트커의 결과물을 요약하면서 "제약 산업계는 제약 회사 협회(Pharmaceutical Manufacturer's Association)를 통해, 그리고 경우에 따라 개별적으로, 독점적인 특허권에 대한 보장 없이는 우리 측 과학자들과 협력하여 그들의 약을 실용화의 단계까지 개발할 수 없다고 거부해왔다"고 지적했다. 섀넌은 이에 기반하여 DHEW가 지원한 연구 기관과 대학 연구자들이 그들의 기초 연구 결과를 활용하여 유용한 의학 및 의약 제품을 개발할 수 있도록 법적 수단을 마련하거나 특허 정책을 개정할 필요가 있다고 주장했다.

이렇듯 미국 경제의 번영과 공중 보건에 과학 연구가 얼마나 기여하는가에 대한 국가적 논쟁이 펼쳐지면서, 연방 특허 정책은 생명의학 연구자와 정부 관료에게 중요한 공공정책적 주제로 부상했다. 1960년대 말에 수행된 특허 정책에 대한 두 개의 정부 연구들, "의료 화학에서 정부 후원 연구 결과의 유용성에 영향을 미치는 문제 영역들(Problem Areas Affecting Usefulness of Results of Government-Sponsored Research in Medical Chemistry)"과 "정부 특허 정책 연구(Government Patent Policy Study)"는 연방기관들이 정부의 재정을 지원한 연구를 통해 구체적인 유형의 경제적 이익과 보건 혜택을 얻는

데 실패했다고 주장했다. 두 연구 모두 시대에 뒤떨어진 연방 특허 정책이 공공 지원 연구로부터 나오는 다양하고 혁신적인 발명들이 활용되는 것을 막는 가장 중요한 장애물이라고 지적했다. 우선, 보고서는 각 정부 기관이 정부 지원 연구로부터 나온 발명에 대해 임시방편적 방식으로 다루었기 때문에 특허 실행과 규제에서 큰 불균형을 초래했다고 지적했다. 예를 들어 국방부(Department of Defense, 이하 DOD)는 특허에 대한 라이센스 정책을 시행하고 있어서, 대개 DOD가 후원한 연구를 통해 얻은 발명에 대한 특허권을 산업 계약자나 피수여자에게 양도해 주었다. 반면에 DHEW의 경우에는 특허에 대한 소유권 정책을 고수했으며, 이 정책에 따라 DHEW는 계약 연구나 지원금을 통한 연구의 결과로 얻은 발명들에 대한 특허권을 소유했다. 이렇듯 정부의 공적 기금을 사용한 연구로부터 나오는 특허를 정부가 소유하는 소유권 정책의 근본적인 목적은, 공적으로 활용 가능한 과학 지식의 저장소를 만드는 것이었다.

연방 정부 특허 정책에 대한 이 두 보고서는 서로 상충하는 정책들에 대해 비판하면서, 연방 정부가 정부 소유의 발명들을 통해 공적인 이익을 증진하기 위해서는 일관된 절차와 정책을 제정하고 시행할 필요가 있다고 권고했다. NIH의 특허 자문이자 후에 "바이-돌 법안의 아버지"라 지칭되는 래트커는 정부 특허 정책 개혁을 위한 이러한 움직임에서 핵심인물로 등장했다. 래트커는 정부 특허 정책 보고서의 준비에 기여하면서, 특허권을 정부가 보유할 것을 요구하는 DHEW의 특허 정책이 NIH가 지닌 방대한 양의 발명들을 상업적으로 개발하려는 시도에 큰 장애가 되고 있음을 지적하였다. 과학 기술 연방위원회(The Federal Council for Science and Technology)의 보고서는 NIH의 의화학(medical chemistry) 프로그램을 DHEW 특허 정책의 대표적인 실패 사례로 지목했다. 이 기초 연구 프로그램은 치료 가능성을 가진 화학적 부산물에 관심을 가지는 학계의 연구자들을 지원했다. 보고서는 이 NIH 프로그램이 생화학 물질을 의약품으로 바꾸는 상업적 개발과정에 제약 산업계를 끌어들이는 데 실패했다고 비판했다. 보고서는 그 원인으로 DHEW가 특허권을 계약자와 연구자금 피수여자에게 양도하지 않았기 때문이라고 주장했다. 래트커는 정부 특허 정책 국회 위원회에 소환되었을 때, NIH의 의화학 프로그램에 대해 다음과 같이 증언했다. "나는 1963년부터 1968년까지 제약 산업계가 정부 소유의 발명에 대한 사실상의 보이콧을 실행했다고 생각한다. 그 당시 우리는 정부가 지닌 특허를 독점적인 방식으로 산업계에 라이센스 할 수 있는 법적 수단을 가지고 있지 못했으며, 이에 사실상 우리의 모든 특허 포트폴리오는 휴면상태였다."

래트커는 정부 지원 연구로부터 발생하는 발명을 활용하기 위한 새로운 인센티브 구조를 마련하기 위해 노력했다. 그는 DHEW의 소유권 정책이 대부분 연구 대학이나 병원인 NIH 연구비의 피수여자 및 계약 연구자들이 정부 소유의 발명들을 공공의 복지 증진을 위해 개발하도록 할 만한 충분한 인센티브를 제공해오지 못했다고 판단했다. 1960년대 후반에 래트커는 DHEW 특허 정책을 간소화하고, 이를 통해 몇몇 대학들과 새로운 IPA를 맺음으로써, 새로운 발명들에 대한 추가 개발 작업을 촉진하려 시도했다. 각각의 IPA는 DHEW가 피수여자나 계약자를 위해 특허권을 양도할 수 있도록 요청하는 절차를 간소화함으로써, DHEW의 지원을 통해 얻은 발명들의 활용을 권장하도록 의도되었다. 1968년에 칼텍, 코넬, MIT, 미네소타, 프린스턴, 그리고 마운트 시나이 병원(Mount Sinai Hospital)과 같은 십여 개의 대학과 의학 기관들이 NIH와 1차 IPA를 맺었다. 정부 특허 정책을 개혁하고 경제적으로, 의학적으로 성공할 수 있는 제품을 개발하기 위해 시장 인센티브를 도입하려 한 래트커의 노력은 1970년대, 학계와 정부, 산업계와의 관계가 어떻게 변화되어 갈 것인지를 암시해주는 것이었다.

스탠포드 대학에서의 특허

1960년대 중반까지 미국의 연구 대학들은 대학의 발명들에 대한 관리를 비영리 연구단체(Research Corporation, 이하 RC)와 같은 외부 기관, 혹은 위스콘신 동문 연구재단(Wisconsin Alumni Research Foundation, 이하 WARF)과 같은 대학과 관련되지만 독립적인 외부 기관들에 위임했다. 예를 들어 RC는 1930년대부터 MIT 등 몇몇 대학들과 발명 관리 계약을 체결하기 시작하였고, 연구 대학의 특허 관리에 있어 가장 중요한 기관이 되었다. 이러한 대학과 특허 관리 사이의 제도적인 분리는 대학의 핵심적인 학문적 임무를 보호하기 위한 방법으로 여겨졌다. 여기에는 이해의 충돌을 방지하려는 윤리적 고려와 상업적 추구에 대한 노력이 교수진의 교육적 의무를 소홀하게 할 것이라는 우려가 있었다. 게다가 대학들은 지식재산권의 관리를 담당할 수 있는 전문가를 보유하고 있지도 않았다. 그래서 그들은 기꺼이 교수들의 발명 관리를 외부 기관에 맡기고, 적당한 특허 수익, 즉 로열티를 받는 데 만족했다. 대신 이 특허 관리 기관들은 대학의 특허들을 라이센스 해서 상업적으로 성공할 수 있는 제품들을 개발할 산업 회사를 찾는 데 전념했다.

2차 세계 대전 동안 그리고 그 이후의 과학과 공학에 대한 정부 지원의 대규모 유입은 정부의 연구 지원금 및 계약을 통해 얻어진 과학 지식과 공학 기술의 소유권과 관계된 일련의 도전적인 문제들을 낳았다. 대부분의 연구 대학들은 소송에 대한 우려로 인해, 전시의 연구로부터 얻어진 발명에 대한 특허신청을 적극적으로 추진하지 않았다. 예를 들어 MIT의 총장인 칼 콤프턴(Karl Compton)은 RC에게 미국 도처에 흩어져있는 복잡하고 거대한 규모의 공학 프로젝트로부터 얻어진 결과물들에 대한 발명권을 확립하는 것은 어려울 것이라고 경고했다. 당시 각각의 정부 기관들이 특허 소유권에 대해서 기관마다 상이한 자체적인 특허 지침을 발전시켰기 때문에, 오직 소수의 학술 및 특허 관리 기관들만이 정부 지원 연구로부터 얻어진 발명을 체계적으로 다루려고 시도했다.

하지만 1960년대 중후반에 과학에 대한 연방정부의 지원이 도전을 받기 시작하면서 대학에서의 특허신청은 연구 대학이 직면한 도전에 대응하는 하나의 방안으로 보였다. 대학 행정가들은 재원을 획득할 수 있는 대안적인 방법으로, 그리고 학술적 연구의 경제적 관련성을 입증하기 위해 특허 신청에 관심을 보이기 시작했다. 또한 그들은 자신들이 대학 내 교수진이나 연구 결과와 더 친숙하기 때문에 외부기관이나 정부에 비해서 상업적으로 성공할 수 있는 발명들을 효과적으로 식별할 수 있다고 생각했다. 1960년대 말에 이르러서 몇몇 대학들은 RC로부터 기술 및 법률 전문가들의 도움을 받아, 대학 내 발명들을 관리하기 위한 그들만의 특허 관리 사무소를 설립하려고 했다. 이에 연구 대학에서 소위 대학 기술 이전 혹은 라이선스 사무실이라 불리는 대학 특허 관리기관들이 설립되기 시작했다.

스탠포드 OTL은 연구 대학이 자체적으로 특허 및 라이센싱 활동에 착수하려는 초기 대학 특허관리의 경향을 보여준다. 스탠포드 연구계약 프로젝트 관리국(Office of Sponsored Projects)의 계약연구 담당관인 라이머스는 1968년에 시범 프로그램으로 OTL을 시작했다. 스탠포드에 고용되기 전에 라이머스는 필코-포드(Philco-Ford, 포드 자동차 회사의 자회사)에서 계약 관리자로 일했다. 특히 그는 DOD와의 계약 관리 업무 경험을 통해 정부 지원으로부터 발생하는 발명이 라이센싱을 통해 어떻게 큰 경제적 가치를 가질 수 있는지 인식하게 되었다. 1960년대 중반 스탠포드에서 계약 관리자로 일하면서 그는 교수진이 연간 30개의 발명을 스탠포드 연구 관리자에게 신고한다는 것을 알게 되었다. 하지만 민간 연구 계약자와는 달리, 스탠포드 대학은 특허권의 소유를 추구하지 않았고, 이에 대한 라이센싱 활동에도 관여하지 않았다. 다른 연구 대학들의 관례에 따라 스탠포드도 이미 1954년부터 특허신청과 라이센싱 활동을 RC에 위임해왔던 것이었다.

특허 관리를 RC에 위임하기로 한 스탠포드의 결정은 역사학자 레베카 로웬(Rebecca Lowen)이 지적했듯이, 대학과 사적 산업계와의 제도적 관계 변화와 함께 전개되었다.

1937년에 스탠포드는 연구의 결과로 나온 발명에 대해 대학의 소유권을 주장하는 특허 정책을 제정했다. 이 정책은 많은 부분 대공황 시기에 물리학과에서 발명된 클라이스트론(klystron)을 통해 이익을 얻기 위해서 수립된 것이라 할 수 있다. 스탠포드는 스페리 자이로스코프 회사(Sperry Gyroscope Company)와 독점적인 라이센싱 계약을 맺어 1940년대 초에 이미 약 3만 달러(그 당시에 정교수 5명의 급여와 동일한)의 특허 사용료를 받고 있었다. 하지만 이 독점적인 라이센싱 계약은 연구 대학의 맥락에서 흔치 않았던 것으로, 당시 물리학과의 학장이자 클라이스트론 연구의 책임자였던 데이비드 로케 웹스터(David Locke Webster)는 1939년 이에 대한 거부의 표시로 학과장을 사임하기도 하였다. 새로운 발명에 대한 스페리사의 잦은 요구가 부당한 압력이라고 느낀 웹스터는 "과학과 특허는 기름과 물만큼이나 잘 섞이지 않는다"라며 강하게 불만을 표시했던 것이다. 이렇듯 산업계와의 협동과 연계의 부작용을 경험한 스탠포드 대학은 그들의 특허 정책을 재평가하기 시작했다. 몇몇 교수들은 여전히 발명을 고안해낸 개개인의 교수에게 특허가 양도되어야 한다고 주장했지만, 다른 이들은 그것이 일반 대중이나 그 연구를 후원한 기관, 또는 정부 기관에 양도되어야 한다고 주장했다. 1954년 스탠포드와 RC의 발명 관리 협약(invention administration agreement)은 이렇듯 대학 내에서 특허에 대한 논쟁이 벌어지는 맥락 안에서 탄생했다. 스탠포드는 특허 관리를 RC에 위임하는 와중에도 여전히 발명자나 대학이 특허권을 보유하는 것을 허락했다.

스탠포드 대학에 자리를 잡은 라이머스는 산업계에서 일한 경험에 비추어볼 때, 스탠포드와 비영리 RC와의 특허 협의가 금전적 수익의 측면에서 아쉬움이 많다고 생각했다. 1954년부터 1967년까지 스탠포드는 RC로부터 대략 총 4,500달러라는 적은 금액인 특허 로열티 수입을 받았다. 라이머스는 새로운 방식의 특허 관리를 통해 스탠포드의 발명을 더 유용하게 사용할 수 있다고 제안했다. 그는 새로운 라이센싱 프로그램이 대학 내 발명을 유용한 상품으로 개발하여 공익을 증진시키는 데 기여할 것이며, 이를 통해 생기는 수익은 교수진과 대학에 추가적인 자금으로 돌아갈 것이라 주장했다. 라이머스는 1968년 대학의 예비자금 12만 5천 달러로 특허관리 시범 프로그램을 시작했다. 1969년 5월 스탠포드의 교무처장이었던 리처드 W. 리만(Richard W. Lyman)은 대학의 학과장들에게 특허 라이센싱을 위한 새로운 프로그램을 설명하는 공문을 보냈다. 그는 이 프로그램을 통해 발생하는 모든 로열티 수입은 각각 발명자와 그가 속한 학과와 대학에 1/3씩 분배될 것이라고 설명했다.

라이머스가 제안한 1년짜리 특허관리 시범 프로그램은 총 55,000달러의 수입을 올렸으며, 이 재정적인 성공은 그가 1970년 1월에 공식적으로 스탠포드 OTL을 설립하는 데 도움을 줬다. 스탠포드의 연구 부총장이었던 윌리엄 밀러(William Miller)는 그해 6월에 라이머스의 시범 프로그램에 대한 이사회의 긍정적인 평가를 회람했다. 이사들 대부분은 기술 라이센싱이 학술 연구 결과를 상업화하는 수단이 될 수 있다는 라이머스의 주장에 동의했다. 그들은 특히 특허 로열티와 라이센싱 수입이 – 계약 연구비와 연구지원금에 비해서 – 그 사용처에 특별한 제한이 없는 일반 자금을 대학에 제공할 것이라는 사실에 큰 이점이 있다고 생각했다. 특허에 대한 학계의 신중한 태도에 유념하면서, 라이머스는 그의 프로그램이 바이러스 감염에 대한 잠재적인 치료법이나 환경을 덜 파괴하는 살충제 개발과 같은 높은 사회적 가치를 가진 발명을 라이센싱했다고 강조했다. 1970년 6월, 스탠포드 이사회는 새롭게 설립된 OTL에 대한 지지를 확인하면서 "교수진만이 누리던 특혜인 자기 발명에 대한 독점권을 직원과 학생을 포함한 모든 대학 발명가들이 보유할 수 있도록" 확대했다.

OTL 운영 초기에는 화학이나 제약 산업과 같이 획기적인 특허 확보에 경쟁우위가 좌우되는 산업들에 큰 관심을 가졌다. 전자 산업은 라이머스의 라이센싱 조사에서 큰 비중을 차지하지 않았는데, 그 부분적인 이유는 전자공학의 급격한 발전 때문에 최신의 특허라도 종종 시대에 뒤떨어지게 되었기 때문이었다. 예를 들어, 라이머스가 초기에 시장에 가져간 수익성 있는 발명 중 하나는 스탠포드의 화학자 윌리엄 존슨(William Johnson)에 의해서 개발된 스테로이드 합성 패키지였다. 또한 OTL은 존슨의 특허에 대한 라이센싱을 살충제의 개발을 위한 스털링 제약 회사(Sterling Drug Company)와 쉐

브론사(Chevron Corporation)가 세운 합작 투자 회사와 체결하며 큰 수입을 올리기도 했다. 1974년에 라이머스가 유전자 재조합 기술과 그 제약 산업 및 농업 분야에서의 혁신적 응용 가능성에 대한 소식을 접하고 이의 상업화 가능성을 타진했을 때, 생화학 발명들에 대한 OTL의 전문적인 경험과 지식은 그가 대학의 연구와 특허에 대한 여러 법적, 정책적 변화들을 헤쳐 나가며 유전자 재조합 기술의 상업화를 추진할 수 있도록 도와주었다.

유전자 재조합 기술 사유화하기

라이머스가 1968년에 스탠포드에서 기술 라이센싱 프로그램을 시작했을 때, 이미 정부 특허 정책 개혁을 통해 대학들이 정부 지원 연구의 결과물을 이용할 수 있도록 하는 수단들에 대한 심도 깊은 논의와 노력이 이루어지고 있었다. 예를 들어 NIH는 기관의 연구자금 수여자가 특허권을 양도할 수 있도록 IPA를 다시 도입했다. 이 협약 하에서 특허를 양도받은 모든 대학은 그 발명을 납세자의 이익을 위해 활용하는 데 성실하게 노력할 의무가 있었다. 유전자 재조합 기술에 대한 특허를 신청하고, 이를 사적 기업들에게 라이센싱 하기 위한 라이머스의 시도는 변화하는 정부 특허 정책, 특히 NIH의 특허 정책 변화라는 새로운 맥락을 반영한 것이었다. 1976년, NIH는 총 56개의 연구기관들과 IPA 협약을 체결하고 있었으며, 이 협약을 맺은 대학들은 29개의 비독점적 라이센스와 43개의 독점적 라이센스를 영리단체와 성사시켰으며, 이를 통해 17개의 대학-영리회사 간의 합작 투자 협정을 성공적으로 이끌어냈다. 정부 특허 정책의 변화라는 관점에서 보았을 때, 유전자 재조합 기술에 대한 특허 출원을 신청하겠다는 라이머스의 계획은 정부의 지원을 받은 발명의 활용을 추구하고 있던 대학 행정가들과 정부 관료들에게서 용인될 수 있을 뿐만 아니라, 사실은 환영받을 만한 새로운 시도였다. 이에 특허의 소유권을 NIH에서 스탠포드로 이전할 수 있을 가능성에 대한 라이머스의 초기 문의는 래트커와 같은 NIH의 특허 공무원들에게 큰 환대를 받았다. 결과적으로, 몇몇 정부 관료들은 유전자 재조합 기술의 법적 소유권 결정에 깊숙이 관여하게 되었다.

유전자 재조합 기술에 대한 OTL의 관심은, 라이머스가 회상한 바에 따르면, 그가 스탠포드 연구 결과물을 다루는 한 뉴스 기사를 읽었을 때 시작되었다. 1974년 5월 20일 자 뉴욕 타임스에 실린 "박테리아로 이동한 동물 유전자: 의학과 농업에 큰 도움을 줄 수 있을 것(Animal Gene Shifted to Bacteria: Aid Seen to Medicine and Farm)"이라는 제목의 기사였다. 빅터 맥엘헤니(Victor McElheny)라는 기자가 작성한 이 기사는 아프리카 두꺼비 제노푸스 레비스(Xenopus Laevis)의 유전자를 복제한 코헨과 보이어의 연구를 다루었다. 스탠포드 의과 대학이 배포한 보도자료에서 유전학자이자 노벨상 수상자인 조슈아 레더버그(Joshua Lederberg)는 "이것이 인슐린과 항생제와 같은 생체물질을 제조하기 위한 제약 업계의 접근법을 완전히 바꿔버릴 것이다"라면서 유전자 재조합 기술이 혁신적인 발명이라 주장했다. 그는 제노푸스 DNA 복제 논문을 미국 국립 과학원 회보(Proceedings of the National Academy of Sciences, USA)에 교신전달한 과학자이기도 했다. 이 뉴스는 상업성을 가진 새로운 발명에 대한 정보를 스탠포드의 과학자들로부터

찾고 있었던 라이머스의 눈길을 끌었다.

라이머스는 유전자 재조합 기술을 라이센싱할 계획을 가지고 스탠포드 의학과(Department of Medicine)의 과학자 코헨과 접촉했다. 처음에 코헨은 특허 출원 신청을 망설였으며, 분자생물학의 기초 연구 방법인 유전자 재조합 기술은 특허신청에 적합하지 않다고 말했다. 그가 나중에 인정했듯이, 그에게 "특허에 대한 기본적인 틀은 기초적인 과학적 방법이 아니라 장치(devices)와 같은 것에 적합한 것"이었다. 게다가 코헨은 그의 재조합 DNA 복제 성공이 폴 버그(Paul Berg) 연구 그룹 및 최초로 재조합 DNA 분자를 인공적으로 합성한 피터 로반(Peter Lobban)과 같은 스탠포드 생화학과 동료들과의 밀접한 상호작용에 크게 의존하고 있다는 것을 깨닫고 있었기 때문에 특허신청을 망설였다. 이미 코헨의 실험 이전에 버그의 실험실에서 대학원생이었던 자넷 머츠(Janet Mertz)와 존 모로우, 그리고 데이비드 잭슨(David Jackson) 등의 박사후연구원들은 재조합 DNA 연구에 필요한 결정적인 기술들을 개발했다. 일례로 머츠는 EcoRI 제한 효소가 DNA 분자를 재조합할 수 있도록 DNA를 독특한 방식으로 절단해준다는 사실을 발견했다. 버그의 대학원생 모로우는 레더버그가 유전 공학의 중요한 성과라고 주장했던 코헨의 그 실험, 즉 박테리아 내부에서 외부 진핵 생물의 유전자(Xenopus ribosomal DNA)를 복제했던 첫 실험에서 코헨과 함께 협력했다. 그럼에도 불구하고 라이머스는 "진공에서 만들어지는 발명은 없"으며, 오히려 유전자 재조합 기술과 같은 생화학적 절차들에 대한 특허 신청이 스탠포드의 발명가들과 화학 및 제약 산업에 큰 도움이 될 것이라고 주장하면서 코헨에게 특허 출원 신청을 종용했다. 또한 라이머스는 개인 과학자들이 정부 지원 연구의 결과물에 대해서 특허 출원을 신청하도록 장려하는 정부 특허 정책의 최근 변화, 특히 스탠포드와 NIH가 체결한 IPA를 강조했다.

그러는 와중에 라이머스는 스탠포드 경영대학의 학생이었던 윌리엄 카펜터(William Carpenter)를 고용해서 유전자 재조합 기술이라는 발명이 상업적으로 활용될 수 있을지, 그리고 이 기술의 라이센싱을 위해서 무엇이 필요할지 조사하도록 지시했다. 카펜터는 짧은 분량의 보고서를 통해 유전자 재조합 복제 기술을 활용해서 경제적으로, 의학적으로 유용한 분자를 생산하기 위해서는 유용한 유전자 산물을 생산할 수 있는 유전자를 선택하고 분리하는 기술이 필요하다고 지적했다. 한편, 보이어는 유전자의 선택과 분리를 위한 연구가 본질적으로 '응용' 연구가 될 것이라고 생각했다. 따라서 그는 유전자 선택 기법의 개발을 위한 정부의 지원이 "확실할 것이라 기대할 수는 없을 것"이라고 결론지었다. 다른 한편으로, 코헨은 실제로 이러한 응용 기술을 개발하는 것이 상당한 이익을 가져올 것이라고 믿었다. 그는 과학자들과 정부 연구 지원 기관들이 진핵생물 유전자의 선택 및 분리 기술 개발에 대한 연구를 지원할 충분한 인센티브가 있다고 주장했다. 이에 카펜터의 리포트는 만약 코헨의 견해가 옳다면, 그리고 만약 OTL의 "유일한 동기가 이 기술이 대중의 활용과 이익으로 이어지는 것을 돕는 것"이라면, "사기업에 라이센싱하는 것은 이 시점에서 불필요하다"는 결론을 내렸다.

비록 보이어와 코헨 사이에 상충하는 견해가 존재했지만, 이것이 라이머스가 재조합 DNA 복제 기술에 대한 그들의 소유권을 주장하고 특허를 출원하는 것을 막지는 못했다. 코헨과 보이어의 첫 번째 유전자 재조합 기술에 대한 논문이 1973년 11월에 출판되었으므로, 미국 특허법에 의해 부여된 1년의 유예기간이 1974년 말에 거의 끝날 예정이었다. 코헨은 1974년 6월 24일 스탠포드 OTL 표준 양식을 통해 유전자 재조합 기술을 특허 출원하기 위한 발명 공개서를 제출했다. "생물학적으로 기능하는 분자 키메라의 제조 과정"이라는 제목의 발명 출원에서 코헨은 유전자 재조합 기술을 개념적으로 고안해낸 기원을 1972년 11월 박테리아 플라스미드를 주제로 열린 하와이 컨퍼런스에서 보이어와 나눈 우연한 대화에서 찾았다. 이 학회에서 코헨과 보이어는 하이브리드 플라스미드를 통해 박테리아 내부로 재조합 유전자를 삽입하고, 이렇게 전달된 재조합 유전자를 복제하는 공동 실험을 시도해 보기로 했으며, 이것이 바로 유전자 재조합 기술의 개발로 실현되었다는 것이다. 1974년 11월, 스탠포드와 UC는 코헨과 보이어를 대신해서 26개의 청구항을 포함하는 특허 출원을 신청했다. 스탠포드가 고용한 변리사인 베르트람 로우랜드(Bertram Rowland)가 법률적인 차원에서 특허 신청서를 준비했다. 로우랜드는 유전자 재조합 기술의 발명자를 보이어와 코헨, 두 명의 과학자들로 좁히기로 결정하였고, 이에 그들의 두 공동연구자인 스탠포드의 생화학자 모로우와 미시건 대학의 분자생물학자 로버트 헬링(Robert Helling)(재조합 DNA 작업이 진행 중일 때 보이어의 실험실을 방문했으며 첫 번째 논문의 공저자였다)에게 자신들의 발명가로서의 자격을 포기하는 서류에 사인할 것을 요청했다. 로우랜드는 모로우와 헬링에게 그들의 역할이 공동 발명자의 자격을 충족하는 것은 아니라는 점을 공표해 달라고 부탁했던 것이다.

유전자 재조합 기술의 민간 소유권을 확립하려고 한 스탠포드의 시도는 연구물질과 연구방법 등 실험실 내의 실천들을 거리낌없이 공유하는 전통을 가지고 있었던 스탠포드 생화학과의 연구 공동체 내 과학자들과 코헨과 보이어 사이의 긴장을 확대시켰다. 스탠포드의 생화학자들은 유전자 재조합 기술의 개발에 대한 그들의 기여가 스탠포드의 특허 출원에 제대로 반영되지 않았다고 비판했다. 이에 그들은 코헨과 보이어가 그 기술의 발명자라는 주장에 대해 기술적인 문제들을 제기하기 시작했다. 1975년 1월 23일, 버그 실험실의 대학원생인 모로우는 코헨과 보이어에게 특허 출원의 범위와 그것이 재조합 DNA 연구 분야에 미칠 영향에 대해 묻는 편지를 썼다. 특히 그는 특허 출원이 유전자 재조합 기술의 학문적인 사용을 간섭하고 나아가 저해할 수 있지는 않은지에 대해 의문을 던졌다. 무엇보다 모로우는 코헨이 유전자 재조합 기술의 사적 소유를 주장한 것에 당혹스러워했다. 그는 정부 기관인 NIH가 코헨의 유전자 재조합 기술에 관한 연구 대부분에 자금을 지원했는데도 불구하고, 코헨이 어떻게 이 기술과 그 제조물인 플라스미드에 대해 특허를 신청할 수 있는지 의구심을 표명했다. 또한, 모로우와 헬링은 그들의 공동발명권 포기를 거절했으며, 그들의 공저와 과학적인 기여가 특허신청에 적절하게 인정되지 않았다며 특허 출원에 대해 비판했다. 모로우는 특허 출원의 광범위한 청구항에 불편함을 느꼈다. 그는 "나는 이것에 대한 의구심들이 남아있기 때문에 보내준 서류에 서명하지 않을 것입니다... 왜 당신은 재조합 바이러스의 형성에 대한 연구를 하지 않았음에도, 기능성 DNA를 만드는 데 필요한 바이러스성 레플리콘의 사용에 대한 특허권을 출원서에 포함했습니까? 다른 사람들은 플라스미드를 이용한 당신의 발견과는 독립적으로 바이러스 방법에 대해 연구했습니다"라고 말했다. 1976년 5월에 있었던 스탠포드 OTL과의 회의에서 버그는 비슷한 반론을 제기했다. "스탠포드의 많은 과학자들이 DNA 기술에 기여했다. 그런데 왜 코헨만이 유일한 스탠포드의 발명가인가?"

코헨은 모로우와 헬링의 편지를 받은 후 스탠포드의 특허 출원이 '특허를 통해 개인적인 이득'을 얻으려는 시도로 비춰질 것을 염려했다. 그는 로우랜드에게 특허 출원이 코헨 자신이 아니라 대학의 주도하에 추진되고 있음을 분명히 밝히는 편지를 모로우와 헬링에게 써달라고 부탁했다. 그는 또한 스탠포드의 상업화에 대한 노력이 "공공의 지원을 통해 비영리 대학에서 실행되는 과학 연구로 인한 재정적 이익이 영리를 추구하는 기업들에만 커다란 이득이 되기보다는 대학의 몫이 되는 것이 더 합리적이다"라는 가정에 입각하고 있음을 스탠포드가 분명히 해야 한다고 지적했다. 반면 다른 과학자들은 개별 연구기관이나 과학자들이 납세자들의 돈으로 지원된 연구로부터 사적 이익을 허용하는 것이 윤리적으로 옳은 것인지에 대한 의문을 제기했으며, 어떻게 성급한 특허 출원이 '대학의 공공 서비스 이상'을 달성할 수 있을지 의문을 제기했다. 이익을 추구하는 행위가 생명의학 연구에 미칠 수도 있는 해로운 영향에 대한 우려를 완화하기 위해 코헨은 자신의 특허 로열티 수입을 포기하는 데 동의했으며, 대신 자신이 받을 모든 수익으로 '연구개발기금' 재단을 설립하고 연구 지원금 및 장학금 용도로 사용할 계획을 세웠다.

스탠포드의 특허 출원에 대해, 미국의 특허상표청(Patent and Trademark Office, 이하 PTO)은 1975년 3월 11일에 있었던 첫 결정에서 대부분의 재조합 DNA 제조 절차 청구항들에 대해서는 특허를 부여할 수 있다고 판단했지만, 그 외 재조합 기술을 사용해 만들어낸 여러 산물들에 대한 특허 청구항은 거부하였다. PTO의 특허 심사관 앨빈 타넨홀츠(Alvin E. Tanenholtz)는 스탠포드 변호사 로우랜드에게 그가 바이러스성 및 원형 DNA를 이용해서 재조합 DNA 분자를 만들고 세

균 세포에서 복제하는 과정에 대한 특허권은 승인할 것이라고 밝혔다. 하지만 그는 재조합 플라스미드와 새로운 하이브리드 기능성 유전자, 그리고 재조합 플라스미드를 담고 있는 유전자 조작 세포와 같이, 유전자 재조합 기술을 통해 만들어진 생물학적 활성 물질에 대해 넓은 범위의 소유권을 주장한 제품 청구항에 대해서는 의문을 제기했다. 보이어와 코헨의 복제 연구는 박테리아 세포 내부에서의 하이브리드 분자의 복제와 증식에 한정되어 있었다. 심사관은 제품 청구항이 박테리아 세포에 한정되어야 하며 고등 생물의 세포는 제외되어야 한다고 지적했다. 더욱 중요한 것은, 그가 변형된 박테리아 세포가 자연에 존재할 수 있으며 따라서 유전자 재조합 박테리아는 자연의 산물로서 발명의 대상으로 여겨질 수 없다는 이유로 스탠포드의 소유권 주장을 거부했다는 점이다. 이 결정은 PTO가 아난다 차크라바티(Ananda Chakrabarty)의 유전자 변형 박테리아에 대한 특허 출원을 '자연의 산물' 원칙에 따라 거부한 것과 일치하는 것이었다. 타넨홀츠는 스탠포드에게 박테리아에 적용된 유전자 재조합 기술의 여러 절차들에 대한 특허 청구항은 승인될 것이지만, 진핵생물에 대한 적용 및 조작된 (재조합 DNA로 설계된) 생물들에 대한 소유권은 승인되지 않을 것이라고 통보했다. 이렇게 부분적으로나마 특허 출원이 허용될 것으로 잠정 결정이 나자, 또 다른 발명가였던 보이어와 벤처 투자자였던 스완슨은 각각 500달러를 투자해서 1976년 4월 창업 회사인 제넨텍을 설립했다. 처음에 제넨텍은 문서상으로만 존재했다. 이에 제넨텍은 캘리포니아 대학 샌프란시스코 분교에 있는 보이어의 실험실과 연구 및 개발 계약을 맺고 실험을 진행하였다.

재조합 DNA의 첫 번째 특허 출원을 신청한 후, 라이머스는 라이센싱 계획을 준비했다. 1976년 5월 14일에 처음으로 초안이 작성된 이 상업화 계획은 유전자 재조합 기술이 응용될 가능성이 있는 다양한 제약 및 농업 분야를 강조했다. 1960년대 녹색혁명의 시기 생명의 산업적 이용에 대한 열광을 반영하듯, 라이머스는 질소고정 미생물과 같은, 유전자 재조합 기술을 통해 설계된 미생물이 산업용 효소와 다양한 비료를 대량 생산할 수 있다고 강조했다. 의학 연구와 치료를 위한 항생제와 호르몬을 생산할 때 합성방법이 아닌 생물학적 방법을 적용하는 것의 장점을 고려하면, 그는 유전자 재조합 기술의 응용이 화이자(Pfizer), 머크(Merck), 업존(Upjohn), 그리고 릴리(Lilly)와 같은 거대 다국적 제약 회사들의 흥미를 끌 수 있을 것으로 보았다. 유전자 재조합 기술의 사적 소유권에 대한 보장은 민간 기업이 의료 및 산업 개발에 투자할 강한 인센티브를 제공할 것이었다.

유전자 재조합 기술이 곧 산업적으로 응용될 수 있을 것이라는 라이머스의 낙관적인 예상은, 1976년에 스탠포드의 재조합 DNA 특허 출원의 발명권 청구항 범위에 대한 상세하고 기술적인 문제가 제기되면서 커다란 장애물을 만났다. 1976년 5월 스탠포드에서 열린 회의에서 재조합 기술 연구에 참여한 영향력 있는 과학자들 중 하나인 버그가 유전자 재조합 기술에 대한 스탠포드의 특허 청구항의 광범위함에 우려를 표하였다. 그는 유전자 재조합 기술에 대한 스탠포드의 특허 출원이 거의 (유전자 재조합 기술에 관련된) "모든 것을 청구하고 있다"고 비판했다. 그리고 버그는 특허 출원에 과학적 기여와 발명권이 적절하게 인정되었는지 물었다. 코헨은 발명권의 좁은 정의가 특허 시스템의 작동을 반영한 것이라는 점을 지적하면서 스스로를 변호했다. 이에 납득하지 못한 레더버그는 "발명권의 문제와 연결되어 있는 특허 출원의 유효성"에 대해 의구심을 표명했다. 그는 계속해서 "코헨이 유일한 스탠포드 발명가가 아닐 수도 있다"고 지적했다. 결국 발명권을 둘러싼 복잡한 이슈, 특히 스탠포드 생화학자들과 코헨과 보이어 간의 격렬한 언쟁으로 인해 PTO 심사관 타넨홀츠는 코헨과 보이어의 수정된 특허 출원에 포함되어 있던 유전자 재조합 기술에 대한 발명권 청구항 45개를 모두 거부했다. 버그의 그룹과 코헨과 보이어의 유전공학 실험 사이에 있었던 개념적이고 기술적인 교류들은 첫 번째 재조합 DNA 특허 획득 과정을 복잡하고 기나긴 것으로 만들었던 것이다.

사적 소유권과 공공 이익

유전자 재조합 기술의 발명권과 관련하여 스탠포드 대학 내에서 제기된 기술적인 이슈들 외에도, 해당 기술의 사적 소유권에 대한 광범위한 질문이 국가 차원에서 제기되기 시작했다. 1975년 봄, 스탠포드 과학자 폴 버그와 찰스 야노프스키(Charles Yanofsky)는 스탠포드의 특허신청 활동에 대해서 NIH와 NSF에 개인적인 우려를 표명했다. 한 측면에서, 버그와 야노프스키는 대학의 특허 시도가 재조합 DNA 연구에 대한 스탠포드 과학자들의 자발적인 연구 중단, 즉 모라토리엄 선언을 심각하게 약화시킬 것이라고 우려했다. 버그와 야노프스키는 라이머스와 처음 만났을 때, 스탠포드 과학자들이 1974년에 이미 재조합 DNA 연구의 위험성을 인지하고, 이에 관한 연구를 중단하는 모라토리엄 서한에 서명한 상태이므로, 이에 대한 특허 출원을 중단해 달라고 요청했다. 다른 측면에서, 버그와 야노프스키는 어떻게 개별 과학자 또는 기관이 유전자 재조합 기술을 '소유'할 수 있는지에 대해 의구심을 가졌다. 버그는 이 이슈를 NIH 국장 도널드 프레드릭슨과 직접 논의하면서, 공공의 돈으로 자금이 지원된 유전자 재조합 기술을 사적으로 '소유'할 수 있는가에 대해 질의했다.

1976년 5월 스탠포드 의대 학장 클레이튼 리치(Clayton Rich), 라이머스, 코헨, 그리고 여타 스탠포드 과학자들이 다시 모여 스탠포드 대학의 유전자 재조합 기술 특허 신청 시도에 대해서 논의했다. 리치는 먼저 생의학의 발견들에 대해 특허를 신청하는 것은 신중하게 접근해야 한다는 점을 인정했다. 그는 의사들의 직업 윤리적 원칙 상, 혁신적인 의학 방법은 일반적으로 공공의 영역에 있는 것으로 간주하여 왔다는 사실을 상기시켰다. 따라서 의학의 영역에서 이익을 추구하려는 사적 동기가 환자에 대한 의무를 간과할 정도로 지나쳐서는 안 된다고 지적했다. 참석한 몇몇 과학자들은 유전자 재조합 기술이 기초 과학적으로 광범위하게 사용될 수 있는 기술이기 때문에 '공공 및 과학 공동체의 영역'에 남아 있어야 하며, "특허화 되어서는 안된다"고 경고했다. 버그, 로널드 데이비스(Ronald Davis), 데이비드 호그네스(David Hogness), 그리고 야노프스키처럼 자신들의 연구에서 유전자 재조합 기술을 사용한 스탠포드 과학자들 모두는 대학 내에서의 연구를 사유화하는 특허 활동에 대해 신중한 태도를 공유했다. 유전자 재조합 기술의 위험에 대한 규제를 논의했던 아실로마 회의의 주최자 버그는, 만약 특허가 승인된다면 스탠포드는 이해 상충을 피하기 위해, 이익을 추구하는 스탠포드의 OTL보다는 RC와 같은 비영리 기관에 이 기술의 라이센싱을 맡겨야 한다고 제안했다.

스탠포드 과학자들의 반응은 그들이 NIH의 새로운

특허 정책에 대해 잘 알고 있지 못했을 뿐만 아니라, 그 정책에 대해 깊이 우려하고 있었음을 보여준다. 특허 출원에서 유전자 재조합 기술의 발명자로 지명된 코헨과 보이어는 출원에 기재된 세 편의 결정적인 재조합 DNA 연구를 위해 NIH와 NSF로부터 자금을 지원받았다. 라이머스가 지적했듯이, 양 기관에 최근에 다시 도입된 IPA를 고려해볼 때, "NIH와 NSF에서 버그 박사 및 야노프스키 박사와 이야기한 어떤 사람도 스탠포드가 특허 출원을 시도하는 것에 어떤 문제점이 있다고 지적하지는 않았다". 라이머스는 유전자 재조합 기술에 대한 OTL의 특허신청이 특허와 라이센싱에 대한 정부 관료들의 광범위한 태도 변화를 반영한다고 강조했다. 로젠츠바이크는 유전자 재조합 기술의 소유자로서 특허권을 추구하는 스탠포드의 의지를 강조하면서, 특허를 피수여자에게 양도함으로써 정부 지원 연구로부터 나온 새로운 발명이 경제적으로나 의학적으로 유용하게 더 개발될 수 있도록 유인책을 제공한 것이 바로 NIH의 새로운 정책이라고 지적했다.

1975년 아실로마 회의에서 스탠포드의 특허 신청 시도가 알려지면서, 1976년 초부터 생의학 연구 공동체는 유전자 재조합 기술의 사적 소유권을 주장하는 스탠포드의 입장에 강력한 의문을 제기하기 시작했다. 1976년 6월에 MIT에서 열린 마일즈 심포지엄(Miles Symposium)에서 학계 과학자들은 유전자 재조합 기술 특허의 타당성에 심각한 문제점이 있음을 지적했다. 코헨은 무엇보다 금전적인 이득을 위해서 재조합 DNA를 특허 출원한 것이라며, 공개적인 비난을 받았다. 심지어 몇몇 과학자들은 유전자 재조합 기술에 대한 그의 '사적' 소유권이 다양한 기초 생명의학 연구에서의 응용을 방해할 것이라 비판했다. 다른 이들은 그가 특허 신청을 통해 유전자 재조합 연구 전반을 통제하려 한다고 비난하기도 했다. 동료 연구자들로부터의 적대적이고 공개적인 비난에 직면한 코헨은 "우리가 모든 특허신청을 중지해야 한다고 당장 주장하는 것은 아니지만, 만약 스탠포드 대학이 그런 결정을 내린다면 나는 아무런 이의도 없을 것이다"라고 라이머스에게 자신의 입장을 토로했다.

스탠포드의 특허 시도가 국가적 논쟁의 대상으로 부상하면서, 로젠버그와 라이머스는 NIH의 특허 공무원 및 고위 정부 관료들과 유전자 재조합 기술 소유권 문제를 논의해야 할 필요가 있다는 것을 깨달았다. 1976년 5월 24일, 라이머스는 래트커와 상무부 베스티 앵커-존슨(Betsy Ancker-Johnson)의 입법보좌관이었던 데이비드 에덴(David Eden)과 유전자 재조합 기술에 대한 회의를 했다. 래트커는 정부 지원 연구로부터 생긴 발명의 상업적 개발을 장려하려는 NIH의 새로운 특허 정책에 대한 이론적 근거들과 관련 답변들을 제공했다. 라이머스는 이 회의에서 유전자 재조합 기술에 대한 스탠포드의 5월 14일 자 라이센싱 계획 초안을 참조하라며 래트커와 에덴에게 이를 제공했다.

로젠버그는 또한 1976년 6월 14일에 NIH의 국장 프레드릭슨에게 스탠포드의 특허 출원에 대한 NIH의 공식 입장을 요청하는 편지를 보냈다. 로젠버그의 편지는 대학에서의 특허 출원에 대한 스탠포드의 조심스럽고 신중한 접근을 보여주는 것으로 여겨지기는 했다. 하지만 다른 한편에서 이 편지는 NIH가 스탠포드와 UC에 대한 유전자 재조합 기술 특허권 양도를 철회할지도 모른다는 현실적인 두려움을 입증하는 것이기도 했다. 이 편지는 정부 지원 연구로부터 발생한 발명의 사적 소유에 대한 문제가 중요한 이슈로 남아 있으며, 이 문제의 해결이 연구 대학, 정부 관료, 민간 기업가들, 그리고 대중에게 광범위한 중요성을 지니고 있다고 지적했다. NIH의 IPA가 규정한 것처럼, DHEW는 만약 정부의 자금을 받은 연구기관이 발명을 공익의 증진을 위해서 활용하지 않으면 특허권 양도를 철회할 것이었다. 결국 스탠포드는 과학자, 정부 관료 및 기업가 공동체가 인정할 수 있는 '공공의 이익'이 무엇인지에 관해 파악하고, 이를 어떻게 정의할 것인지에 관해 협상해야 했다.

1976년 6월 로젠버그의 편지가 NIH에 도착했을 때 NIH IPA의 기저를 이루고 있던 사적 소유와 생명의학 혁신 사이에 인과관계가 있다는 주장은 과학 공동체를 넘어 광범위한 사회적, 법적 논란이 되었다. 1974년 초, 법률 운동가 랄프 네이더(Ralph Nader)가 이끄는 공익 옹호 단체인 '퍼블릭 시티즌(Public Citizen)'은 IPA가 공공재를 사적 단체에 이전하는 것을 허용한 것이 위헌이라며 소송을 제기했다. 그들은 연방 기관이 IPA를 통해서 실제로 "연방의 지원을 받은 연구와 개발 계약 하에서 개발된 특허와 발명에 대해 의회의 동의 없이 비독점적인 라이센스보다 더 큰 권리를, 심지어 그러한 계약을 체결할 때 독점적 권리를 부여할 권한까지 포함해서 승인했다"라고 공격했다. 퍼블릭 시티즌과 몇몇 국회의원들은 연방 집행 기관의 규칙과 규정을 담당하는 총무청의 관리자인 아서 F. 샘슨(Arthur F. Sampson)에게 민사소송을 제기했다. 퍼블릭 시티즌 대 미국 소송(Public Citizen v. U.S.)에서 퍼블릭 시티즌은 "퍼블릭 시티즌의 모든 원고와 기부자들은 납세자와 소비자로서 피해를 보았다. 왜냐하면 특허와 발명은 연방 기관을 통해서, 즉 연방 자금과 같은 납세자의 돈으로 개발되었으며, IPA 규정은 독점 라이센스의 허용을 지시하고 있기 때문"이라고 주장했다. "독점 라이센스의 수령자는 독점권을 통해 개발된 제품의 가격에 영향을 미칠 수 있으며, 이에 결국 수령자는, 퍼블릭 시티즌의 원고와 후원자들이 납세자로서 이미 한번 돈을 지불한 발명에 대해서 소비자로서 한 번 더 지불할 수밖에 없게 만드는, 독점권을 획득하게 될 것이다"라고 퍼블릭 시티즌은 주장했다.

DHEW의 새로운 특허 정책에 대한 정치적 논쟁이 심화되자, DHEW의 래트커, 상무부의 앵커-존슨, WARF의 하워드 브레머(Howard Bremer), 그리고 라이머스와 같은 몇몇 정부 관료와 연구 대학의 행정가들이 IPA에 대한 최근의 비판에 어떻게 최선의 방식으로 대응할 수 있을지를 심각하게 논의하기 시작했다. 1974년에 래트커의 '강렬한 관심 및 격려' 아래 그들은 대학 특허 및 라이센싱 관리자들을 위한 최초의 전국 회의를 소집했다. 대학 특허 관리자 협회(Society of University Patent Administrators)의 설립으로 이어진 이 회의에서 한 가지 중요한 논리가 개발되었다. 생의학 발명의 후속 상업 개발을 위해서는 사적 소유권의 확실한 정립이 무엇보다도 중요하다는 것이다. 1970년대 공공 정책 논쟁에서의 시장 논리의 중요성이 논의되기 시작했으며, 참석자들은 이러한 논리를 동원하여 사적 소유권이 결국 공적 이익의 증진에 가장 잘 기여할 것이라고 주장했다. 퍼블릭 시티즌의 고소에 대응하여 라이머스는 "랄프 네이더와 법무부의 독점 규제 부서의 주장에도 불구하고, 대학의 발명과 특허들은 욕심 많은 회사가 라이센스를 통해 독점권을 얻고 이를 통해 대중으로부터 부당한 이득을 얻으려는 수단으로 사용되지 않을 것"이라고 주장했다. 그는 만약 퍼블릭 시티즌과 "법무부의 반독점주의자들(Justice Antitrusters)"이 승리한다면, 오히려 "미국 대중이 패배자가 될 것"이며 이는 "일자리 제공, 생산성 향상, 더 나은 보건의료의 보장, 신기술을 통해 우리의 높은 인건비를 상쇄함으로써 국제무역에서 우리의 경쟁적 지위를 상승시킬 수 있는 연구개발의 상업화를 잃게 되는 것"을 뜻한다고 강변했다.

비록 법원이 최종적으로 퍼블릭 시티즌 소송을 원고부적격을 이유로 들어 기각했지만, 이 소송으로 고위 정치인들이 새로운 정부 특허 정책이 공공으로 소유하고 있던 발명을 공익의 이름으로 사적 기업에게 부당하게 이전한 것은 아닌지에 대한 의문을 제기하기 시작했다. 유전자 재조합 특허를 둘러싼 논쟁이 NIH의 IPA에 대한 논쟁을 부활시킨 것이다. 예를 들어, 위스콘신 주의 상원의원 게이로드 넬슨(Gaylord Nelson)은 그가 "정부 지원 연구를 통해 나타난 발명들이 몇몇 대학들을 '부유하게 만드는' 것인지에 대한 청문회를 준비하고 있다"고 밝혔다. 결국 유전자 재조합 기술의 특허에 대한 논란이 불거진 가운데 프레드릭슨은 스탠포드 및 UC의 특허 출원에 대한 각계의 다양한 자문을 구하기로 했다. 1976년 9월 그는 래트커의 도움으로 과학자, 비영리단체, 영리단체에 보내는 편지의 초안을 작성했다. 프레드릭슨은 래트커가 "과학계의 많은 구성원들이 특허에 대해 가지고 있는 편견에 열성적으로 맞섰다"고 회상했다. 래트커는 대중의 이익이 결국 스탠포드의 특허 및 라이센싱 노력을 통해 가장 잘 충족될 수 있으며, 나아가 그러한 라이센싱이 유전자 재조합 연구의 규제 수단까지를 제공해 줄 수 있을 것이라 주장했다. 프레드릭슨의 편지는 NIH IPA 프로그램이 1953년에 처음으로 도입되었지만 1968년 래트커에 의해 개정될 때까지 관심 부족으로 인해 거의 사용되지 않았다고 설명했다. 그는 또한 IPA의 목적이 발명을 공공 영역에서의 사적인 영역으로 이전하는 것이 아니라고 강조했다. 대신 IPA의 목적은 충분히 활용되지 않는 발명을 시장으로 이전하고 그 개발을 촉진하기 위해, 대학과 연구자에게 적절한 인센티브를 제공한다는 것이었다.

프레드릭슨이 의견을 구한 몇몇 과학자들은 NIH IPA가 생의학 연구의 혜택이 폭넓게 전파될 수 있도록 하는 하나의 수단이 될 수 있다는 생각에 호의적이었다. 하지만 유전자 재조합 기술이 기초 연구에 기반을 둔 발명의 상업적, 의학적 개발을 장려하기 위해 사유화가 꼭 필요한 경우인지에 대해서는 의문을 가졌다. 분자 생물학자 데이비드 볼티모어(David Baltimore)는 그의 답변에서 재조합 DNA 특허 출원을 폄하하면서, 이미 유망한 유전공학 연구 분야에서 "더 이상의 부양책은 필요가 없다"고 주장했다. 심지어 한 과학자는 그의 연구지원 신청서에 "유전자 조작이라는 개념이 실제 실험적 성공이 있기 전 수년간 공통의 영역에 있었다는 법적인 증거를 제공"할 수 있다고 지적했다. 반면 버그는 "[재조합 DNA 특허에 대한] 나의 침묵과 반대에도 불구하고" 자신이 "IPA 협약을 수립하는 정책의 목표를 지지하며 대학의 재정 지원 필요성에 공감할 수 있다"고 인정했다. 그리고 그는 상업화로 인해 과학계 안의 열린 교류 규범이 저해될 수 있으며, 이를 유지하는 방법의 하나로 정부가 공공 지원을 받은 발견과 발명이 자유롭게 출판될 수 있도록 강제해야 한다고 강조했다.

심지어 몇몇 창업 생명공학회사들은 유전자 재조합 기술과 같은 광범위하고 중요한 기초 연구 기술에 특허 신청을 허용하는 것에 대한 과학자들의 의구심에 동의를 표명하기도 했다. 생명공학회사 세투스(Cetus)의 회장 로널드 케이프(Ronald Cape)는 프레드릭슨에게 보내는 회신에서 "재조합 DNA 분자를 만드는 것과 같은 근본적인 생의학 기술에 대한 특허를 신청하려는 시도는 매우 부적절한 것"이라고 지적했다. 또한 케이프는 민간 기업들은 특별한 유인책 없이도 유전자 재조합 기술을 광범위한 용도로 사용하고 싶어 한다고 지적했다. 그는 "과거에는 독점적 라이센스를 통해 산업계가 발명을 상업적 활용이 가능한 지점까지 개발하도록 투자할 수 있는 동기를 부여하는 유일한 방법이었을 수 있습니다. 하지만 유전자 재조합 기술은 명백히 이러한 경우에 해당하지 않습니다"라고 언급했다.

학계의 과학자들과 소규모 생명공학회사들과는 달리, 거대 제약 회사들은 '공적' 발명의 활용을 위해 사적 소유라는 인센티브를 제공하려는 NIH의 노력을 지지했다. 머크사의 기초 생명과학 책임자인 제롬 번바움(Jerome Birnbaum)은 "정부 지원 연구 하에 공공 기관에서 만들어진 발명이 가치 있는 국가 자원의 중요한 부분을 이루고 있다"는데 동의하면서, DHEW의 '계몽된 특허 정책'이 그러한 발명이 공공의 이익을 위해서 최대한 활용될 수 있도록 장려하는 중요한 정책이라고 찬사를 보냈다. 제약회사협회(Pharmaceutical Manufacturers Association)의 회장 C. 조셉 스테틀러(C. Joseph Stetler)는 IPA가 정부 지원 연구로부터 나온 발명을 전파하고 활용하는 수단으로서, 공공 소유 보다 훨씬 더 우월한 제도라는데 동의했다. 그는 유전자 재조합 기술을 공공의 영역에 놓으려는, 그리고 그렇게 함으로써 특허를 얻을 수 없게 하려는 어떤 시도도 "특허 인센티브가 활용되지 못하게 된다는 점에서 용납될 수 없다"라고 경고했다.

유전자 재조합 기술의 소유권에 대한 NIH의 심의 덕분에 그 기술을 상업화하려 했던 스탠포드 OTL의 시도는 - 상업적 기업에 어떻게 라이센싱할 것인지에 대한 논의를 포함하여 - 정부 관료 및 민간 기업과의 지속적인 협상 하에 이루어졌다. 상업적 개발을 위한 중요한 경제적 인센티브로서 라이센싱을 옹호한 이들은 독점적 라이센싱, 즉 하나의 기업에만 라이센싱함으로써 특허 사용에 독점을 유지하는 것이 기술 이전의 가장 적절하고 효율적인 방식이라고 믿었다. 1976년 정부 특허 정책에 대한 의회 청문회에서 래트커는 상업적 개발을 장려하기 위해서 정부 지원 기초 생명의학 발명의 사적 소유권을 인정할 필요성이 있음을 강조했다. 그는 "[정부 연구 지원금의 경우에 대개] 그 연구가 기초적인 성격을 지니고 있으며, 이러한 연구로부터 나오는 어떤 발명도 사실 연구지원의 목적이 아니었고, 이에 대부분의 기초 연구 발명의 경우 그것이 그 유용성을 지닐 정도로 상업화되고 발전되기 위해서는 항상 개발과 투자가 필요할 것이다. 하지만 정부는 이러한 기술의 상업화와 개발 과정에 직접적 투자를 하지 않는 상황이다"라고 주장했다. 대학 특허 라이센싱의 경우에, 그는 정부가 대학에 추후에 그것을 철회할 권리 없이 특허권 양도를 승인해야 한다고 주장했다. 그는 사적 소유권을 보장함으로써 정부가 대학에게 "그들이 적절한 라이센싱 계약에 도달하기 위한 산업계와의 협상테이블에서 필요한 유연성"을 줄 수 있다고 강조했다. 래트커는 그러한 완전한 소유권 없이는 산업계가 대학과 어떤 라이센싱 계약에 대해서도 의문을 품게 될 것이고, 민간 기업은 발명의 '진짜' 소유자인 정부와 거래하기를 원할 것이라고 말했다. 래트커는 만약 "자본의 투입을 위해서 당신에게 필요한 것이 있다면 그것은 확실성이다"라고 강조했다.

라이머스는 독점적 라이센스의 승인에 대한 반대를 극복하면서, 유전자 재조합 기술이라는 새로운 기술을 연구실로부터 산업계로 이전하는 것을 가능하게 해 줄 방법을 찾아야 했다. 결국 민간 기업과의 라이센싱 계약을 논의하면서 라이머스는 독점적 라이센싱이라는 미해결의 문제에 부딪히게 되었다. 1976년 6월 2일 그는 제넨텍의 CEO 로버트 스완슨과 유전자 재조합 기술의 라이센싱 거래에 대해 논의하기 위한 회의를 했다. 스완슨은 제넨텍이 유전자 재조합 기술에 대한 독점적 라이센스를 확보하여, 벤처 투자자들로부터 투자를 끌어낼 수 있기를 바란다고 말했다. 그는 기술의 독점을 보장할 수 있는 독점적 라이센스 없이는, 어떤 민간 투자도 얻을 수 없을 것이라 주장했다. 그 대가로 그는 제넨텍의 주식 지분을 스탠포드와 UC에게 제공할 수 있다고 했다. 다른 제약 회사인 업존(Upjohn)의 대표는 독점적 라이센스 없이는 재조합 DNA와 관련된 제품의 개발에 투자하지 않겠다고 라이머스에게

단도직입적으로 말했다. 한 달간의 숙고 끝에 라이머스는 제넨텍에게 유전자 재조합 기술 특허가 격렬한 공공 정책 토론의 대상이 된 상황에서, 스탠포드 OTL이 기술에 대한 독점권을 사적 이윤을 추구하는 민간 회사들에게 보장할 수는 없는 상황이라고 통보했다.

실제로, 유전자 재조합 기술 특허는 너무나도 큰 논란을 일으켜서 연방 특허 정책의 개편 전체를 위태롭게 했다. 1976년 7월 29일 라이머스와의 전화통화에서 래트커는 그가 "특허 시스템과 상업적 개발에서의 그 역할에 대해 익숙하지 않은 무수한 과학자들과 행정가들이 제기한 모든 문제들에" 대응해야 할 처지에 있다고 불평했다. 심지어 래트커는 유전자 재조합 기술 특허가 막대한 대중적 관심을 끌고 있으며, 이로 인해 일관된 정부 특허 정책을 도입하려는 상무부의 시도가 지연될 수도 있다며 우려했다(그 당시에 래트커는 대학 특허 정책의 연방 조달 규정(Federal Procurement Regulations of University Patent Policy)을 담당하고 있는 부처 간 대학 특허 정책 소위원회(Interagency University Patent Policy Subcommittee)의 의장이었다). 그는 라이머스에게 "새로이 제안된 일관된 정부 특허 정책이 위험에 처해있다는 두려움이 퍼져 있다"고 토로했다.

유전자 재조합 기술의 소유권에 대한 공적 논쟁이 고조되자, 1977년 1월 상무부의 과학기술 담당 차관인 앵커-존슨은 특허사무소 직원들에게 유전자 재조합 연구와 관련된 특허 출원의 처리를 신속하게 진행하도록 지시했다. 이 뉴스는 프레드릭슨의 기억에 따르면 '예고도 없이' 연방관보에 등장했다. PTO에 대한 상무부의 통보는 "유전자 재조합 기술의 예외적인 중요성과 이 분야에서의 발전들을 고려할 때 신속히 공개되는 것이 바람직하다"라는 것을 강조했다. 앵커-존슨의 특별 지침은 교착 상태의 유전자 재조합 기술 관련 특허 출원의 진행을 용이하게 하려는 것이었다.

상무부가 유전자 재조합 기술의 특허를 위해 PTO에 특별 지시를 내린 것은 기초 과학적 발견과 경제적으로 성공할 수 있는 발명 간의 관계에 대한 독특한 관점을 반영한 행동이었다. 그녀 자신이 특허 보유자이기도 한 앵커-존슨은 사적 소유권이 정부 지원으로 나온 발명에 기반을 둔 상업적 발전 과정에 필요한 대단히 중요한 요소라고 확신했다. 그녀가 강조한 것처럼, 상무부는 정부 지원 연구의 결과물을 활용하기 위한 인센티브 시스템을 개혁할 의무가 있었다. 상무부 산하의 담당기관인 PTO가 유전자 재조합 기술 관련 특허 출원 과정을 용이하게 함으로써, 앵커-존슨은 그러한 발명들이 어떻게 경제 성장과 의학 발전에 크게 기여하고, 새로운 상업적 제품 개발과 새로운 벤처 창업을 활성화할 수 있는지 보여줄 수 있다고 생각했던 것이다.

다른 측면에서, 앵커-존슨 및 래트커와 같은 정부 특허 관리들은 1970년대에 등장한 '공유재의 비극(tragedy of the commons)' 이론을 동원했다. 소위 시카고 경제학파가 비유적인 표현을 통해 표현한 것처럼, 공유재의 비극이라는 개념은 어떻게 천연 자원 같은 공공재 및 지식재산 같은 무형의 재산 분배에 있어서 시장이 실패할 수 있는지를 강조하였다. 이에 리처드 A. 포스너(Richard A. Posner), 에드문드 W. 키치(Edmund W. Kitch)와 같이 시카고 대학에 기반을 둔 새로운 법-경제 분야의 학자 그룹은 시장 메커니즘이 경제적 자원을 효율적으로 분배하지 못하는 공공재 영역에 소유권을 부여할 때, 이 영역에서 공공의 이익이 가장 잘 충족될 수 있다고 주장했다. 지식재산권의 확대를 지지하는 시카고 법-경제학자 그룹을 주도하는 한 사람이었던 키치는 1977년 한 논문을 통해 특허 시스템이 유망한 기술에 대한 사적 소유권을 그 발명자에게 부여함으로써, 기술적 혁신을 통한 경제적 산출을 증가시키기 위한 목적으로 설계되었다고 주장했다. 프리츠 매클럽(Fritz Machlup)과 같은 이전 세대의 경제학자들은 특허시스템이 낳는 경제적 독점을 염려했다. 반면 키치는 지식재산권의 확대가 경제 발전의 촉진에 필수적이라고 주장했던 것이다. 그는 발명이 일반적으로 다양한 기술적 전망을 발생시키지만, 이 중 오직 제한된 수의 가능성들(prospects)만이 상품으로 개발될 수 있다고 지적했다. 특허 시스템은 발명자가 가능한 초기에 기술적 발명을 통제할 수 있도록 함으로써, 가장 유망한 기술적 가능성들을 가려내고 그것을 상품으로 변환시키는 데 필요한 자본과 독창적인 노력을 쏟을 수 있게 한다는 것이다. 다시 말해서, 독점적 소유권은 발명자가 투자와 개발을 통해 유망한 기술을 시장에 가져올 수 있게 해 주는 법적 플랫폼을 제공하는 것이며, 이런 의미에서 특허 시스템은 '전망 효과(prospecting effect)'를 통해 경제 성장에 기여했다는 것이다. 키치는 또한 정부 지원에서 나온 발명을 사유화할 때 "특허의 독점적 라이센스를 승인"하는 것이 매우 중요하다고 강조했다. 그렇게 하여 공공이 소유하고 있던 발명에 대한 소유권의 적절한 부여가 이루어질 때, 이 발명이 실제로 기술적 혁신과 경제 성장의 증가로 이어질 것이었다.

1977년의 "미국 기술 정책(U.S. Technology Policy)"이라는 보고서에서 앵커-존슨과 데이비드 B. 체인지(David B. Change)는 키치의 주장을 동원하여 정부 소유의 특허가 충분히 활용되지 못했으며, 그 잠재적인 혜택이 완전하게 실현되지 못했다고 주장했다. 보고서는 "많은 정부 지원 R&D가 특허 가능한 발명에 이용되지 않고 있으며, 이로 인해 미국 납세자들이 R&D에 대한 그들의 투자로부터 충분한 이익을 얻지 못했다"고 지적했다. 게다가 현재 정부 특허 정책들이 지닌 문제점들로 인해서, 세계적으로 과학과 기술이 중요한 국가 자산이 되는 상황에서 미국 경제력의 미래가 매우 암울해질 우려가 있었다. 앵커-존슨과 체인지가 지적했듯이, 미국은 "더 이상 죽어가는 수출을 혁신적인 수출의 새로운 물결로 대체하지 못하고 있었다." 보고서는 미국 자본주의의 생산성 하락이라는 위기 아래 정부 소유 발명에 대한 사적 소유를 허용해 기술적 혁신을 촉진하고, 이를 통해 공익에 기여하는 것이 미국이 채택할 수 있는 가장 좋은 방법이라고 강조했다. (표 참조)

정부 소유의 특허 사용 현황. 이 그래프는 공적 소유의 특허들이 민간 회사들에 의해 거의 사용되지 않아 왔다는 점을 보여주고 있다. 1975년 2만8천여 개의 정부 소유 특허 중 4% 미만의 특허들만 사적 회사들에 의해 라이센싱되어 사용되고 있는 실정이다. 정부가 소유한 특허의 숫자는 지속적으로 증가했지만, 라이센싱되어 사용되고 있는 특허의 숫자는 상대적으로 변화가 없다.

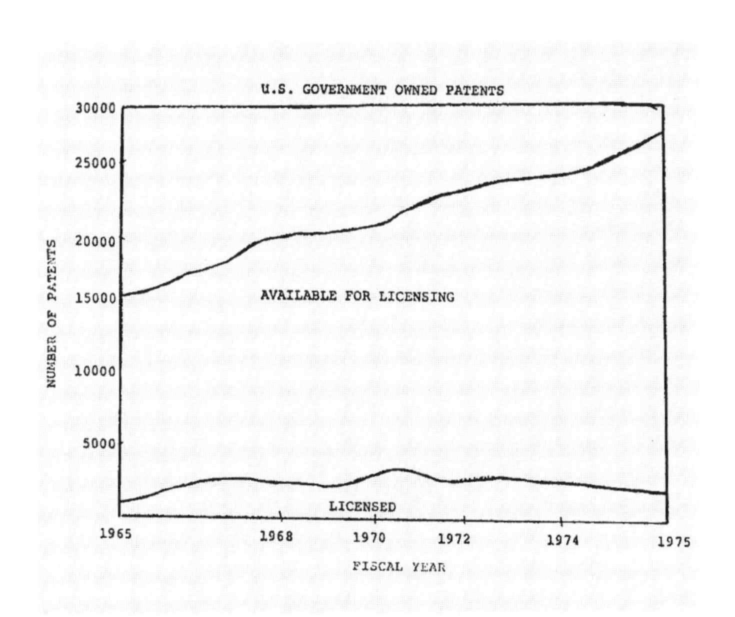

하지만 사적 소유가 공공의 이익을 증진할 수 있다는 이 인과관계에 대한 논리는 큰 정치적 반대를 만났다. 1977년 2월 DHEW 장관 조셉 칼리파노(Joseph Califano)는 상무부 장관 주아니타 크렙스(Juanita Kreps)에게 DHEW와 다른 연방 기관들이 "유전자 재조합 발명에 대한 특허를 통제할 수 있는 연방 정책을 검토할 기회를 가질" 수 있도록, 유전자 재조합 관련 특허 출원을 신속히 처리하라는 상무부의 지시 철회를 요청했다. 상무부는 1977년 3월 연방관보에 고지된 지시를 통해 PTO에 명령을 유예했다. 그와 동시에 법무부는 상원 보건 분과위원회가 작성한 새로운 법안을 제안하는 메모를 연방 특허 관리들에게 배포했다. 이 새로운 법안은 "(a) 정부의 지원을 받은 계약연구 혹은 지원연구로부터 발생한 '재조합 DNA 연구에 유용한' 모든 발명을, 몇몇 특정 양도 조항에 따라, 미국 정부의 소유로 하고, (b) '재조합 DNA 연구에만 유용한' 모든 발명에 대한 특허신청을 금지"할 것을 제안하고 있었다. 이 법안의 의도는, 공공의 이익이라는 명분 하에 유전자 재조합 기술에 대한 정부의 소유권을 다시 주장하려는 것이었다. 1977년 8월, '공적' 발명의 사적 발명자로의 이전에 관한 정치적인 논쟁들을 인용하면서, DHEW 특허위원회는 발명에 대한 특허권을 이전해달라는 과학자들과 대학들의 모든 요청을 동결시켰다.

이러한 반대에 대항하여, 사적 소유에 대한 호의적인 비전을 공유하는 이들은 강력한 정치적 연합을 구축하기 시작했다. 새로운 연방 특허 정책과 그것이 독점의 형성에 미칠 영향에 대한 상원 청문회에서 래트커는 결과적으로 공중 보건과 의학에 중요한 100가지 이상의 생의학 발명들의 사용이 동결되었다고 주장하면서, IPA를 재검토하겠다는 DHEW의 결정을 비판했다. '법무부의 반독점주의자'들로부터 IPA를 방어하고 있었던 대학 특허 관리자와 정부 특허 관리들은 상원의원 밥 돌(Bob Dole)로부터 중요한 정치적 지지를 얻었다. 그는 기자회견에서, 1978년 당시 NIH의 지원으로부터 발생한 발명의 소유권을 요청한 과학자들에 대한 DHEW의 '비협조(stonewalling)'를 강하게 비판했다. 돌은 DHEW의 조심스러운 태도를 비난하면서, "결국 의료 혁신을 억제하는" 그 결정은 "전례가 없는 것이었으며, … 관료주의에 의한 과잉관리를 이보다 더 끔찍하게 보여주는 사례를 목격한 적이 없다"고 주장했다.

결국 1978년 3월, NIH 원장 프레드릭슨은 대학 행정가들과 정부 특허 관리들의 자문을 구해 IPA에 관한 DHEW가 최종 결정을 내리기 전까지 잠정적으로 스탠포드와 UC에게 유전자 재조합 기술의 소유권을 승인하는 결정을 내렸다. 프레드릭슨이 스탠포드 행정가들에게 말했듯이, "연방 특허 정책은 광범위한 검토 중에 있으며 … 이것은 일반적으로는 기관 특허 협약의 운영에, 그리고 구체적으로는 유전자 재조합 발명에 대한 다른 조건들에 영향을 미치는 결정으로 이어질 수도 있다." 강력한 정치적 후원자와 함께, 대학과 정부 특허 관리들의 일관된 연방 특허 정책을 도입하려는 노력은 새로운 동력을 얻었다. 1978년 9월 공화당 상원의원 돌과 민주당 상원의원 버치 바이(Birch Bayh)는 연방 정부 기관이 대학, 비영리기관, 그리고 소규모 기업에 특허권을 양도할 수 있도록 하는 법안을 도입했다. "대학 및 중소기업 특허 절차 법안(University and Small Business Patent Procedures Act)"에 관한 1979년 의회 청문회를 통해, 1980년 이른바 바이-돌 법안이 제정되었다. 같은 해에 PTO는 마침내 코헨과 보이어에게 최초의 유전자 재조합 특허를 허가해 주었으며, 제넨텍은 주식공개를 통해 유례없는 엄청난 성공을 거두며 월가를 경외와 투기로 술렁이게 했다. 미국이 경기 침체에 대한 해결책으로 시장과 사적 소유를 열렬히 받아들였던 당시, 연구 대학에서의 특허와 학술적 연구의 특허를 가능하게 해 주었던 법률 제정은 생의학 연구자들에게 새로운 형태의 생의학 산업, 즉 생명공학을 창출할 기회를 제공해 주었던 것이다.

과학의 상업화와 지식재산권, 그리고 공공의 이익론

이 글은 유전자 재조합 기술의 소유권에 관한 논쟁을 지식이 생산되는 공간으로서 연구 대학이 겪은 두 개의 상호 연관된 변화라는 맥락 속에 위치시켰다. 한 측면에서, 필자는 유전자 재조합 기술의 상업화를 이해하기 위해서는, 대학의 임무가 어떻게 경제 발전이라는 목적과 직접적으로 연관될 수 있는 방식으로 재정의 되었는지, 이에 관한 맥락을 살펴보는 것이 매우 중요하다는 것을 보여주었다. 1960년대 후반까지 미국의 연구 대학들은 공적자금 지원을 통해 과학기술 연구를 발전시키는 것이 중요하다는 주장을 뒷받침하기 위한 한 방편으로 자신들이 국가의 경제적 번영에 매우 핵심적인 역할을 수행할 수 있음을 제시했다. 하지만 기술적 혁신이 기초과학의 진보에 입각하고 있다는 2차 세계 대전 이후의 수사(post-World War II rhetoric)는 1960년대 후반과 1970년대 초반에 시험대에 올랐다. 1960년대 중반부터 대학 연구가 사회경제적으로 중요한 문제들과 실제로 어떠한 관련이 있으며, 이 문제들의 해결에 정말로 중대한 기여를 하고 있는지에 관한 의문이 급격히 증가했다. 연구 대학의 경제적 및 의학적 기여에 대한 전후의 광범위한 합의가 도전받기 시작했던 것이다. 이러한 변화와 함께 기초 생명의학 연구에 대한 대중의 열의도 시들해지기 시작했다. 일반인들과 보건의료 활동가들, 그리고 정치인들은 그들이 연구 지원으로 지출한 세금으로부터 실질적인 결과를 얻어낼 수 있는 최선의 방법은 무엇인지 문제를 제기하면서, 생의학 연구로부터 보다 즉각적인 의학적 응용들을 개발해낼 것을 요구하였다.

1970년대 초 공적 연구지원을 둘러싼 정치적 논쟁들이 격렬하게 벌어지면서, 생명의학 연구 관계자들은 이러한 위기를 새로운 기회로 만들고자 노력하였다. 이 논문이 보여주었듯이, 대학의 연구 행정가들 및 정부의 연구 관리자들과 같은 새로운 연구 관리자 계층들은 과학의 후원기관들과 후원자들, 그리고 학계 연구자들 사이의 중요한 중재자로서 등장했다. 불황기 연방 연구예산의 증대를 기대할 수 없다는 암울한 전망에 처하게 되자, 이 연구 관리자들은 과학 연구의 결과물을 유형의 경제적 자산으로 바꿀 방법들을 모색했다. 이러한 정치적이고 경제적인 맥락 안에서 연방 특허 정책은 전후 대학 혹은 기초과학 연구를 지원했던 연구 경제(research economy) 체제에 관한 논의의 초점이 되었다. 대학에서의 연구가 지닌 경제적 가치를 재확인하려는 하나의 시도로, 그리고 초창기 시도로 스탠포드의 연구 관리자 라이머스는 자신의 정체성을 대학 특허 관리자로 재정의했다. 공익을 위해 생명의학 연구를 지원하고 그 결과를 응용하여 의학과 사회를 위해 사용하는 최선의 방법이 무엇인지에 대한 논쟁과 협상 속에서 대학과 연구기관, 그리고 정부의 특허 관리자들은 IPA, 특히 바이-돌 법안과 같은 새로운 행정 및 법률 실행들을 도입함으로써 과학, 정부 및 산업 간의 관계를 기회주의적인 방식으로 중재했던 것이다. 이에 유전자 재조합 기술의 사적 소유권의 확립을 기점으로 등장했던 생명공학 복합체(biotechnology complex)는 무엇보다 생명의학 지식의 독점적 소유라는 특징을 기반으로 성장하게 되었다.

또 다른 측면에서 이 글은 유전자 재조합 기술의 사유화를 통해 1970년대 공적 지식에 대한 법 및 경제적 관점들이 어떻게 변화했는지를 검토함으로써, 대학 연구 상업화의 등장 및 가속화가 연구 대학, 연구비 지원 기관, 그리고 대중들에게 어떠한 함의를 지니는 것인지를 논의하였다. 이 글이 보여주었듯이, 유전자 재조합 기술에 관한 논쟁은 20세기 후반 미국 자본주의에서 공적 지식의 소유권을 광범위하게 재구성하는 데 매우 중요한 부분이었다. 논쟁의 중심에는 공적 지식(public knowledge)이 공익의 증진에, 그리고 사적 지식 산업의 발전에 어떠한 의미를 지니는지, 그리고 그 역할은 무엇인지에 대한 재정의가 있었다. 자유시장에 대한 옹호와 새로운 특허 정책의 필요성을 주장하는 과정에서, 무엇보다 사적 소유권의 명확한 확립이 공공의 이익을 인과적으로 증진시켜줄 것이라는 논리는 생명의학 연구의 사유화에 결정적인 역할을 하였다. 먼저 기술 혁신의 촉진을 위한 수단으로서의 사적 소유권에 대한 긍정적인 이해는, 1970년대 미국 자본주의의 생산성이 하락하는 가운데 공공의 이익을 경제 성장 측면에서 재정의하는 것을 가능하게 해 주었다. 유전자 재조합 기술의 소유권이 결정되고 바이-돌 법안이 통과되자, 사적 소유권을 기반으로 한 대학과 기초 학술 연구의 상업화는 연구 대학의 새로운 사회적 의무로 떠올랐다. 생명공학은 대학과 사익 추구 기관이 사적 소유권과 공공의 이익 사이의 인과관계를 도덕적으로 정당화하며 결합한 혼종의 창조물로써, 생명의학 연구의 상업화에서 중요한 지위를 차지했으며 20세기 후반 미국 자본주의에서 생명(life)을 생산적인 힘으로 만들어 주었다.

그렇지만, 실제 상업화의 과정에서 유전자 재조합 기술의 사적 소유권과 통제는 제한적으로만 실행될 수 있었으며, 이러한 제한적 상업화는 1970년대에 특허 관리자들, 사업가들, 그리고 법학자들에 의해 구축된 사적 소유권과 공공의 이익 사이의 인과관계에 대한 역사적인 우연성(historical contingency)을 반영하는 것이다. 스탠포드 대학의 행정가들은 유전자 재조합 기술의 독점적 이용에 대한 학술적이고 정치적인 비판과 그로 인한 우려 때문에 결국 이 기술을 비독점적인 방식으로 라이센싱하기로 결정했다. 이에 연간 라이센싱 수수료 1만 달러를 납입하는 모든 대학 또는 상업기관이 기술을 저렴하게 이용할 수 있었다. 후에 라이머스가 역설적으로 지적한 것처럼, 독점에 대한 항의를 피하기 위한 유전자 재조합 기술 특허권리의 제한적 시행은 결국 광범위한 상업적 활용으로 이어졌다. 코헨-보이어의 유전자 재조합 기술의 특허가 종료된 1997년까지 이 특허로부터 벌어들인 총 로열티 수입은 총 2억 543만 달러에 달했다. 실제 과학자들과 특허 관리자들, 그리고 정부 관료들이 유전자 재조합 기술의 사유화를 실행한 방식과 그 성공은 완전한 독점적 사유화 방식에 기인한 것은 아니었다.

앞으로 점차 가속화되어가고 있는 과학의 상업화로 인해 여러 문제들이 나타날 것이다. 예를 들어 특허 추구와 같은 사적 재산권의 확장이 나타나면서 이들이 과학 연구 내의 자유로운 정보와 물질 교환에 대해, 넓게는 학문의 개방성(openness)에 어떤 영향을 미칠 수 있는지, 혹은 임상시험 및 사적 영리 기관에 의한 유전자 특허의 출원 등이 어떻게 질병의 치료와 생명의 존엄성과 관련된 중요한 윤리적 문제들을 제기하고 있는지에 관한 논의들이 바로 그것들의 일부라고 할 수 있다. 이러한 문제들을 성찰하고 해결하는 데 있어 대학, 그리고 기초과학적 연구에서 사적 소유권의 역사적 계보와 문제점들, 그 한계, 그리고 사유화를 둘러싼 주장과 반론을 명확하게 인식하는 것은 생명의학 연구의 상업화에 대한 주요 현안들을 논의하기 위한 균형 잡힌 플랫폼을 제공해줄 수 있을 것이다.

1974 - 1978

기계의 텍스트 : 미국 저작권법과 소프트웨어의 다양한 존재론

저자 : Gerado Con Diaz* • 번역 : 김인

*
캘리포니아 대학, 데이비스 캠퍼스(University of California, Davis),
과학기술학(Science and Technology Studies) 교수

1974년 12월 19일, 의회는 저작권 보호 대상에 대한 신기술의 사용을 다루기 위한 국가위원회(Commission on New Technological Uses of Copyrighted Works, 이하 CONTU)를 설립했다. 'CONTU'로 알려진 이 조직은 복사기나 컴퓨터와 같이, 정보를 자동 복제하는 기기들의 사용을 규제하기 위해, 어떻게 저작권법을 개정해야 하는지를 연구하는 자문위원회였다. 입법자들은 CONTU의 설립을 통해 기술적인 문제보다 이후 1976년 저작권법(Copyright Act of 1976)이 될 법안의 통과를 막고 있었던 관료제적 문제의 해결에 초점을 맞출 수 있도록 해줄 것으로 기대했다. 임기 종료를 앞둔 1978년, CONTU는 의회에 소프트웨어를 새로운 범주의 저작물로 분류하는 추가 입법을 권고했다. 그러나 이 단순해 보이는 권고의 기저에는 1974년부터 1978년까지에 걸쳐 위원회가 야심차게 수행했던 컴퓨터산업에 대한 가장 광범위한 연방 정부의 조사가 있었다.

컴퓨터 프로그램에 대한 저작권을 어떠한 방식으로 적용할지에 대한 위원들의 연구는 소프트웨어가 저작권으로 보호받을 새로운 형태의 창작물의 범주를 형성하는 것이 적합한지에 대한 문제를 함축하고 있었다. 그들은 이를 '소프트웨어의 저작권-적격성(copyright-eligibility)'으로 명명했다. 당시 저작권 당국은 1960년대 중반 이후부터 컴퓨터 프로그램에 대한 저작권 등록을 허락하고 있었으나 이는 소프트웨어가 책이나 팜플렛과 유사하다고 보았기 때문이다. 1978년까지 거의 2,000개의 프로그램들이 등록되었으나, 소프트웨어가 책이나 팜플렛처럼 프로그래머가 작성한 코드의 텍스트로 환원되는 것은 저작권의 보호 정도가 상당히 약하다는 것을 의미했다. 예컨대, 프로그래머는 특정 프로그래밍 언어에서의 텍스트를 저작권으로 보호받을 수 있었지만 그 프로그램을 다른 프로그래밍 언어로 번역하여 같은 프로그램을 얻은 경쟁 업체는 저작권 침해 요건을 충족시키지 못한 것으로 간주되었다.

이 글은 소프트웨어 저작권의 역사에 대한 사례 연구이며, 특히 CONTU의 작업에 초점을 맞춘다. 위원들은 복사기와 컴퓨터 모두를 연구하는 이중 미션을 수행하고 있었지만, 이 둘을 별개의 임무로 다뤘다. 이 글은 이 중 후자인 컴퓨터에 초점을 맞추며, 위원들이 소프트웨어의 저작권-적격성을 평가하는 문제를 소프트웨어의 존재론 즉, 소프트웨어의 본질에 대한 개념을 정하는 것으로 환원시켰다고 주장한다. 당시 이러한 과정은 구체적인 프로그램의 기술적 검토에 기반하고 있지 않았으며, CONTU의 증인들이 논의한 소프트웨어 존재론의 이해, 선택, 그리고 수정에 기반하고 있었다. 다양한 소프트웨어의 상충적인 존재론들은 컴퓨터 회사와 산업 연구 실험실과 대학 및 프로그래밍 연구자들의 입장을 분리시키고, 법적이고 개념적인 충돌을 강조하는 효과를 낳았다. 먼저, 산업 연구자들은 소프트웨어가 궁극적으로 특허법이 적용되어야 할 기계의 구성요소라는 점을 근거로, 컴퓨터 프로그램의 저작권-적격성을 인정하는 것에 반대했다. 이들은 소프트웨어 공급업체들이 지나치게 과도한 라이센스 이용료를 청구하고 컴퓨터 프로그램 보급에 대해 법률적 제한을 강화하는 것에 대항하여, 자신들의 운영 비용을 절감시키려 했던 것이다. 반면, 소프트웨어 기업과 하드웨어 제조사들은 컴퓨터 프로그램들이 정확히 저작권법의 범주에 속하는 텍스트라고 주장했다. 그들은 거물급 소비자인 공립 및 사립 연구 기관들이 자신들이 만든 소프트웨어를 불법적으로 유통시키는 것을 막고자 했다. 이러한 이해관계의 간극에서 발생하는 법률적, 개념적 문제들은 프로그램이 지시사항들의 열거인지, 읽을 수 없는 텍스트인지, 기계와 소통하기 위한 수단인지, 아니면 기계의 부속품인지에 대한 선결을 요청했다.

이 글은 새로운 지식재산권 역사 연구의 현안과 방법론에 대한 논의를 컴퓨터의 발전이라는 역사적 맥락에서 새롭게 이해할 수 있도록 해준다. 과학기술사학자들과 법학자들에 의해 촉발된 지식재산권 연구는 대부분 특허법에 초점을 맞추고 있다. 이러한 초점은 컴퓨터와 생명공학 등 관련 역사학 담론의 수정을 가져왔으며, 또한 특허, 기술적 도표와 삽화, 그리고 재판 결과 등 역사적 사물들을 새롭게 분석할 수 있는 기회가 되었다. 결과적으로 과학기술사학자들은 법학자들의 배타적 영역으로 간주되던 법률 문제들을 면밀히 검토하여 새로운 통찰을 얻을 수 있었다. 그러나 지식재산권 역사에서 가장 흥미로운 질문은 특허법의 밖에서, 실제 기업들과 개인들이 어떠한 법률의 적용이 가능한지, 또 어떠한 법률적 보호가 상품에 적합한지 고심하는 과정에서 생겨났다. 이 글은 어떻게 이러한 논의들을 둘러싼 갈등이 상업적 이해, 기술적 지식의 (비전문가에 대한) 대중적 확산, 그리고 정보기술과 인간 창의성에 대한 이질적 견해들에 의해 형성되었는지 보여준다.

이 글은 세 파트로 이루어져 있다. 첫 번째 파트는 컴퓨터산업과 CONTU의 수립과 초창기 활동의 관계를 개관한다. 또 위원들이 어떻게 기업 IBM의 법률 및 기술 자문들을 동반한 투어를 통해 소프트웨어의 기본적인 기술적, 법률적 측면들을 이해하게 되었는지 서술한다. 두 번째 파트는 위원들이 회의에서 직면한 소프트웨어의 본질과 저작권-적격성에 대한 견해들이 어떻게 IBM에서 그들이 배운 바와 달랐는지에 대해 설명한다. 마지막 파트는 CONTU의 공식 권고와 유일하게 견해를 달리했던 인물인, 존 허시(John Hersey)의 주장에 대해 상술한다. 퓰리처상 수상 작가이자 저널리스트였던 그는 소프트웨어가 전적으로 새로운 종류의 저작권-적격성을 지니는 창조물로 확립되는 것에 반대하며, 인간의 창의성과 그 본질에 대한 자신의 견해를 그 근거로 삼았다.

컴퓨팅과 CONTU (Computing and CONTU)

1970년 초반은 미국 저작권 개정 역사상 가장 격변기였다고 볼 수 있다. 1950년대부터 의회의 입법자들은 국가의 저작권 체계를 점검하려 여러 번 시도했으나, 일련의 반발들에 부딪혀 약 20년 가까이 새로운 저작권 법안이 통과되지 못했다. 논쟁의 핵심은 저작권청(Copyright Office)의 관료주의였다. 저작권을 확보하기 위해서 충족시켜야 하는 여러 공식적 규칙들이 있었으며, TV 프로그램이 케이블 TV로 전송되었을 때에는 로열티를 지불해야 한다는 요구사항 등은 미국 저작권청의 관료주의적 구조를 여실히 드러냈던 것이다. 1970년대 초까지 입법자들은 새로운 저작권법의 통과를 기대하였으나 마지막 난관이 그들을 가로막고 있었다. 컴퓨터의 확산이 종이의 필요를 줄여 사용자들의 저작권 침해를 용이하게 할 것이라는 우려였다.

컴퓨터는 더욱 값싸지고, 작아지고, 사용이 쉬워지고 있었으며, 컴퓨터 프로그램 시장도 전례 없는 성장을 기록하고 있었다. 1960년대 말까지 IBM은 자사의 컴퓨터 구매 시 응용 프로그램을 무료로 제공해왔다. 이러한 관행은 '결합판매(번들링)'로 일컬어졌으나, 1969년 IBM은 이를 중단하겠다는 성명을 발표한다. 이후 IBM이 당사의 응용 프로그램에 대한 사용료를 청구하기 시작하면서 컴퓨터 프로그램 시장도 함께 성장하게 되었고, 소프트웨어를 판매하는 많은 기업들도 처음으로 상당한 이윤을 창출할 수 있게 되었다. 동시에 컴퓨터 네트워크의 개발과 대학이나 연방 정부기관을 대상으로 한 시간 공유 시스템의 구축으로 개인용 컴퓨터들이 정보 전송을 위한 광범위한 네트워크를 형성했다.

기업이나 정부 행위자들은 컴퓨터를 기반으로 한 저작권 침해가 실제로 이루어지고 있다고 생각하지는 않았으나 입법자들과 저작권청장은 컴퓨터가 저작권 불법 복제의 온상이 되는 것이 시간 문제라고 여겼다. 저작권법의 개혁을 주장하는 이들과 학자들은 컴퓨터가 가능케 하는 정보의 전송이 1960년대 이후 복사기 확산이 동반한 종이 기반 불법 복제의 속편을 만들어낼 것이라 우려했다. 실제로, 복사기의 사용은 출판 산업에 큰 타격을 주었다. 사용자들이 원하는 논문을 복사하고 구독을 취소하면서 다수의 학술지들이 폐간을 면치 못했던 것이다. 출판업계들은 복사 서비스를 제공하는 공공 도서관들을 대상으로 소송을 제기했으나, 여전히 도서관들과 개인 사용자들은 매년 수백만 페이지를 지속적으로 복사했다. 그러나 더이상 복사기는 버튼을 누르면 정보를 재생산해주는 유일한 기계가 아니었다. 새로운 컴퓨터 시대가 도래하면서 컴퓨터는 종이의 도움이 없어도 정보의 재생산을 더욱 용이하게 해 주었다.

이러한 우려들에 대한 대응으로 의회는 1974년 CONTU를 설립했다. 입법자들은 컴퓨터와 복사기의 확산이 저작권법에 중요하고 혼란스러운 문제들을 발생시킨다는 점을 인정했으나, 저작권법 개혁을 더 미룰 수는 없다고 여겼다. CONTU는 다가오는 저작권법의 개혁에서 이 두 기술에 의해 발생한 다소 난해한 법리적 문제들을 배제할 수 있도록 도와줄 것으로 기대되었다. 대통령 제럴드 포드(Gerald Ford)는 이러한 CONTU의 임무를 승인했고, 1975년 CONTU의 위원 12명을 선임했다. 위원들은 저작권자, 저작권 사용자, 그리고 일반 대중들의 이익을 각각 대변했다. 저작권자를 대표하던 위원들은 존 허시(John Hersey)와 출판 업체의 이사 세 명이 있었고, 저작권 사용자들을 대표하는 위원들로는 하버드의 법학 교수 아서 밀러(Arthur Miller)와 도서관협회의 세 대표자들이 있었다. 마지막으로 일반 대중을 대표하는 위원들로는 저작권 학계의 저명한 학자 멜빌 니머(Melville Nimmer), 이전 저작권 등록 관계자 조지 캐리(George Cary), 이전 연방법원 판사 스탠리 펄드(Stanley Fuld), 소비자협회의 이사 로다 카르파트킨(Rhoda Karpatkin)이 있었다. 저명한 지식재산권 학자인 아서 레빈(Arthur Levine)이 위원장을 맡았다.

놀랍게도, 위원들의 집단 지성은 CONTU와 유관한 모든 임무를 수행할 수 있었으나 단 한가지, 컴퓨터와 관련된 문제에 대해서는 그렇지 못했다. 대신, 이들은 저작권법을 학문적으로 연구한 수십 년간의 경험을 토대로 저작권법이 다

The CONTU 위원회 위원들과 그 외 지식재산권 분야의 저명한 실무자들, 그리고 그들의 보좌관들. 저작권 등록 담당관인 바바라 링거(Barbara Ringer)가 왼쪽으로부터 두 번째 자리에 서 있고, 위원회가 표명한 소프트웨어의 본질에 관한 입장에 가장 크게 반대했던 존 허쉬(John Hersey)는 오른쪽에서 세 번째 자리에 앉아 있다. 출처: 예일 대학 문서보관소, 존 허쉬 페이퍼 59번 박스.

양한 기관들에 대해 지니는 함의와 저작권자와 사용자 각각의 요구와 권리에 대해 논의했다. 이들은 1975년 12월 18일부터 IBM의 저작권법 변호사 조지프 타폰(Joseph Taphorn)이 안내한 회사 시설들에 대한 견학을 통해 컴퓨터와 저작권법의 관계에 대해 새롭게 자각하게 된다. 몇 달 뒤 타폰의 직장동료들은 서면을 통해 CONTU의 위원들에게 컴퓨터의 기본 구성 요소들과 프로그래밍의 기초에 친숙해질 수 있는 교육 기회를 제공하겠다고 제안했다. 비록 몇몇 위원들은 그러한 교육이 필요한지에 대해 회의적이었으나 레빈과 카르파트킨은 결국 IBM처럼 중요한 기업의 입장을 이해하는 것은 CONTU와 컴퓨터산업 모두를 위해 가치 있는 일이라고 동료 위원들을 설득하는데 성공했다.

뉴욕의 화이트 플레인스(White Plains)에 있는 IBM의 정보처리부서 본부에서 타폰과 그의 동료들은 위원들에게 하드웨어와 소프트웨어의 기술적인 세부사항들과 역사에 대해 소개하게 된다. IBM 직원은 자사의 기계들이 수 세기 동안의 데이터 처리의 최고의 발전 단계에 와 있다고 제시하며, 이를 "기계적 및 전기적 도구를 활용한 정보의 기록과 처리(processing)"로 정의했다. 그들의 견해에 따르면, 정보 처리의 역사는 17세기 기계의 첨가에서 시작하여, 19세기 찰스 베비지(Charles Babbage)의 설계를 지나, ENIAC과 트랜지스터의 개발로 가속화되어 IBM의 현 기기들로 정점을 이루는, 독자적인 기술의 자체적 진보로 이루어진 목적론적 서사였다. 이러한 서사에 기업의 이윤이나 규제 프레임워크, 혹은 산업계의 충돌은 없었으며, 사용, 프로그램, 혹은 프로그래밍의 역사도 없었다. 대신, 정보 처리의 역사는 위원들에게 어떻게 일련의 사회로부터 고립된 자비로운 발명가들이 인류를 위해 획기적인 장치를 발명했는지에 대한 서사처럼 보였다. 이 역사의 종점은 현대의 컴퓨터였다. 컴퓨터는 펀치 카드, 자기 테이프, 혹은 디스크에 의해 작동했고, IBM 직원은 이를 인풋으로 '다른 상품들과 전혀 다른 아웃풋'을 생산하기 위해 수용하고 조직하고 조작할 수 있는 기계로 정의했다.

당시 위원회의 참관 기록은 IBM이 소프트웨어가 하드웨어로부터 분리되어 존재하는 독립적인 개체라고 보지 않았음을 방증한다. 대신, 타폰을 비롯한 참관 주최자들은 컴퓨터의 작동을 지시하고 그들이 통제하는 기계의 설계와 "긴밀히 연결된" "지시사항들의 집합"에 대해 언급할 때, "소프트웨어 개발", "기계의 프로그래밍" 등의 표현을 사용했다. 다시 말해, IBM 직원들의 집단 지성은 소프트웨어라는 것이 존재한다면, 그것이 하드웨어로부터 분리 불가능하다는 점을 제시했다. 지시 사항들의 집합은 테이프, 디스크, 천공 카드, 혹은 컴퓨터에 저장되어 기계의 일부로 작동하기 전에는 컴퓨터의 프로그램으로 존재할 수 없었다. 이는 프로그래머들이 프로그램 로딩 이전에 행한 모든 작업, 즉 브레인스토밍, 플로우차팅, 그리고 COBOL이나 FORTRAN과 같은 프로그래밍 언어로 쓴 지시 사항들이 모두 문자를 포함하고 있었음을 의미한다. IBM 직원이 명시적으로 이러한 관찰 결과들이 지닌 법적 함의를 설명하지는 않았으나, 프로그래밍에 대한 이러한 견해는 프로그래머들이 생산하는 가독성 있는 코드가 저작권 제도가 수 세기 동안 보호해 온 텍스트들과 다르지 않음을 보여준다.

소프트웨어의 본질에 대한 토론과 대표들의 비공식적인 담화 이후 위원들은 프린터, 카드 인식기, 단말기 등을 검토했다. IBM 직원은 방에서 방으로, 그들을 안내하며 위원들이 친숙하지 않은 다수의 기기들을 보여주었다. 위원들이 최신 기술 발명에 놀라워하자 IBM의 부회장이자 연구소장이던 랄프 고모리(Ralph Gomory)는 컴퓨터산업이 미래에 어떻게 변화할 것인지에 관한 자신의 견해를 제시했다. 그에 따르면, 기기들은 더욱 작아지고 값싸질 것이며, 집에 앉아있는 일반 소비자들이 정보를 복사하고 전송하는 데 앞으로 매우 적은 비용이 들 것이라는 데 의심의 여지가 없었다. 정보 처리 기기들은 더욱 강력해지고 있었고, '복사가 수반하는 번거로움(혹은 실수)'을 상쇄하는, 컴퓨터의 데이터 복사 및 전송 능력도 상당히 향상될 것이었다. 컴퓨터 네트워크가 확장되고 밀도가 높아지면서, 기계들은 더 많이 사용될 것이고, 이는 저작권의 보호 여부와 관계없이, 한 컴퓨터에서 다른 매개로의 정보 전송을 더욱 용이하게 만든다. 요약하자면, 고모리는 위원들에게 시, 책, 그리고 이미지와 컴퓨터 프로그램들이 한 기계에서 다른 기계로 전송되는 과정이 마치 TV가 방송국이나 케이블로부터 신호를 전송받는 과정처럼 쉬워질 미래에 대해 설명했다.

이러한 경험은 위원들에게 그들이 다뤄야 할 주요 문제가 등록된 상품들의 불법적인 유통을 방지하기 위한 저작권법의 개정이라고 느끼게끔 만들었다. 이 문제는 1960년대 중반으로 거슬러 올라간다. 1964년 콜롬비아 로스쿨에 다니던 학생 존 반자프(John Banzhaf)는 저작권청에 두 개의 컴퓨터 프로그램에 대한 저작권 서류를 제출했다. 한 달도 채 안 되어 저작권청은 반자프의 저작권을 승인했으나, 소프트웨어가 저작권 보호 대상의 새로운 범주라는 점을 인정하지는 않았다. 저작권 등록은 저작권 분류가 불확실한 경우, 최대한 신청자의 입장에서 문제를 해결한다는 저작권청의 소위 "의심의 법칙 정책(rule of doubt policy)" 관행에 따른 결과였다. 반자프의 등록 요청에 대해 저작권청은 소프트웨어를 저작권 보호의 적격성을 갖춘 새로운 종목으로 분류하는 대신, 책이나 팜플렛과 같은 기존 종목으로 분류했던 것이다. 이는 저작권법을 해석함에 있어서, 소프트웨어를 문학 작품의 일종으로 간주하게 만들었고, 동시에 소프트웨어가 플로우차트, 0과1의 나열, 혹은 전기 회로 도표로 표현된다는 점을 부차적인 것으로 만들어 버렸다.

소프트웨어의 본성들 (The Natures of Software)

초창기 몇 달 동안 CONTU에서는 소프트웨어를 정의하는 주요 특징들에 대한 합의가 서서히 이루어졌다. 처음에 그들은 컴퓨터 프로그램의 본질을 직관적으로 이해하기 위한 적합한 비유를 찾기 위해 고군분투했다. 컴퓨터 프로그램과 유사한 그 무엇을 찾기 위한 그들의 노력은 역으로 소프트웨어가 속할 수 없는 범주만 명확해지는 결과를 낳았다. 1977년, 그들은 프로그램들이 기존의 저작권 보호 대상과 유사하지 않으며, 프로그램이 책, 그림 혹은 다른 기계들과 본질적으로 다른 속성을 지닐 수 있다는 결론을 내린다. 위원들을 가장 흡족하게 한 소프트웨어의 정의는 "특정한 결과를 야기하기 위해 컴퓨터와 결합되어 사용되도록 고정되는 일련의 지시 사항들"이었다. 이러한 정의는 많은 위원들이 IBM 방문 이후, 저작권법이 소프트웨어의 속성을 반영하도록 개정되어야 한다고 결론 짓게끔 만들었다.

이 정의의 타당성을 평가하기 위해, 위원들은 저명한 프로그래머, 변호사, 그리고 경영자들에게 피드백을 요청했다. 이 중 인터넷의 선구자였던 죠셉 리클라이더(Joseph C. Licklider)는 CONTU 회의에서 소프트웨어의 본질과 저작권 적격성에 대해 논한 유일한 대학의 컴퓨터 과학자였다. 미팅 이전의 비공식적인 대화에서도 위원들은 그가 CONTU의 목적에 부합하는 적격의 컴퓨터 학술 연구자라고 인정했다. 1960년대에 리클라이더는 훗날 DARPA(국방고등연구계획국)가 되는 ARPA의 이사직으로 선출되었다. 이 기관을 통해 그는 전국적으로 대학들 간의 시간의 공유, 네트워킹, 그리고 상호작용 컴퓨팅에 대한 연구 그룹들을 선택하고 후원하고 직접 이끌기도 했다. 그의 연구의 핵심은 여러 개의 워크 스테이션(work station)들을 중앙 관리 시스템과 연결하여 모든 사용자에게 기계에 대한 통제를 용이하게 하는 시간-공유(time-sharing) 네트워크의 형성이었다. 당시 MIT의 교수가 된 리클라이더는 네트워킹과 자원 공유에 상당한 관심을 갖고 있었다.

위원들에게 리클라이더의 사회적 지위와 관심사는 그가 CONTU의 주요 쟁점인 '프로그램이 컴퓨터의 방대한 지리적 네트워크를 통해 전송될 수 있는 물체인지' 여부를 논하기에 적격이라고 여기게 만들기 충분했다. 그의 증언에서 리클라이더는 어떻게 컴퓨터 네트워크가 실행되고 시간에 따라 변화하는지를 설명했으나 그의 실질적 목표는 소프트웨어가 무엇인지를 정의하는 것이었다. 그는 위원들의 정의가 전적으로 틀렸다고 설명하지는 않았으나, 소프트웨어에 대한 정의를 개선하는 문제로 고심에 빠져 있었다. 물론, 프로그래밍 언어의 텍스트는 하나의 컴퓨터에서 다른 네트워크로 전송될 수 있었으나 리클라이더는 프로그램들이 단순히 프로그램을 구성하는 텍스트로 환원되어서는 안 된다고 믿었다. 그에게 프로그램은 "궁극적으로 컴퓨터에 삽입되기 위해 존재하는 것"이었다. 프로그램이 특정 언어로 된 지시사항들로 구성될지라도, 이러한 지시들이 유용하기 위해서는 컴퓨터가 있어야 한다. 시나 소설과 달리 프로그램은 기기와의 연결 없이는 가치를 지니지 못한다. 이 때문에, 리클라이더는 컴퓨터 프로그램이 저작권청에 제출될 때, 그것을 담는 매개물에 대한 고려 없이 단순 프로세스의 설명이나 지시의 집합체로 간주되는 것이 잘못되었다고 보았다. 나아가, 리클라이더는 만일 CONTU가 소프트웨어가 전송하는 매개를 초월한다고 본다면, 프로그램이 종이의 잉크와 자성매질의 마그네틱, 혹은 반도체의 전자 구멍 중 무엇과 더 유사한지에 대한 위원들의 질문도 가치가 없어진다고 일축했다.

리클라이더는 CONTU가 소프트웨어의 본질을 잘못 해석하고 있다고 확신하고 있었기에, 위원들이 저작권 자체에 초점을 맞추는 것이 부적절하다고 판단했다. 프로그램의 본질은 컴퓨터에 삽입되는 것에 있다는 그의 논리는 특허법이 소프트웨어에 보다 적합한 법률적 보호를 제공할 수 있다는 그의 야심 찬 주장의 핵심을 이루고 있었다. 리클라이더는 컴퓨터 프로그램이 전기로 활성화되었을 때에만 정보를 처리한다는 점에서 기계와 매우 유사하다고 보았다. 그에 따르면, 소프트웨어와 관련된 지식재산권의 보호를 공고히 하기 위해 코드를 보호하는 것으로는 프로그램을 보호할 수는 없었다. 그는 구두 증언의 하이라이트로 "모든 사람들은 프로그램의 실행 결과를 원하는 것"이며 "그들은 표현의 세부사항들에는 관심이 없다"고 지적했다.

리클라이더의 열정적인 증언은 궁극적으로 위원들이 소프트웨어가 저작권법으로 보호받기에는 부적합하다고 설득되는 데까지는 이르지 못하였으나, 소프트웨어가 지식재산권의 수정을 요하는 새로운 범주의 것인지에 대한 논란에는 종지부를 찍게 할 수 있었다. 위원 중 허시는 이러한 주장의 가장 열렬한 지지자였다. CONTU에 속하기 전, 그는 미국 소설, 비소설, 그리고 저널리즘의 분야에서 가장 창의적이고 정치적인 인물로 인정받았다. 그의 첫 소설 『아다노를 위한 종(A Bell for Adano)』은 1945년 소설 부문에서 퓰리처상을 받았으며, CONTU에서의 임기가 시작되었을 때에도 그는 거의 20권의 책들을 출판했다. 그는 예일대 학장과 미국작가연맹의 협회장을 역임했으며, 저명한 작가로서의 경력을 토대로 위원으로 선정되었다. CONTU에서 그의 존재는 위원회가 미국 작가들의 이해관계를 반영하겠다는 약속의 상징이기도 했다.

당시 그의 최근 저작들에서 허시는 반복적으로 텍스트, 문학, 그리고 국가의 번영이 작가의 삶에서 분리할 수 없는 요소들임을 보였다. 그는 문학 작가들의 작품이 국가의 번영과 복지를 위해 필수적이라고 여겼다. 예술을 거부하는 사회는 자기-파괴의 운명으로 빠져들 수밖에 없었고 작가들은 이러한 일이 발생하지 않도록 자신의 도덕적 책임을 다해야 했다. 그의 저작들, 특히 『알제 모텔 사건과 동문들에게 보내는 편지(The Algiers Motel Incident and Letter to the Alumni)』는 세상에 대한 도덕적 의무를 떠맡고 사회적 현안들에 개입하여 목소리를 내는 작가들을 다룬다. 허시 본인도 그의 삶에서 도덕적 책임들을 다하고 있었고 정치적으로도 활발히 활동하여 미국작가연맹의 리더가 될 수 있었다. 1970년대 중반에 이르러 그는 『음모(The Conspiracy)』나 『좀 더 많은 공간을 위한 나의 탄원서(My Petition for More Space)』 등의 작품들을 완성했는데, 책이 강조하는 메시지는 모두 예술, 특히 문학은 사회 구조가 파괴되지 않게 하는 필수불가결한 요소라는 점이었다.

허시를 가장 흥미롭게 했던 것은 컴퓨터 프로그램의 기술적 세부사항들이 아니라 프로그램의 텍스트였다. 그는 이러한 텍스트들이 그가 위원회에 속하기 전에 왕성하게 다루던 텍스트들과는 다른 종류의 것이라는 결론을 내렸다. 그의 관점에서 프로그램의 텍스트는 문자와 기계의 잡종이었다. 문자와 기계의 혼합으로 이루어진 코드들이 기계적인 효율성으로 인간의 창의성을 잠재적으로 대체해 가고 있었던 것이다. 이러한 점에서 그의 견해는 리클라이더의 증언과 공명한다. 실상, 리클라이더와 허시는 컴퓨터 프로그램이 특정한 과정을 촉발하는 기기라는 점에 의견을 같이하고 있었다. 즉, 프로그램이 특허법의 적용 범주에 속한다고 본 것이다. 프로그램은 일종의 기기로서, 문자의 요소들을 포함하고 있었으나 허시가 저술로 정의한 범주와는 거리가 멀어 보였다.

산업 연구소의 저명한 변호사들도 리클라이더와 허시의 견해에 동조하여 법리적으로 저작권이 컴퓨터 프로그램 보호에 부적합하다고 주장했다. 이 중에는 당대 가장 저명한 특허법 변호사였던 로버트 님츠(Robert O. Nimtz)도 있었다. 그는 벨 연구소(Bell Telephone Laboratory)의 지식재산권 부서에 속해 있었으며, 소프트웨어의 특허를 옹호하는 주장으로 널리 알려져 있었다. 1960년대 이후 그는 발명가들이 프로그램에 대한 특허를 확보하게 도와주는 특허 신청 기술을 체계화하는 것에 관심을 기울이고 있었다. 소프트웨어의 특허-적격성에 대한 그의 견해는 1960년 대법원까지 간 벨 연구소의 소프트웨어 특허 적용 소송으로 유명해졌다.

벨 연구소를 대표하여, 님츠는 서면으로 CONTU의 작업에 대해 세부적인 비판을 가했다. 그는 의회와 위원회가 저작권법과 같은 법률적인 메커니즘이 궁극적으로 소프트웨어의 발전을 저해할 것이라는 사실을 간과했다고 경고했다. 그가 제시한 두 가지 정당화 논리는 첫 번째, 비밀유지가 '보호의 가장 큰 원천'으로 컴퓨터 프로그램의 확산을 가능케 했다는 점이었다. 이를 통해 그는 광범위하고 일률적인 저작권의 적용이 기업들이 스스로 선호하는 보호 방법을 선택할 수 있게끔 하는 기회를 박탈한다고 주장했다. 둘째로, 그는 소프트웨어가 저작권의 범주에 속하는 "그 어떤 물질과도 급진적으로 다르다"고 주장했다. 그의 견해에 따르면 이러한 차이는 컴퓨터 프로그램이 문자인 동시에 기계를 제어하는 요소이기도 하다는 이원성으로부터 기인한 것이다. 얼마나 견고하게 저작권법이 컴퓨터 프로그램의 텍스트의 사용, 재생산, 그리고 유통을 제한하는지와 관계없이, 저작권법은 프로그램의 '가장 가치 있는 요소', 즉 프로그램의 사용 자체를 제한할 수는 없을 것이라는 주장이었다.

이러한 님츠의 비판의 핵심 전제는 소프트웨어가 불안정한 본성을 지닌다는 것이었다. 그는 소프트웨어가 두 개의 형태로 존재한다고 믿었다. 첫째로는 플로우차트, 알고리즘의 구술적 설명 등 프로그램 언어로 이루어진 텍스트가 있었다. 이러한 형태에서 소프트웨어는 책, 시, 그림 등과 유사한 성질을 보이기 때문에 저작권 보호의 자격을 갖추게 된다. 여기서 소프트웨어에 대한 님츠의 이해가 리클라이더와 다르다는 것을 알 수 있는데, 소프트웨어가 이중적 성질을 지녔다고 본 리클라이더와 달리 님츠는 컴퓨터 프로그램의 본성이 그 역사와 매개물의 관계에 따라 결정된다고 주장했던 것이다. 프로그램이 텍스트나 도표의 형태를 띠는 한, 그것은 단순히 독자에게 정보를 전달할 뿐이었다. 그러나 님츠는 컴퓨터 프로그램이 프로그래머의 생각에서부터 컴퓨터에 설치되어 실행되기까지의 여정은 단순한 문자의 기록 이상의 것들을 포함하고 있다고 보았다. 어떤 지점에서 프로그램은 마그네틱 테이프와 같이 기계가 읽을 수 있는 매개로 고정되어야 하고, 그렇지 못한 경우 컴퓨터는 프로그램을 실행할 수 없게 된다. 이러한 고정이 '글의 정보를 기록하거나 저장하려는 목적'을 위해서가 아니라 '단지 기계를 통제하기 위한 목적'을 위해 일어난다면 프로그램은 단순 텍스트로만 존재한다고 할 수 없다. 이 시점에서 프로그램은 '기계의 부품'이 되고, 저작권법이 아니라 특허가 더 적합한 법률적 보호의 수단이 된다.

넘츠, 허시 그리고 리클라이더의 견해는 하드웨어와 소프트웨어 기업들을 대표하는 이들의 견해와는 극명한 대조를 이룬다. 기업의 대표자들은 가능한 모든 보호 수단을 확보한다는 뚜렷한 목적의식을 갖고 위원회에 출석했다. 예컨대, Applied Data Research(ADR)을 대표하던 저명한 프로그래머 마틴 고에츠(Martin Goetz)는 저작권이 그의 기업에 부가적인 보호를 제공할 것이며, 저작권을 통해 소프트웨어 특허나 영업 비밀 유지 등의 조치를 보완할 수 있을 것이라고 기대했다. 그는 컴퓨터 프로그램이 문자나 문학 작품과 동일시되는 것을 전혀 꺼려하지 않는 것처럼 보였다. ADR은 대부분의 자사 상품에 대한 저작권을 확보하고 있었는데, 수요가 많았던 프로그램인 AUTOFLOW의 경우 특허와 저작권 모두를 확보했다. 또 모든 사용자들은 프로그램의 전체나 일부의 자의적 유포나 복제를 막는 조항이 담긴 동의서에 서명을 해야 했다. 고에츠는 프로그램을 기계의 부품으로 보는 견해가 부정확하다고 보았고, 프로그램들은 본질적으로 프로그래밍 언어에서 기계 언어로 번역될 수 있는 텍스트라고 주장했다. 프로그램이 기계의 작동을 구현할 수 있다는 사실은 소프트웨어

'특허'에 있어서 가장 중요한 문제였음에도 불구하고, 소프트웨어의 '저작권' 문제와는 무관한 것으로 여겨졌다.

컴퓨터산업계는 소프트웨어 저작권 문제에 대해 한 목소리를 내고 있었다. 사실 고에츠는 정보산업연합(IIA)과 IBM이나 Honeywell 등 전문기업의 연합으로 구성된 컴퓨터 및 사업 장비 생산 연합(CBEMA)과 같은 편에 속해 있었다. CBEMA와 IIA의 대표들은 컴퓨터 프로그램에 대한 저작권의 확장이 바람직한 발전 방향이라는 데 동의했다. 고에츠처럼 이들은 소프트웨어를 문학 작품과 같은 형태로 간주하는 것에 대해, 허시, 리클라이더 그리고 님츠와 달리 저항하지 않았다. 오히려, 산업계의 대표들은 소프트웨어가 지시 사항들의 문어적(literary) 집합으로 정의된 것에서 더 나아가, 다른 프로그램을 실행하는 동안 컴퓨터에 의해 자동적으로 생성된 프로그램들까지 모두 포함할 수 있도록 소프트웨어의 정의가 폭넓게 수정되어야 한다고 보았다.

컴퓨터산업계의 요구는 위원들에게 소프트웨어의 존재론만큼이나 중요했다. 위원회의 임기가 끝나감에 따라 CONTU의 위원들은 보스턴에 위치한 컨설팅 업체 하브리지 하우스(Harbridge House)에 위임했던 조사결과를 받을 수 있었다. 이 설문조사는 정보처리 서비스 조직연합(ADAPSO)에 속해있는 116개의 회사들에 대한 연구를 통해 소프트웨어 산업의 재정적이고 법률적인 필요를 탐색하기 위해 고안되었다. 하브리지 하우스는 특허와 저작권이 제공하는 한정된 독점은

"산업에 굉장히 사소한 문제"라고 보고했으며, 그러한 보호를 찾는 기업들이 이례적인 것으로 보았다. 또한 지식재산권 보호에 적극적일지 여부를 판단하는 하나의 잣대는 기업이 생산하는 상품의 종류였다. 엔지니어나 다른 기술 분야들을 위한 맞춤형 프로그램을 판매하는 기업들은 저작권이나 특허 보호를 찾는 데 가장 미온적인 태도를 보였다. 반면, 규격화된 응용 및 시스템 프로그램을 판매하는 기업들은 특허 보호에 가장 적극적으로 임했다. 더 중요한 특성은 회사의 규모였다. 운영 체제와 사업 소프트웨어를 판매하는 대규모의 기업들은 어떠한 형태로든 지식재산권의 보호를 요청했다.

ADAPSO의 지도자들은 하브리지 하우스의 조사가 요점을 제시했다고 주장했다. 그것은 소프트웨어에 대한 지식재산권의 보호가 부분적으로는 저작권을 통해 이뤄질 수 있으며, 이는 산업 전체에 굉장히 중요하다는 점이었다. CONTU에 대한 이전 성명에서 그들은 설문조사에 응한 모든 회사들이 주요 자산이 된 프로그램을 보호하는 것이 중요하다는 데 동의했다고 설명했다. 그 중 일부는 특허에 의존했고, 다른 일부는 10년 넘게 저작권에 의존하고 있었다. ADAPSO가 "산업에 의해 적절하다고 여겨진 정도의 보호"라고 일컬은 것을 제공하기 위한 명확히 법적인 메커니즘은 없었기 때문에, 실상 대부분의 기업들은 동시에 여러 종류의 보호를 받을 수 있었다. ADAPSO는 소프트웨어가 '기계 장치'의 일부로 간주될 수 있다는 주장을 전적으로 거부했다. 대신 ADAPSO는 프로그램이 전문적인 프로그래머들에 의해 저술되는, 단순히 고도의 기술 지식을 요하는 글일 뿐이라고 주장했다. 프로그래머들이 써놓은 지시사항이 컴퓨터와 결합될 때, 프로그램이 대상으로 존재하게 된다고 본 IBM과 달리, ADAPSO는 플로우차트부터 기계 코드까지 기계를 제어할 수 있는 명령을 내릴 수 있는 모든 것들이 텍스트에 속한다고 보아 프로그램이 저작권법에 의하여 보호되는 저작물의 요건을 갖추고 있다고 주장했다.

ADAPSO와 하브리지 하우스를 통해 묘사된 산업계의 필요는 위원들로 하여금 소프트웨어에 저작권법을 적용하는 것을 더 선호하도록 만들었다. CONTU의 최종 보고서는 컴퓨터 프로그램의 존재론과 저작권적격성(ontology and copyright-eligibility)을 논의하려던 위원들의 작업이 궁극적으로 컴퓨터 프로그램이 텍스트라는 산업계의 주장에 기반하고 있었음을 보여준다. 보고서는 컴퓨터 프로그램이 저자의 독자적인 창작성을 구현하고 있는 한, 저작권법의 보호를 받는 방향으로 저작권법이 개정되어야 한다고 제안했다. 이와 같은 제안은 님츠, 리클라이더 그리고 특히 허시의 견해와 달리, 컴퓨터 프로그램은 지시사항들을 담고 있는 글의 형태에 불과하다는 가정을 토대로 한다. 때문에 최종보고서는 소프트웨어가 "단어, 구, 숫자, 그리고 다양한 미디어의 상징들의 배치로 고안되었다"고 주장한다. 또한 보고서는 컴퓨터를 음악 시스템에 비유하는데, 컴퓨터의 회로 상자를 음악 상자에, 천공 카드를 피아노 롤에, 마그네틱 디스크를 음악 테이프에 각각 대응시킨다. 이러한 비유는 마치 녹음된 음악이 플레이어에 장착되어 재생되듯이, 프로그램도 컴퓨터에 장착되는 정보들의 집합이라는 견해로 이어졌다. 보고서에 따르면, 프로그램은 "자화된 헤드를 통과할 때, 미세한 전류가 흐르도록 하여 원하는 물리적 작업이 이루어지도록 하는 정보들의 집합"이었다.

허시의 이견 (Hersey's Dissent)

존 허시는 소프트웨어의 저작물성에 대한 동료들의 견해를 맹렬하게 비판했다. 그는 CONTU의 결정이 부적합하고 불필요하다고 여겼으며, 비공식적인 초안들을 통해 그가 이원성(duality)이라고 명명한 소프트웨어의 본질을 위원회가 이해하지 못하고 있다고 주장했다. 그는 이원성의 개념을 통해 컴퓨터 프로그램이 처리 과정 중 특정 시점에, 단순한 글에서 "기계를 통제하는 요소 및 장치"로 변모한다고 주장했으며, "기계를 통제하는 요소 및 장치"가 된 프로그램은 저작권의 대상이 될 수 없다고 보았다. 허시는 반대 견해를 표명하며, 이후 소프트웨어의 이원성에 대한 견해를 새롭게 체계화했는데, 이를 통해 각 프로그램들의 역사를 고려하여 소프트웨어의 본질을 이해하려 했다. 님츠의 주장을 따라, 그는 프로그램의 개발이 여러 단계들을 거친다는 사실에 주목한다. 프로그램은 먼저 수행할 임무를 정의하는 프로그래머의 노력으로부터 시작되고, 그 다음에 플로우차트들로 프로그램의 개요가 그려지고, FORTRAN이나 COBOL과 같은 언어를 통해 코드로 번역되어, 이후 다시 인간이 읽을 수 없는 기계 언어로 번역된다는 것이다.

허시는 최종 번역 후 프로그램이 성숙기, 즉 '기계적인 단계'에 접어든다고 보았는데, 이 단계에서 프로그램은 천공 카드, 디스크, 테이프, 혹은 칩을 통해 '물리적으로 구현'된다. 이 성숙기를 통해 비로소 프로그램은 가치를 획득했는데, 그 이유는 이 단계에서 전류의 흐름을 통제하여, 임무 완수를 위한 고유 기능을 수행하기 때문이다. 이 시점에서 프로그램은 단순히 기계 작업을 설명하거나 지시하는 것 이상의 역할을 수행한다. 오히려, 실질적으로는 프로그램이 임무 수행의 핵심 역할을 한다. 때문에 허시는 CONTU가 그들이 프로그램과 동일시하는 지시의 내용들이 궁극적으로 원하는 결과물을 생산하는 과정에서, 기계의 필수불가결한 요소가 된다는 점을 깨닫지 못하는 중대한 실수를 저질렀다고 믿었다. 그의 관점에서 위원들은 소프트웨어가 단지 '컴퓨터의 전자 게이트를 열고 닫는 명령들을 수행하는 기기'라는 점을 인정하지 않았던 것이다.

소프트웨어의 본질과 저작권 적격성에 대한 허시의 견해는 인간 창조물의 가치에 대한 그의 개인적인 생각에서 비롯되었다. 허시의 관점에서 보면 위원회는 '지나치게 변호사다운 논리'에 집중하고 있었다. 그는 동료 위원들에게 '감정으로의 여행'이 필요하다고 보았다. 그는 공청회 내내, 저작권 보호를 확대하기로 한 결정은 법리적으로 잘못된 조치일 뿐만 아니라 국가의 문화적 안녕(cultural well-being)에 대한 공격이 될 수 있다고 보았다. 그는 위원들에게 반복적으로 소프트웨어를 글과 동일시하는 것은 인간 본성에 대한 모욕임을 상기시켰다.

그의 관점에서 저작권 보호는 '인간의 눈으로 쓴 단어', '귀로 들리는 음악', '눈으로 감상하는 미술' 등 애초에 인간에 의해, 또 인간을 위해 만들어진 미디어의 범주에 국한된 것이었다. 그는 위원들이 인간의 창의성과 글의 개념 모두를 오염시키고 있다고 불평하며, 그들이 위험하게도 '인간과 기계의 의사 소통의 경계를 흐리고 병합'시키고 있음을 지적했다. 인간을 기계로부터 차별화하는 특질을 부정함으로써 컴퓨터의 작업은 인간의 문학적인 감정 표현과 동일시되었다. 가장 큰 위험은 인간과 기계를 동일시하는 문화는 궁극적으로 용기, 두려움, 욕망 및 희망과 같은 감정처럼, 인간성을 구성하는 '자질들의 묶음'을 경험하고 되살리는 것, 그리고 소통하는 것조차 불가능하게 할 것이라는 데 있었다.

그러나 허시는 이 전투에서 패했고, CONTU의 최종 보고서는 컴퓨터산업계 대표자들의 증언들을 더 비중 있게 다뤘다. 그의 동료들은 마치 소프트웨어 저작권에 대항하는 증언들은 무시하기로 결정한 것처럼 행동했고, 허시의 의견도 명시적으로 거부했다. 그들은 인간의 감정에 호소하려는 그의 시도를 정부에 "저작물의 장점을 평가하고 정부의 관점에서 좋다고 여겨질 만한 작품들만 선택할 수 있는" 유리한 권리를 부여하는 방향과 같다고 보았다. 이는 '크고 작은 미적 가치'가 저작권-적격성을 결정하는 결과를 초래하여 작품들

간의 불공정한 구별을 만들 것이기 때문이었다. 따라서 위원회는 저작권법이 공정하게 모든 형태의 인간 표현물에 적용된다는 점을 확고히 하기 위해서라도 컴퓨터 프로그램에 대한 보호를 연장하는 것은 필요하다고 주장했다. 실제로 그들은 이것이 미국이 "혼동 없이 노벨상 수상자와 컴퓨터 프로그래머들의 작품을 보호"하기에 충분히 광범위한 저작권법을 지닐 수 있는 유일한 방법이라고 주장했다.

소프트웨어 저작권에 대한 CONTU의 권고 사항은 의회에서 그 어떤 반대에도 직면하지 않았다. 1980년에 입법자들은 1976년 저작권법에 거의 배타적으로, CONTU의 권고 사항만을 포함시킨 개정안인 컴퓨터 소프트웨어 저작권법을 통과시켰다. 개정된 법안은 컴퓨터 프로그램을 소프트웨어 회사와 하드웨어 제조사들이 이해한 방향에 부합하도록 "컴퓨터에서 직접 또는 간접적으로 특정 결과를 야기하기 위해 사용되는 지시사항들의 집합"으로 정의했다. 이는 기하급수적인 컴퓨터 프로그램의 등록 수 증가를 초래했는데, 1980년 중반 저작권청은 1964년부터 1980년까지의 총 등록 수보다 천 건이 증가한, 연간 5천 건 이상의 컴퓨터 프로그램 등록을 수락했다. 1980년의 법안은 컴퓨터 프로그램이 새로운 종류의 저작권-적법성을 지닌 것으로 분류했고 기존 문학작품에 제공되었던 것과 유사한 정도의 보호를 제공했다. 이는 소프트웨어가 더 이상 1960년대처럼 문학 작품으로 분류될 필요가 없었음을 의미한다. 기업은 프로그래밍 언어로 작성된 어떠한 텍스트, 프로그램에 대한 구두 또는 그래픽 설명, 혹은 어떠한 지원 문서라도, 자료들의 모음을 저작권 등록을 위한 단일 묶음으로 제출할 수 있게 되었다.

1980년의 법령은 현재까지 이어지고 있는 소프트웨어 저작권 역사의 새로운 시대를 열었다. 새로운 법은 CONTU의 최종 보고서를 법원이 의회의 입법 의도를 파악하기 위해 쓰이는, 저작권의 역사적 기록이라는, 보기 드문 성격의 문서로 바꾸었다. 1983년 한 법원은 의회가 CONTU의 권고 사항을 문제없이 채택한다는 것 자체가 보고서가 이미 '의회의 의도를 반영'했다는 것을 의미한다고 주장하기도 했다. 그러나 1980년대에 전국 판사들은 프로그래밍 언어로 작성된 프로그램의 어느 부분이 저작권-적격성을 지닌 표현 요소들인지, 어느 부분이 기계의 작동에 필요한 단순 기술 요소들인지에 대해 고심해야 했다. 실제로 CONTU의 권고와 1980년 법안은 아직 해결되지 않은 어려운 퍼즐인, 컴퓨터 프로그램의 유용성으로부터 창의성을 구분해낼 수 있는 표준의 설정 문제를 남겨두었다. 1980년대의 개인 컴퓨팅용 소프트웨어 보급, 1990년대에 시작된 가정용 인터넷, 그리고 오늘날의 클라우드 컴퓨팅은 이 임무를 그 어느 때보다 어렵게 만든다.

결론

저작권법은 프로그래머, 경영인, 변호사, 그리고 일반 대중들이 소프트웨어의 존재론을 협상해가는 토대가 되었다. 컴퓨터 역사가들은 '소프트웨어'라는 단어가 역사적으로 우연한, 몇 가지 의미들을 지니고 있음을 인식해 왔다. 역사의 행위자들은 이 단어를 주로 제품, 서비스, 개념 또는 이들의 일부 조합을 일컫는 데 사용했으며, 이러한 용도는 프로그래머, 사용자 그리고 이들을 연결한 시장과 기관의 역사적 관계를 형성하는 데 중요한 역할을 했다. 소프트웨어 특허의 역사에 대한 최근 연구는 두 가지 의미에서 이 작업을 풍요롭게 그리고 풍부하게 확장했다. 먼저 역사적 행위자들이 '소프트웨어'라는 단어에 부여한 의미들의 집합과, 보다 중요하게 그들이 발전시킨 소프트웨어의 존재론들의 집합은 놀라울 정도로 다양하다. 둘째, 이러한 다양성에 대한 깊은 이해는 컴퓨팅 산업과 법률 간의 역사적 관계를 이해하기 위해 필수적이다. CONTU의 서사는 이러한 다양성이 소프트웨어 특허의 역사에만 국한된 것이 아님을 보이며, 동시에 컴퓨팅의 역사에 새로운 주제들을 제안한다. 최근 몇 년 동안 소프트웨어 역사가들은 사람들이 컴퓨터를 제조, 판매 또는 사용하는 맥락에 초점을 맞추어 왔다. 그들은 소위 정보화 시대에 어떻게 프로그램이 그것들이 사용되고 있는 지역 사회의 지식과 가치를 구현하는지와 같은 문제에 주의를 기울였다. 이 과정에서 그들은 소프트웨어의 역사가 젠더 정치, 세계화, 연방 기금, 그리고 규제와 같은 주요 주제들을 연구하는 풍부한 토대가 될 수 있음을 제시했다. 대조적으로 CONTU의 역사는 어떻게 "소프트웨어란 무엇인가?"라는 근본적인 질문이 기술과 재산으로서의 컴퓨터 프로그램의 출현을 촉발했는지를 다룬다. 다시 말해, CONTU의 역사는 역사적 우연성과 소프트웨어 존재론의 중요성에 대한 면밀한 관찰을 요구한다.

보다 일반적으로 소프트웨어의 역사는 담론이 어떻게 신기술이 뚜렷한 존재로서 출현하도록 돕는지에 대한 우리의 이해를 풍부하게 한다. 위원들이 주고받은 존재론은 불필요한 수사적 싸움이 아니었다. 대조적으로, 소프트웨어 존재론은 소프트웨어의 요건과 소프트웨어 저작권법의 개념적 토대 역할을 하도록 설계되었다. 물론 소프트웨어가 기술이라는 데는 의심의 여지가 없었지만 위원과 증인들은 그것이 텍스트인지 기계인지, 창작물인지, 또는 변화하는 성질을 지닌 존재인지 합의에 이르지 못했다. 의회에 권고 사항을 통지해야 하는 의무는 이러한 존재론 중 하나를 선택해야 함을 의미했으나 이러한 선택을 위해 적용된 메커니즘에는 컴퓨터 프로그램의 기술적 세부 사항을 검토하는 것이 포함되지 않았다. 대신 위원은 대기업과 무역 협회의 권위와 필요, 리클라이더와 님츠의 명성, 그리고 창의성과 저작권법에 대한 자신들의 견해에 의존했다.

CONTU의 서사는 또 소프트웨어에 대한 지식재산권 보호의 역사가 소프트웨어 존재론의 순차적인 고착화로 귀결되지는 않음을 보여준다. 이전 학자들은 판례법과 연방 정책을 연구하여 소프트웨어가 텍스트에서 기계로, 알고리즘에서 프로세스로 또는 일련의 정신적 단계에서 무형의 발명으로 이해되어왔으며, 이러한 서로 다른 이해가 각기 다양한 형태의 지식재산권 보호로 전환되는 토대로 기능했음을 보여주었다. 그러나 CONTU 위원들의 작업은 소프트웨어의 다양한 존재론/온톨로지(ontology)가 공존하고 서로 경쟁했음을 보여준다. 또한 각 견해는 지지자의 상업적 및 법적 상황을 대변했고 소프트웨어의 저작권 적격성에 대한 평가는 어떤 존재론이 승리해야 하는지를 결정할 수 있었다.

기술과 지식재산에 대한 추가적인 연구는 기술 제작자, 사용자 및 규제자가 다양한 존재론적 입장들을 어떻게 곡예하듯 주고받았는지에 대한 새로운 통찰을 제공할 것이다. 이 프로세스는 종종 신기술과 구기술 간의 비교에 의존하며 지식재산권법의 관행과 역사에서 반복적으로 관찰된다. CONTU 위원들과 마찬가지로 많은 연방 판사, 의원, 신기술 제작자 및 사용자가 그러한 기술의 본질을 구축하고, 이에 대해 토론하고 합의했다. 이들이 선호한 존재론 중 일부는 법원과 의회에 도달할 수 있었다. 물론 그들 중 더 적은 수는 새로운 법안이나 법원 판결의 토대가 되는 개념적 기반이 되었다. 연구자들이 이러한 문제를 탐구함에 따라 기술과 지식재산권의 역사는 이 과정에서 생존한 소수의 존재론이 어떻게 전체 산업을 망라할 수 있는 전투의 승자가 되었는지 계속해서 밝혀낼 것이다.

3

반공유재의 비극

3부에서는 지나친 지식재산권의 추구가 불러일으킨 여러 폐해와 지식의 공적 성격에 대한 인식이 생명공학과 정보산업에서 어떻게 나타났는지를 두 중요 사례 – 인간유전자 특허 논란과 프리 소프트웨어 운동 – 을 통해 살펴본다. 이를 통해 1990년대 이후 반공유재의 비극, 즉 지식의 지나친 사유화에 대한 비판이 어떻게 등장했으며, 이 과정에서 지식의 공공적 성격이 어떻게 강조되기 시작했는지를 논의해본다.

유전자와 생명의 사유화, 그리고 반공유재의 비극 : 미국의 BRCA 인간유전자 특허논쟁

저자 : 이두갑

2009년 5월, 미국의 시민권자유연맹(American Civil Liberties Union, ACLU)과 공공특허재단(Public Patent Foundation)은 20여 명의 환자, 그리고 유전학, 임상의학, 병리학에 관련된 여러 과학 및 의학단체들을 포함하는 원고들(plaintiffs)을 대표해서 두 개의 인간유전자(BRCA1 & BRCA2)들에 부여된 특허들에 대한 소송을 뉴욕주 남부법원(United States District Court Southern District of New York)에 제기했다. 이 두 인간유전자들은 여성의 유방암과 난소암의 발병에 연관된 유전자들로, 이 유전자에 (돌연)변이가 발생할 경우 이들에게 암이 발병할 확률이 증가한다고 알려졌다. 그 후 이 유전자들의 변이를 검사하는 여러 유전자검사법이 개발되었고, 특히 미리아드사(Myriad Genetics, Inc.)는 1990년대 말부터 이 두 유전자에 대한 여러 특허권을 취득했고 변이를 진단할 수 있는 테스트에 대한 독점권을 지니고 있다. ACLU는 여러 원고들을 대표해서 이 두 인간유전자에 부여된 7개의 특허권을 무효화할 것을 주장하면서, 이들 특허권을 소유하고 있는 미리아드사와 유타대학연구재단(University of Utah Research Foundation), 그리고 이에 특허들을 부여한 미국 특허상표청(United States Patent and Trademark Office, USPTO)을 피고로 제소하며 소송을 제기하였다.

이 소송을 제기한 ACLU의 법적 논거는 크게 두 가지로 요약할 수 있다. 첫 번째는 이 BRCA특허들이 미국 특허법101조 (Patent Act, 35 U.S.C. § 101 (1952))에 위배된다는 것이다. 특허법상의 특허 가능한 대상을 정의한 이 101조에 따르면 자연의 산물(products of nature)이나 자연에 대한 법칙(laws of nature)등은 인류공동의 소유물로서 개인의 사적소유를 허용하는 특허의 대상에 포함될 수 없다. ACLU는 인간유전자 역시 자연의 산물로서 사적 소유의 대상이 될 수 없다고 주장하였다. 두 번째는 인간유전자 관련 특허를 허용하는 특허청의 결정이 미 헌법 수정 제1조항(the First Amendment)이 보장하는 자유로운 정보소통과 개인의 자유권에 대한 여러 권한을 침해한다는 것이다. ACLU는 인간유전자 자체에 대한 독점적 특허의 부여가 과학적 지식과 정보의 자유로운 교환을 저해하고, 한 기업이 개인의 유전정보를 독점할 수 있는 가능성을 열어주었다고 비판하였고, 이 특허가 유전자 검사와 이의 사용을 제한하여 여성의 건강에 대한 권한을 심각하게 침해한다고 주장하였다. 나아가 ACLU의 이번 소송은 특정 BRCA 유전자 특허들에 제한된 법적인 문제를 제기하는 것을 넘어 모든 인간유전자 특허의 법적 정당성에 대한 근본적인 도전이며, 따라서 이 소송의 결과는 인간유전자의 사적소유에 기반해 각종 신약과 진단기술을 개발해오고 있는 생명공학산업계에 큰 여파를 미칠 것으로 예견되고 있다.

이 글은 인간유전자 특허를 둘러싼 여러 경제적, 윤리적, 법률적 쟁점들에 대한 역사적 고찰을 위해 쓰여졌다. 첫 도입부에서는 미국의 인간유전자 특허의 현황에 대해 간략히 소개한 후 현재 그 법적, 정책적 준거틀로 사용되는 2001년 미 특허청의 공식입장과 정책의 형성과정을 살펴본다. 이를 위해 저자는 1980년 이후 생명공학의 발전으로 등장한 유전자조작 생명체(genetically-engineered organisms)에 관한 특허논쟁을 시작으로 1990년대 인간유전체 프로젝트(Human Genome Project)를 통해 밝혀진 인간유전자 염기서열에 대한 사적소유의 논쟁에 걸쳐 나타난 여러 법적, 윤리적 쟁점을 정리해 보일 것이다. 이를 통해 2000년에 이르면 생명공학산업계와 특허청이 인간유전자를 화학물질(chemical compounds)로 재정의하고 화학물질에 대한 특허의 준거틀을 인간유전자에 적용해 나가면서 이에 대한 특허의 범주와 이의 법적, 윤리적 정당성을 구축해 나갔음을 볼 수 있을 것이다.

다음으로 인간유전자 특허의 정당화가 1970년대 이후 미국에서 나타난 지식재산권과 지식경제의 확장이라는 커다란 정치경제적 맥락에서나 가능했던 것이라며 생명공학에서의 지적 사유화의 광범위한 확대로 나타난 여러 이슈들에 대한 최근의 비판적 논의를 검토해 볼 것이다. 사실 1980년대에는 경제불황을 타개하는 방편으로, 그리고 지식경제의 등장에 대응하는 한 방편으로, 지식의 사유화를 통해 미국경제의 발전을 유도하려는 미 정부와 정책 입안가들에 의해 도입된 새로운 지식재산권 관련 제도와 법안들은 생명공학의 등장과 발전에 주요한 역할을 했다. 하지만 1990년대 들어 여러 학자들은 인간의 건강과 생명의 존엄성에 관련된 여러 생의학 영역에서의 지나친 지식재산권의 사유화 추구가 오히려 의학과 생명공학의 발전을 저해하고 여러 법적, 경제적, 윤리적 문제를 불러일으키고 있음을 지적하기 시작했다. 흔히 반공유재의 비극(the tragedy of anticommons)으로 불리는 지식재산권의 한계에 대한 최근의 논의는 ACLU가 인간유전자 특허가 지닌 여러 문제점들을 지적하는데 필요한 여러 논거들을 제공해주었음을 볼 수 있을 것이다.

이 글의 세 번째 부분에서는 BRCA 유전자특허소송의 여러 쟁점들에 대한 분석을 통해, 이 소송이 1980-90년대를 거치며 정립되어온 생명과학에서의 지식재산권 체제에 대한 여러 법률적, 정치경제적, 윤리적 가정들에 도전해 온 여러 과학기술학적 연구결과들을 적극적으로 활용하고 있음을 보일 것이다. 기존의 인간유전자 특허 관련 연구들이 이의 법률적 논리와 윤리적 정당성에 대한 규범화된(normative) 분석에 초점을 두었다면, 이 글은 무엇보다 ACLU가 인간유전자가 생물학적 정보(biological information)를 지닌 자연물임을 주장하면서 인간유전자 특허의 문제를 단순히 특허법상의 기술적인 문제일 뿐만이 아니라 과학기술지식과 이의 사적소유를 둘러싼 광범위한 법적, 정치경제적, 그리고 윤리적 문제들로 새롭게 재정의했음을 지적한다. 무엇보다 ACLU 소송의 기저에 인간유전자의 화학적 정의에 대한 비판뿐만 아니라 첨단생명공학의 시대에 점차 주요한 이슈로 부상되고 있는 지식재산권과 과학적 창의성, 공적 지식과 기술혁신의 문제, 그리고 특허와 인권, 의료보건에 대한 권리에 대한 새로운 이해가 존재하고 있다. ACLU와 미리어드사간의 소송은 21세기 과학기술사회에서 지식재산권의 정의와 그 범주, 그리고 이의 소유권을 둘러싼 논쟁이 단순히 특허법상의 기술적인 문제를 넘어, 지식의 사적소유와 공공의 이익 추구, 과학과 의학 공동체의 창조적 지적활동과 환자들의 인권과 윤리의 문제가 복잡다단하게 얽혀있는 것임을 보여주고 있다.

생명체와 인간유전자 특허에 대한 법적 논쟁들의 역사와 쟁점

1) 인간유전자 특허현황

1906년 3월 20일 미국 특허청은 Parke-Davis & Co. v. H.K. Mulford Co. 소송(1911)에서 처음으로 인체로부터 추출된 생물학적 산물인 아드레날린(adrenaline)을 인체의 일부가 아닌 독자적인 화학물질로 간주하면서 이에 대한 특허를 인정했다. 그렇지만 그 이후로도 생명체 자체에 대한 특허는 특허법 101조에 의해 불허되어왔다. 생명체의 사적소유를 허용한 첫 판결은 1980년 미대법원의 다이아몬드 대 차카바티(Diamond v. Chakrabarty) 판결로, 이후 특허청은 생명공학기술에 의해 인공적으로 제조된 새로운 형태의 생명체에 제한해 사적 소유를 인정했다. 이 판결 이후로도 인간 신체의 일부에 대한 특허는 계속 허용되지 않았지만, 1982년 캘리포니아대학과 생명공학회사 제넨텍(Genentech)의 생물학자들이 인공적으로 합성한 인간호르몬유전자에 첫 인간유전자 특허가 부여된 사례가 있었다. 특허청은 1990년대부터 유전자염기서열(DNA sequences)을 신체로부터 추출된 생물학적 물질이 아닌 단순한 화학물질로 간주하며 이러한 인간유전자에 대한 사적 소유를 인정하는 특허권을 부여해왔으며, 2000년대 이후 유전체학(genomics)의 발달로 인해 많은 수의 인간유전자들에 대한 특허가 부여되기 시작했다. 인간유전자 특허의 소유자는 이 유전자의 서열과 이 염기서열들의 화학적 구성, 그리고 이의 어떠한 이용과 응용에 대해서도 배타적인 권한을 갖는다. 만일 특허소유자의 허락 없이 특허가 부여된 유전자를 사용해서 질병을 진단하는 새로운 기술을 개발하거나 새로운 치료물질을 합성하면 이 유전자 특허를 침해하는 것이고 따라서 특허소유권자로부터 소송을 당할 수 있다. 다른 미국의 특허들과 마찬가지로 유전자 특허는 이를 신청한 시점으로부터 20년 동안 인정된다.

얀센과 머레이의 연구결과에 따르면 2005년 현재 미국립생명공학정보센터(National Center for Biotechnology Information)의 유전자 데이터베이스에 등록되어 있는 23,688개의 총 인간유전자 중 4,382개의 인간유전자들이 '지식재산권'으로 취득되어 사적 소유물이 되었으며, 이들 특허의 64%를 이윤을 추구하는 사기업들이 소유하고 있다. 이는 곧 인간유전자의 20%가 이미 과학자들이나 대학, 생명공학회사나 제약회사들에 의해 특허취득 되어있음을 보여준다. 또한 인간유전자 중 여러 각종 질병들 - 희귀질병을 포함하여 - 과 연관되어 있음이 밝혀진 여러 유전자들 – 예를 들어 알츠하이머(Alzheimer)나 천식(asthma), 그리고 몇몇 종류의 결장암(colon cancer)과 같은 – 역시 사유화 되어있다.

2) 생명에 관한 특허 논의의 역사

유전자 특허에 관한 논쟁의 법적, 정치경제적 준거틀은 1970년대 말 이후 유전공학의 산물로 나타난 여러 생명체들의 특허에 대한 여러 논쟁을 통해서 형성되었다. 미국에서 생명에 관한 특허가 본격적으로 논의된 것은 생명공학이 발전하기 시작한 1970년대 말, 미 연방대법원에 심사한 다이아몬드 대 차카바티(Diamond v. Chakrabarty) 소송을 통해서였다. 당시 GE(General Electric)사의 미생물학자 차카바티(Ananda Chakrabarty)는 여러 박테리아들을 재조합해서 석유를 분해할 수 있는 특정 박테리아군을 제조하고 이에 대해 특허를 신청했다. 특허청은 이 박테리아가 자연의 산물이라는 이유로 특허의 대상이 될 수 없다고 결정했다. 하지만 차카바티는 자신이 변형시킨 박테리아 자체를 자연의 산물이라고 해석하는 특허청의 결정에 반발, 이 박테리아가 과학자의 기예를 통해 만들어진 독특한 인공물이라 해석하는 것이 타당하다며 소송을 제기했다.

1980년 미 연방대법원은 미생물학적 조작을 통해 만들어진 박테리아가 자연에 그 자체로는 존재하지 않는 인간의 제조물이고, 따라서 특허청이 이에 대한 지식재산권을 인정해야 한다고 판결했다. 미 대법원의 이러한 판결은 실험실에서 조작된 박테리아나 특정 세포는 이제 자연의 산물이 아니라 과학자에 의해 창조된 인공물이고, 이러한 생의학 물질들을 추출하고 가공한 생명과학자들이 이의 지식재산권을 소유할 수 있다고 처음으로 명시한 것이었다. 이 판결은 광범위한 생명형태의 여러 물질들(life forms)의 인공성(artificiality)을 인정하고, 이들에 대한 사적소유의 길을 열어주면서 생명체의 조작을 통해 이윤을 추구하는 생명공학산업의 법적인 토대를 마련해 주었다.

유전공학에 의해 새롭게 만들어진 박테리아에 대한 특허는 시작에 불과했다. 1980년대 이후 지식재산권의 범주가 확장되면서 특허청은 광범위한 생의학 연구기술들과 시약, 존 무어(John Moore)라는 환자로부터 추출된 세포라인(cell line)과 같은 생의학 물질들에 대한 사적인 소유와 권리 또한 적극적으로 인정하기 시작했다. 1985년 샌프란시스코의 시투스(Cetus)에 근무하던 멀리스(Kary Mullis)라는 생화학자는 특정 DNA 부위를 무한정 증폭할 수 있는 PCR(polymerase chain reaction)이라는 광범위한 기초연구기술을 개발해 특허출원했다. 1980년대 중반을 지나며 생명과학의 각종 연구 물질들이나 생명체들, 그리고 일반 분자생물학 연구에 필수적이며 광범위한 연구에 사용될 수 있는 PCR, DNA Chip, 그리고 DNA 분석기술과 같은 연구기술들에 대한 특허가 줄지어 출원되었고 대학과 생의학 연구기관들, 그리고 생명공학회사들은 이를 또 다른 수익의 원천으로 이용하기 시작했다. 급기야 1988년 하버드 대학은 유전공학 기술을 이용해 암 유발 유전자를 지닌 실험용 생쥐-온코마우스(OncoMouse)-에 대한 특허를 취득하며, 지식재산권이 법적으로 인정된 이래 최초로 다세포 생물인 고등생명체에 대한 사적 소유권을 부여받았다. 온코마우스는 생명체 사상 처음으로 비즈니스 잡지 『포춘 Fortune』의 '올해의 상품(Product of the Year)'으로 선정되면서 생명체의 사적소유와 상업화에 대한 커다란 논란을 불러일으켰다.

3) HGP 와 인간유전자 특허 논쟁

1980년대 이후 특허청은 인간을 제외한 여러 식물과 실험용 생쥐에게 특허를 부여해왔지만, 인간이 특허의 대상이 될 수 없다는 정책에는 변함이 없었다. 하지만 인간유전자의 경우 다소 다른 선례가 존재했다. 특허청은 생명공학회사 제넨텍에게 1982년 합성 인간인슐린 유전자와 1987년 합성 인간성장

호르몬 유전자에 대해서, 이 유전자들이 자연에 존재하는 형태가 아닌 DNA 염기서열의 합성을 통해 만들어진 인공 인간 유전자들이라는 이유를 들어 특허를 허용하였다. 이는 호르몬이나 백신과 같이, 화학적으로 인간에 의해 가공되거나 합성된 자연의 산물에 대해서는 특허를 부여한다는 법적 논리의 연장선상에서 주어진 것이었다.

1990년대 초반 미국립보건원(National Institutes of Health, NIH)의 생물학자였던 벤터(J. Craig Venter)는 인간유전자 단편들에 대한 광범위한 특허를 신청했다. 이는 인공적으로 합성된 인간유전자 특허의 선례를 넘어 인체에서 직접 추출된 인간유전자 특허에 대한 큰 논쟁을 촉발하는 계기가 되었다. 벤터의 실험실은 인체로부터 임의로 추출된 DNA 단편 조각들의 서열(발현된 염기서열표식(Expressed Sequence Tag, 이하 EST))들을 분석하였다. 그는 이 EST가 이 DNA가 속했던 특정한 유전자를 식별할 수 있는 성질을 지녔고, 때문에 이 EST가 인간유전자를 대표하는 표식으로 간주될 수 있다고 주장하면서 1991년 초 국립보건원과 함께 이에 대한 특허를 신청해 큰 논란을 일으켰다. 10만개 정도의 인간유전자가 존재한다고 가정했던 1990년대 초반 당시에 벤터의 특허출원이 받아들여진다면, 상당히 많은 수의 인간유전자에 대한 특허를 취득할 수도 있는 상황이었다. 실제로 벤터의 실험실과 국립보건원은 이미 1994년 초반 7,000개 정도의 EST와 그에 상응하는 인간유전자들에 대한 특허권 취득을 신청했다.

많은 특허전문가들과 변호사들, 그리고 과학자들은 벤터의 EST 특허신청에 대해 회의적인 입장을 표명했다. 무엇보다 특허권의 취득을 위해서는 이 발견/발명이 '명백하지 않아야(nonobvious)'하며 또 이의 '유용성(utility)'을 입증해야 한다. 벤터는 EST가 특정 세포나 염색체 상의 유전자의 발현을 밝혀줄 수 있는 검증도구로 사용될 수 있는 유용성을 지니고 있다고 주장했다. 하지만 과학자들과 특허전문 변호사들은 EST에 대한 정보만으로는 그 특정 인간유전자의 기능과 유용성을 밝힐 수 없음을 지적했다. 또한 벤터의 특허시도가 생물학과 의학의 기초를 이루는 기본원소와 같은 인간유전자에 대해 특허권을 청구하는 것이라며, 이는 마치 주기율표에 존재하고 있는 원소와 주기율표에 대한 특허를 주장하는 것과 같이 기초적인 자연의 산물과 법칙에 대해 사적인 소유를 주장한 것이라 비판했다. 당시 인간유전체 프로젝트의 총괄 책임자로 있었던 생물학자 제임스 왓슨(James D. Watson)은 이러한 특허출원 시도를 반대하며 1992년 4월 프로젝트의 총 책임자 자리에서 사퇴하기도 했다. 같은 해 8월 특허청은 벤터와 국립보건원의 특허신청을 기각하며, 이들이 신청한 여러 인간유전자에 대한 특허 출원들이 "애매하거나 너무 광범위하고, 잘못 기술되거나 부정확하며, 또 이해할 수 없는(vague, indefinite, misdescriptive, inaccurate, and incomprehensible)" 것이라며, 이들의 특허 신청을 기각했다. 결국 특허취득에 실패한 벤터는 국립보건원 연구직을 사직했으며, 1994년 국립보건원은 사실상 EST 특허신청을 포기하는 결정을 내렸다.

인간유전자의 특허에 대한 법적 논쟁은 1980년대 이후 여러 생명체들을 대상으로 한 특허의 확대와 맞물리며 생명체의 사적소유에 대한 윤리적인 논쟁 또한 촉발시켰다. 동물권익활동가들, 환경주의자들, 그리고 종교계의 여러 원로들은 인간유전자 특허의 허용이 생명의 사유화와 상업화를 합법화해 신성한 인간의 존엄성을 침해하는 것이라며 이에 반대했다. 1992년 미국 국회는 인간유전자 특허에 대한 윤리적 문제들에 관한 공청회를 열었다. 하지만 생명공학산업계와 의학계의 대부분이 인간유전자 특허에 대한 법적, 윤리적 제한을 추구하는 여러 조치가 의학의 발전과 미국이 절대우위를 점하고 있는 생의학 기술의 국제 경쟁력을 저하할 것이라며 이러한 논의에 크게 반발했다. 결국 미 상원은 윤리의 문제와 지식재산권의 문제는 별개의 것이라며 유전자 특허에 의한 윤리적 문제들에 대한 판단을 잠정 보류하기로 결정했다. 이에 1995년 180여개의 종교단체들과 사회단체들은 인간유전자와 유전자조작된 동물들에 대한 사유화를 반대하는 성명을 발표했으며, 다음 해인 1996년 69개국의 여러 여성단체와 보건운동단체들은 BRCA1, 2에 대한 특허의 시도를 반대하는 청원을 특허청에 제출하기도 하였다. 결국 특허청은 1999년 인간유전자와 DNA 염기서열의 특허에 관한 정책지침에 대해 대중과 과학자들, 그리고 여러 과학의학 기관들에게 조언을 구하며 특허청의 유전자 특허정책에 대해 광범위한 재검토에 착수하였다.

4) 특허청의 인간유전자 특허 정책

2001년 인간유전자 특허를 둘러싼 오랜 논쟁의 종지부를 맺으려는 의도에서 특허청은 2001년 5월 연방관보(Federal Register)에 발표한 "유용성 심사 지침들(Utility Examination Guidelines)"에 인간유전자 특허를 정당화하는 공식입장을 재표명했다. 이 지침은 특정한 인간유전자 서열조각은 단순히 자연에 있는 사실을 과학적으로 기술한 것이 아니라, 새롭고 유용한 물질을 '발명하거나 발견(invent or discover)'했다고 간주될 수 있다는 측면에서 특허 심사의 대상이 될 수 있다고 주장한다. 과학자들이 추출하고 혹은 합성한 특정 인간유전자 염기서열은 분자적인 수준에서 '자연 상태로부터 분리되어 있으며 정제되어 있기 때문에(isolated from their natural state and purified)', 즉 이들 추출된 인간유전자가 자연상태에서 이와 완벽하게 동일한 분자화학적 상태로 존재하지 않기 때문에 특허의 대상이 될 수 있다고 발표하였다. 특허청은 이러한 논거의 선례로, 1873년 파스퇴르(Louis Pasteur)의 효모(yeast)에 대해 이를 자연물이 아닌 인간의 제조물로 인정하고 이에 대해 특허를 수여(U.S. Patent 141,072)했음을 제시했다. 또한 특허청은 아드레날린(adrenaline)과 같은 인체추출물에 대해서도 이들이 자연상태에서는 특허대상과 완벽하게 동일한 분자화학적 상태로 존재하지 않기 때문에 이들을 특허 대상으로 간주했음을 밝혔다.

특허청은 화학물질에 대한 특허의 준거틀을 유전자에 적용했을 경우 유전자 특허의 법적인 정당성을 부여할 수 있을 뿐만 아니라 무엇보다 인간유전자의 특허를 둘러싼 주요한 윤리, 도덕적인 문제를 피해갈 수 있다고 지적했다. 인간유전자를 분자적 수준의 화학물질로 인식했을 때 특허대상의 유전자는 자연상태로부터 분리, 정제되었거나 합성된 DNA에 제한된다. 따라서 자연상태의 인간유전자는 특허의 대상에서(곧 사유화나 상업화의 대상에서) 제외되고 그렇기 때문에 인간유전자 특허가 존엄한 인간의 신체 일부를 사유화하거나 이의 상업화를 초래할 수 있다는 주장은 인간유전자 특허의 범주를 잘못 이해하고, 오히려 윤리, 도덕적인 잣대로 인간유전자 특허를 비판한 것에 불과하다는 것이다.

특허청의 인간유전자에 대한 화학적 재정의는 인간유전자 특허의 법적, 윤리적 정당성을 부여할 뿐만 아니라, 유전자 특허 출원 시 요구되는 유전자의 기능과 유용성, 그리고 유전자 특허의 적용 범위의 결정에도 큰 영향을 미치는 것이다. 새로운 화학물질에 대한 특허를 출원할 당시 이의 발명/발견자들이 한 가지의 유용성만을 입증하면 이에 특허를 부여받을 수 있다. 그리고 일단 한 화합물에 대해 특허를 부여받으면 비록 특허 신청 시 입증할 수 없거나 알려지지 않았더라도, 차후에 발견된 물질의 어떠한 유용성과 그 응용들에 대해서도 독점적인 권한을 부여받을 수 있다.

특허청은 화학물질에 대한 특허제도와 실행을 인간 유전자 특허에 적용해 결과적으로 유전자 특허를 초기에 취득한 이들에게 사후 이 유전자에 기반한 발견이나 새로운 기술개발에 대한 특허소유권의 권한을 광범위하게 재정의하였다. 즉 한 인간유전자의 발명/발견자가 특허 신청 시 이 유전자가 지닌 단 한 가지의 유용성이라도 입증할 수 있으면 이후 이 유전자 특허권의 소유자가 해당 유전자에 기반한 모든 유용한 발명/발견에 대한 권한을 그 특허의 신청기간부터 20년간 독점적으로 지닌다. 특허청은 이러한 유전자 특허 정책이 이 유전자와 관련된 의학연구를 저해하기보다는 발명의 초기 단계에서 이 유전자의 소유권자에게 광범위한 소유권을 특허 유효기간 동안 부여하고 그 특허 유전자와 관련된 생의학 연구개발에 투자할 수 있는 유인을 제공해주기 위한 것이라는 점을 강조한다. 이러한 배타적인 소유권을 유전자의 발명/발견자에게 폭넓게 부여, 이에 기반한 각종 질병진단 기술이나 신약 개발을 도울 수 있도록 유전자 관련 지식재산권 규정들을 제정하는 것이 기술혁신과 경제개발을 장려하는 상무부(Department of Commerce) 산하에 있는 특허청의 권한이자 의무라는 것이다.

지식재산권의 확대와 사유화,
그리고 반공유재의 비극

1) 1970년대 지식재산권의 확대와 공유재의 비극

이 절에서는 인간유전자 특허의 허용과 확대의 기저에 1970년대와 1980년대 지식경제의 부상을 거치며 등장한 지식재산권의 범주에 대한 확장적 이해와 특허의 독점권에 대한 새로운 경제학적 재해석이 존재하고 있음을 지적할 것이다. 무엇보다 지식재산권의 확대의 기저에는 지식경제사회의 부상이 있었다. 지식경제학의 선구자였던 프린스턴대학의 경제학자 프리츠 맥클럽(Fritz Machlup)은 이미 1960년대 초반, 지식의 생산과 분배, 그리고 소비가 국가총생산(GNP)의 29%를 차지하고 있으며, 이러한 지식경제영역이 다른 산업영역에 비해 급성장하고 있다며 지식의 경제적 가치에 대한 새로운 경제학적 논의가 필요함을 역설했다. 지식경제의 부상과 맞물리면서, 1970년대 미국에서는 지식의 사유화를 가능하게 하는 여러 지식재산권 제도가 정비되고, 생명과학에서의 지식재산권의 범주 또한 크게 확대되었다.

우선 1970년대까지 특허청은 특허의 적용 범위를 인간이 만든 인공물이나 합성화학물, 그리고 자연상태로 존재하지 않는 추출되거나 정제된 신물질로 한정했다. 특허청의 이러한 자연물 특허불가라는 방침은 보편적인 지식과 자연물의 사적 소유를 허용하지 않았다. 이런 지식재산권에 대한 이해는 1950년대 이후 고수되어온 특허와 독점, 그리고 경제발전에 대한 제한적 태도를 강화했다. 맥클럽과 같은 경제학자들과 법학자들은 지식재산권이 한 기업의 시장 독점지배를 가능케 하는 수단으로 활용될 것을 우려하면서 지식재산권의 무리한 적용과 확대에 반대해왔다. 맥클럽의 이러한 주장은 1950년대 공표되어 이후 과학기술과 같은 창의적 지적 산물들이나 방송공중파(air wave)와 같은 사회에 근본적인 역할을 수행하는 여러 자원에 대한 제한적 소유나 공적 소유를 뒷받침하는 데 큰 영향을 미쳤다.

1970년대 들어 본격적으로 등장하기 시작한 시카고 학파 법경제학자(law and economics)들의 지식재산권에 대한 확장적 이해는 공적 지식의 사유화를 법률적으로 정당화시키는데 중요한 역할을 했다. 시카고 대학(University of Chicago)에 기반을 둔 몇몇 경제학자들과 법학자들은 공중파나 환경자원과 같은 공공인 성격의 자원들의 배분과 같이 시장원리에 따라 해결할 수 없을 것으로 여겨진 여러 공공재의 문제들이 역설적으로 보다 적극적인 시장원리의 도입을 통해 해결될 수 있을 것이라 주장했다. 일례로 하딘(Garrett Hardin)은 1968년 논문 "공유재의 비극(The Tragedy of the Commons)"에서 수자원 고갈과 오염과 같은 환경문제의 원인을 공유재산으로 인한 시장의 실패라는 준거틀로 바라볼 것을 제시하면서 공공재의 문제가 광범위하게 논의되기 시작했다. 이러한 공공재의 경제적 비효율성에 대한 인식은 시카고 법경제학자들의 사유화 논의에 부합하는 것이었다. 이들은 공공재의 공적소유(public ownership)를 고수하기 보다는 적절한 사적재산권(property right)을 부여하는 공공재의 사유화를 통해 이들 공공재가 사회적으로 보다 효율적으로 분배될 수 있다고 주장했다.

대표적인 시카고 법경제학자 중 한명인 키치(Edmund W. Kitch)는 1970년대 이후 지식재산권 확장에 대한 이론적 기반을 마련했다. 그는 1977년에 "특허제도의 본질과 그 역할(The Nature and Function of the Patent System)"이라는 영향력 있는 논문을 발표해 지식재산권의 적절한 부여가 기존의 여러 공공재 분배 문제를 해결해 줄 수 있을 것이라 주장했다. 키치에 의하면 특허제도는 발명가에게 자신의 혁신이나 기술을 더 효율적으로 제어하고, 이에 대한 투자와 개발을 촉진시키는 수단을 제공함으로써 혁신과 이를 통한 경제적 발전을 가능하게 하는 제도였다. 그는 대부분의 특허가 상업화되는 데 30~40년이라는 오랜 시간에 걸친 투자가 필요하다는 연구결과를 인용하면서, 특허제도의 중요한 기능은 오히려 특허를 통해 여러 기술적 가능성을 실현하는 데 필요한 기술과 자본에 대한 법적 통제권을 특허소유자에게 제공함으로써 경제성장에 기여하는 것이라 주장했다. 키치는 이러한 특허의 가능성 이론(prospect theory)에 근거하여 지식재산권의 확대를 통해 공적 지식의 사유화를 가능하게 함으로써 이들에게 발명의 상품화/혁신화에 투자할 수 있는 법적, 경제적 유인을 마련해 줄 필요가 있음을 역설했다.

특허제도와 지식재산권, 기술혁신, 경제발전에 대한 키치의 이해는, 20세기 중반 이후 대학이 첨단과학기술 연구의 거점이 되었지만 그 연구 결과물들이 상업화될 수 있는 길이 막혀 미국 경제에 온전히 기여하지 못하고 있다는 인식과 잘 조응했다. 무엇보다도 연방정부의 후원 하에 공적 지식으로 존재할 수 있었던 대학의 과학기술지식에 대한 사유화를 주장했던 법경제학자들의 이론은, 1970년대 이후 대학 행정가들과 과학기술자들, 그리고 정부의 정책입안자들 사이에서 대학의 지식재산권을 효과적으로 관리하고 이의 범주 또한 확장해야 할 필요가 있음을 인식시켰다. 1970년대 경제 불황기를 거치며 미국의 연구 대학은 대학의 내외부에서 지식재산권 관리에 필요한 기술이전국과 같은 제도를 도입했으며, 미연방정부 역시 특허협약(institutional patent agreement)등을 통해 과학기술 관련 지식재산권 체제를 정비하며 대학 내 공적지식의 사유화를 추구해 나갔다. 나아가 1980년대 제정된 바이-돌 법안(Bayh-Dole Act)은 대학과 대학의 연구자들이 연방정부의 공적자금을 지원받은 연구결과와 발명들을 사적으로 소유할 수 있도록 하면서 연구와 지식의 사유화와 상업화를 장려했다. 이러한 지식재산권 체제의 정비와 확장 아래 대학은 연구와 교육뿐만 아니라 경제 발전에도 직접적으로 기여해야 할 또 다른 의무를 지니게 되었다.

2) 생명공학산업의 성장과 지식재산권의 한계

1970~80년대 지식재산권 관련 법률체제의 정비에 기초한 생명과학과 관련된 지식의 사유화는, 1980년대 이후 생명공학이라는 새로운 산업의 탄생을 가능하게 했다. 1980년 제넨텍의 첫 주식시장 상장을 시작으로, 암젠(Amgen), 진자임(Genzyme), 하이브리텍(Hybridtech)과 같은 생명공학회사들은 유전자재조합기술과 하이브리도마(hybridoma) 같은 기술을 바탕으로 신약개발과 각종 연구관련 기술개발에 성공하면서 새로운 제약시장을 개척하며 커다란 부를 창출하였다. 하지만 이들 첫 세대 생명공학회사들의 성공은 매우 제한적인 것이었다. 무엇보다도 신약개발과 같이 투자자금의 규모가 크고, 개발기간도 긴 프로젝트를 진행하기 위해서는 막대한 양의 자금을 장기간에 걸쳐 유치하고 투자해야 하는데, 거대 제

약회사가 아닌 소규모 신생 생명공학회사들로서는 벤처자금과 같은 단기자금에 기대는 경우가 많아 재정적인 불확실성이 컸다. 게다가 투자자들과 회사의 경영인, 그리고 과학자들 자신도 사업의 초기 단계에서 신기술의 경제적인 가치나 이의 의학적 유용성에 대해 큰 불확실성을 감수해야 했다. 많은 초기 생명공학회사들이 큰 성과를 내지 못하고 1980년 중반에 파산하거나 제약회사들로 합병되었다.

1990년대를 지나면서 생명공학산업이 다른 첨단 과학기술 기반 산업들에 비해 보다 구조적으로 여러 경제적 위험과 불확실성을 지니고 있음을 지적하는 연구가 등장하기 시작했다. 하버드 경영대학의 게리 피사노(Gary P. Pisano) 교수는 1975년부터 2004년까지 생명공학산업분야의 수익(revenues)과 수익률(profitability)을 조사해 이 산업 전반의 수입은 점차 늘어났지만 수익률 전체는 마이너스에서 0%에 가깝다는 사실을 지적했다. 생명공학산업의 30년 성과는 미미하며 대부분의 생명공학회사들은 투자원금조차 회수하지 못한 경영실적을 보였다는 것이다. 피사노는 생명공학산업 전반의 낮은 수익률이 무엇보다도 특허의 취득과 이에 바탕한 독점권 행사를 통해 수익을 산출하려는 비정상적인 산업구조에 기인하다고 지적한다. 대부분의 생명공학회사들이 새로 개발된 생명공학기술에 기반해 창립되는데 이들 기업들은 여러 재정적이고 과학적인 이유로 장기간에 걸친 신약개발의 어려움과 기술의 경제적 불확실성을 최소화하는 방법을 선택할 유인이 크다. 따라서 많은 생명공학회사들이 이들이 지닌 신기술이나 연구물질 등에 광범위한 특허를 초기에 취득해서 이 특허의 라이센스나 판매를 통해 단기간에 수익을 올리려는 전략을 취해왔다는 것이다. 실제로 1990년대 등장한 어피메트릭스(Affymetrix), 셀레라(Celera), 그리고 휴먼지놈사이언스(Human Genome Sciences) 같은 2세대 생명공학회사들은 연구기술과 관련된 생화학 물질들의 특허권 확장을 기반으로, 제한된 사업영역을 구축해나갔다.

역설적으로 생명공학산업의 성장과 지식재산권 확대에 기반한 기형적 사업전략 때문에 이미 1980년 중반부터 거대 제약회사나 다른 생명공학회사들은 신약개발에 유용할 수 있는 몇몇 주요 신기술들의 특허권을 높은 비용 때문에 취득하지 못하고, 이 때문에 신약개발을 포기하는 사례도 종종 발생했다. 사실 1970년대부터 본격적으로 변화되어온 지식재산권체계, 특히 수많은 과학지식의 사유화와 생명체로까지 확장된 지식재산권의 범주에 대한 우려는 생명공학산업 등장 초기부터 제기되어왔다. 1974년 '퍼블릭 시티즌(Public Citizen)'이라는 비영리단체는 기초생의학 분야의 사적특허를 가능하게 하려는 연방정부의 정책에 반대해 소송을 벌이며 세금으로 지원된 과학기술연구결과들의 사유화가 생의학 분야 지식의 교류와 발전을 막을 수 있음을 우려했다. 생명공학의 탄생에 지식의 사유화와 지식재산권의 확대가 큰 기여를 했지만, 지나친 지식재산권의 확대가 여러 새로운 문제를 가져올 수 있다는 인식은 생명공학의 발전과 지식재산권의 확장 사이의 관계가 단선적이지만은 않다는 것을 보여준다.

3) 생명공학에서의 반공유재 (Anticommons)

1970년대와 1980년대를 거치면서 과학지식의 지식재산권을 통한 사유화와 지식재산권 범주의 확장에 대한 법률적이고 경제적인 근거와 토대가 마련되었다면, 1990년대를 거치며 일군의 법학자들과 경제학자들은 공공재와 지식의 사유화가 사회 전반의 이익에 부합하지 않음을 지적하기 시작했다. 이들은 광범위한 영역의 사유화가 시장경제의 원리를 공공재의 문제나 공적인 지식의 사용을 촉진해 '공공재의 비극'을 막는다는 시카고 학파의 법경제학에 대한 비판을 시작으로 지식재산권의 확대에 따른 폐해를 지적하기 시작했다. 대표적으로 1998년 헬러(Michael Heller)는 각종 유형-무형의 재산의 지나친 사유화가 오히려 공공의 이익에 부합하지 않는다는 '반공유재의 비극(The Tragedy of Anticommons)'이라는 테제를 발표한다.

헬러는 1990년대 러시아의 경제개혁을 위한 서방세계의 정책전문가로 참여하며 토지와 주택의 사유화의 정책

조언을 했다. 하지만 그는 공산주의 정권의 공적 자산을 사유화하는 자유시장경제의 원리를 적극 도입한 러시아의 경제가 되살아나지 않는 것을 의아해했다. 일례로 그는 추운 겨울날 모스크바의 거리에 수많은 좌판상인들이 상품을 팔고 있지만 모스크바 거리의 상점들은 오히려 텅텅 비어있음에 놀랐다. 그는 곧 러시아 정부가 공적재산의 지나친 사유화를 추구하느라 이들 토지와 주택을 지나치게 세분화해서 수많은 사적 소유자들을 만들었음에 주목했다. 러시아 정부가 상점의 재산권들을 세분화해서 – 상점을 매매할 권리, 상점을 개설할 권리, 상점을 렌트할 권리 등등으로 – 상점 하나를 열기 위해서는 서로 다른 권리의 소유주와 협상을 해야 하는 등 많은 거래비용을 지불해야 되는 상황이 발생했던 것이다. 때문에 많은 상인들은 오히려 거리의 좌판을 열어 자신의 상품을 거래하려는 방식을 택했다. 즉 지나친 사유화가 너무 많은 소유자를 낳아 오히려 모스크바 상권의 발전을 막았다는 것이다.

헬러는 지나친 사적소유가 시장을 통한 자원의 효율적 배분을 막고 공공의 이익에 반할 수 있다는 '반공유재의 비극'이 20세기 후반 미국 자본주의 시장의 여러 영역에 나타나고 있으며, 무엇보다 생명공학산업의 특허 문제가 이를 잘 보여주고 있다고 주장한다. 생명공학회사들이 기존에 과학 공동체가 공유하고 있었던 기초연구관련 유전공학 신기술들과 생의학 물질들, 그리고 연구용 쥐와 같은 생명체에 대한 광범위한 지식소유권을 주장, 생명공학과 관련된 지식과 기술영역에 걸쳐 수많은 지식재산권 소유자들이 나타났다. 하지만 이들은 자신들의 특허에 기반해 이의 상업화에 투자하기보다는 이 특허가 지닌 독점적인 지위를 이용해 시장을 지배하거나 특허 자체를 하나의 상품으로 거래하며 오히려 연구개발과 신약개발에 필요한 비용을 증대시키는 폐해를 낳았다. 막대한 양의 투자자금과 여러 전문화된 지식과 기술들이 필요한 신약개발과 같이 거대규모 프로젝트의 성사가 특정기술에 대해 특허를 지닌 개인들이나 생명공학회사에 의해 좌지우지하는 상황에 생명공학개발과 관련된 프로젝트를 포기하는 경우도 나타나게 되었다.

미국의 국립연구협회(National Research Council)는 "분자생물학에서의 지식재산권과 연구기술의 보급(Intellectual Property Rights and the Dissemination of Research Tools in Molecular Biology)"이라는 보고서를 통해 생명공학산업의 지속적인 성장을 위해서는 지식재산권에 대한 제한적인 이해가 필요함을 역설했다. 일례로 하버드대학은 1988년 그 생명체 자체가 지식재산권이 된 온코마우스(OncoMouse)의 독점적인 사용권과 연구자들이 온코마우스를 통제할 수 있는 권한을 듀퐁(DuPont)에게 독점적으로 부여해서 커다란 논쟁을 불러일으켰다. 생의학 연구자들은 암 연구의 중요 모델시스템으로 사용될 수 있는 이 특정 생명체를 사용하지 못할 경우 의학연구 발전에 커다란 저해가 될 수 있을 것이라며 연구자들이 사용할 수 있도록 요구했는데, 미 국립보건원은 오랜 협상 끝에

2000년 듀퐁과 협약을 맺어 대학의 연구자들을 포함하는 비영리단체의 연구자들이 암유발유전자 실험쥐를 비상업적인 용도로 사용할 수 있도록 했다.

지나친 사유화가 공공의 이익에 저해된다는 '반공유재의 비극'에 대한 인식은 1990년대 이후 생명공학과 의학의 발전에 관련된 정책 입안가들에게 생명과학에서의 지식소유권 문제를 보다 균형있게 다루어야 한다는 필요성을 자각시켰다. 즉 생명과학에서 지식재산권의 광범위한 적용과 확대가 1970~80년대 경제적인 유인을 통한 기술의 발전을 도모하고자 기술이전정책을 도입한 취지와는 달리 오히려 생명과학기술의 발전을 저해할 수도 있다는 것이다. 과학자들과 정책입안가들, 그리고 특허관련 전문가들 사이에서 생명공학산업의 지속적인 성장과 발전을 위한, 그리고 생명과학 공동체가 새로운 지식, 신기술과 신물질의 자유로운 교류를 통해 창조적인 과학연구를 할 수 있도록 보장할 수 있는 정책수단을 개발하기 위한 지속적인 논쟁을 행하고 있다. 최근 ACLU의 BRCA 특허에 대한 소송은 1990년대 이후 본격적으로 논의되고 있는 지식재산권과 공공의 이익, 창의적 과학과 지식의 사유화, 그리고 생명공학의 발전에 대한 새로운 이해에 기반을 둔 것이다.

인간유전자 BRCA 1, 2에 대한 법적 논쟁

1) BRCA 1, 2 인간유전자 특허현황

ACLU 소송과 관련되어 있는 BRCA 1, 2 두 인간 유전자들은 유방암과 난소암에 연관되어 있는 유전자이다. 1990년 버클리대학(University of California at Berkeley)의 킹(Mary-Claire King)이 처음으로 BRCA 1 유전자가 인간유전체 17번에 존재하고 있음을 처음으로 밝혔으며, 희귀질병이 아닌 암과 같은 일반질병에 연관된 유전자를 확인한 것은, 과학자들과 환자들에게 유전자 서열지식에 바탕한 새로운 유전의학(genetic medicine)의 시대를 여는 고무적인 일로 받아들여졌다. 이 두 유전자는 모든 인간의 세포에 존재하고 정상적으로 세포 안에서 기능할 때는 세포가 종양으로 변하지 않게 하는 역할을 하는 종양억제유전자(tumor suppression gene) 역할을 한다. 이 두 유전자에 변이가 있는 여성의 경우, 악성종양발생을 억제하는 기능이 저하되어 유방암과 난소암 발생 위험이 증가된다. 이 두 유전자에 돌연변이가 생기거나 유전적으로 변이가 존재하는 여성의 경우, 유방암 발생 확률은 36%에서 85% 증가하고, 난소암 발생확률은 16%에서 60% 정도까지 이르는 것으로 알려져 있다. 남성의 경우에도 BRCA 변이와 유방암과 전립선암(prostate cancer) 발생에 연관이 있음이 밝혀졌다. 또한 이 두 유전자의 각종 변이들이 다른 암의 유발에 영향을 미친다는 연구 결과 또한 존재하고 있다.

BRCA 1, 2 두 개의 유전자에 대한 특허권을 소유하고 있는 미리아드사는 1991년 유타대학(University of Utah) 과학자들의 주도로 설립된 생명공학회사이다. 유타대학의 스콜닉(Mark Skolnick)의 주도로 설립된 이 회사는 무엇보다 이 BRCA 유전자들의 분자생물학적 분석과 염기서열 분석을 통해 유전자진단기술과 신약개발과 같은 광범위한 상업적 프로젝트를 수행하려는 목표로 설립되었다. 미리아드사는 곧 유타의 몰몬 대가족들이 지닌 수세기 동안에 걸친 광범위한 계보학 자료를 바탕으로 BRCA 유전자의 염기서열을 분석하는 프로젝트를 착수했다. 스콜닉은 이를 위해 노벨상 수상자이자 유전자염기서열 분석 전문가인 하버드대학의 길버트(Walter Gilbert)를 회사의 창립멤버로 영입했다. 1994년부터 스콜닉의 미리아드사는 유타대학의 연구자들과 미국립보건원(NIH), 그리고 캐나다의 맥길대학(McGill University)과 함께 BRCA 1, 2 유전자의 염기서열을 분석했다. 미리아드사는 곧 BRCA 1, 2 유전자 자체에 대한 특허를 취득했다.

미리아드사는 이 두 유전자 자체에 대한 특허뿐만

이 아니라 이에 기반한 유전자테스트 특허도 지니고 있기 때문에 법적으로 미리아드사의 허가 없이는 이 두 유전자들에 대한 어떠한 실험이나 검사를 행할 수 없다. 나아가 이 두 유전자에 대한 특허는 이 두 유전자에 발생하는 모든 변이들에 대해서도 배타적인 권한을 미리아드에게 부여해서 잠재적 BRCA 1, 2 변이 유전자(유전자돌연변이와 염기서열변이)에 대한 권한 역시 미리아드사가 독점적으로 지니게 된다. 현재까지 2,000여개에 이르는 BRCA 1, 2 변이들이 발견되었다. 따라서 미리아드사는 이 두 유전자들에 대한 특허에 기반해 이들 유전자에 대한 검사와 관련 연구를 제어하거나 막을 수 있다.

2) BRCA 소송의 특허법과 헌법상의 쟁점들

ACLU는 미리아드사가 지닌 여러 BRCA 1, 2 인간유전자 특허들에 대해 크게 두 차원에서 이들이 법적으로 유효하지 않다며 소송을 제기했다. 첫째, ACLU는 특허청의 BRCA 유전자 특허부여가 특허가능범주를 정의하는 101조에 위배된다고 주장했다. 이에 따르면 특허청은 자연현상이나 자연의 산물, 그리고 자연의 법칙들에 대한 특허를 부여할 수 있는 법적 권한이 없으므로 자연의 산물인 유전자에 대한 특허는 유효하지 않다는 것이다. 보다 구체적으로 이에 해당하는 미리아드사의 BRCA 1, 2에 대한 특허들은 1) 본래의 BRCA 1, 2 유전자들에 대한 특허들('282와 '492)과, 2) 자연적으로 발생한 변이를 포함한 BRCA 1, 2 유전자들에 대한 특허들('473, '282, '492)이다. 또한 ACLU는 특정한 방법이나 관련 특허대상의 조작과 변환이 관련되지 않은 일반적인 염기서열 비교법에 대한 광범위한 특허권을 인정하고 있지 않은 특허법 101조에 비추어 볼 때, 미리아드사의 유전자서열의 비교, 분석방법들에 대한 특허들이 특허대상에 상응하는 요건을 충족시키지 못한다고 지적한다. 이는 미리아드사가 주장하고 있는 3) 본래의 인간유전자의 변이를 검사하는, 심지어는 특허받지 않은 방법들을 포함한 모든 BRCA 검사방법들에 대한 특허 ('999)와, 4) 두 유전자가 다르거나 혹은 다른 생물학적 효과를 불러올 수 있다는 – 단지 이들 유전자서열의 비교가 유방암과 난소암에 위험도 측정을 행할 수 있다는 생각에 제한되지 않고 – 일반적인 생각에 대한 특허들('001, '857, '441)을 포함하고 있다. ACLU는 이들 특허들 모두가 특허법 101조에 요건을 충족시키지 못하고 있음을 지적하며, 이들에 대한 무효판결을 내릴 것을 요구했다.

BRCA 1, 2 유전자 특허가 미국의 헌법에 위배된다는 ACLU의 주장은 크게 다음과 같은 두 가지 논거들을 지닌다. 우선은 인간유전자 BRCA 1, 2에 대한 특허와 이의 비교법에 대한 특허들이 유전자염기서열이나 이것이 지닌 유전자 정보를 분석, 비교하는 지적활동을 직접적으로 제한하기 때문에, 사고의 자유로운 표현과 전파를 보장하는 미 헌법 수정 제1조항(the First Amendment)에 위배된다는 것이다. 또한 유전자서열 자체에 대한 특허가 이 유전자에 기반한 과학연구활동과 의료기술혁신을 위한 연구활동을 극도로 제한하고 있기 때문에 이 또한 과학활동의 기본이 되는 자유로운 사상의 발표와 토론을 보장하고 있는 제1조항에 위배된다고 주장한다. 두 번째로 ACLU는 특허청이 부여한 인간유전자 특허가 학문의 연구와 자유로운 교류, 과학의 진흥을 도모하는 취지로 제정된 미헌법의 1조 8항 8절(Article I, Section 8, Clause 8 of the U.S. Constitution)에 위배된다고 주장한다. 미리아드사가 BRCA 1, 2에 대한 기초연구를 허용하는 것은 사실이지만, 그 범위가 극히 제한되어 있으며 미리아드사가 이에 대한 기초, 임상연구들을 금지할 수 있는 권한이 있기 때문에 이들 유전자관련 연구들이 급격히 감소했다는 것이다. 또한 현재 특허가 부여된 많은 DNA 염기서열들이 직접적으로 질병의 진단이나 치료와 같은 의학적 기술혁신으로 이어질 수 있는 성격의 것이 아닌 경우가 많다. ACLU는 이러한 연구, 진단도구에 대한 특허는 과학의 발전을 심각하게 저해할 수 있기 때문에 미헌법의 1조 8항 8절에 위배된다고 주장한다.

미리아드사는 BRCA 특허들이 2001년 특허청이 오랜 논쟁 끝에 제정한 인간유전자 특허에 대한 정책에 따른 합법적인 것이며, ACLU 및 소송관련 원고들이 BRCA 특허들로 인해 직접적인 피해를 입은 당사자가 아니라며 법원에 이들의 소송을 기각할 것을 요청했다. 하지만 2009년 11월 미 뉴욕법원은 인간유전자가 특허의 대상이 될 수 있는지 여부를 판가름하는 특허법상의 문제로부터 인간유전자의 특허가 생명체의 사적 소유를 인정하지 않는 헌법에 위배된다는 ACLU의 주장들에 대한 광범위한 법적 고찰이 필요함을 인정했다. 법원은 유전자서열 정보가 광범위한 생의학 연구의 필수적인 기초정보로 이용되고 있는 상황에서, 몇몇 상업회사의 독점적인 유전정보 소유가 여러 창의적인 사고와 정보의 교류를 저해하고 있기 때문에 자유로운 정치적, 창의적 문화와 과학활동을 보장하는 미 헌법에 위배된다는 ACLU의 주장 역시 논의해 볼 필요가 있다고 판단했다. 특히 뉴욕법원은 미리아드사가 여러 법적 소송과 독점권 행사를 통해 BRCA 유전자와 관련된 광범위한 의학 진단, 임상의학, 기초의학 연구 활동을 저해한 증거가 있기 때문에 원고가 미리아드사를 법적으로 제소할 자격(standing to sue)이 있다며 소송을 재개했다. 인간유전자 특허 문제에 대한 재판이 본격적으로 진행되면서 이 소송은 암의 위험에 직면하고 있는 수백만 여성의 건강에 큰 영향을 미칠 뿐만 아니라 유전자정보를 사용하는 각종 생명과학과 의학계에 직접적이고 큰 영향을 미칠 중요한 사안으로 등장했다.

3) 유전정보(information)로서의 유전자와 공공소유

BRCA 소송에서 ACLU는 인간유전자의 생물학적 유용성이 화학적 구성에서 나오는 것이 아니라 유전자의 염기서열에 따른 생물학적 정보가 근본적인 유전자의 특성을 결정한다고 주장했다. ACLU는 BRCA 1, 2 유전자들을 자연으로부터 분리, 정제되어 있는 화학물질로 보고 특허부여가 가능하다고 보는 특허청의 입장을 비판했다. ACLU는 유전자를 이루는 DNA가 생체 내에서 합성되는 화학물질이기는 하지만 인간 유전자 염기서열의 유용성은 유전자를 이루는 네 개 염기들(A,G,C,T)의 선형서열(linear sequences) 조합에 따른 생물학적 정보 때문에 나타나는 것이라 지적한다. 즉 임상의학자들과 생의학연구자들이 유전자를 생명현상을 이해하고 의학적 개입을 행하는 기본단위로 간주하는 이유가 이들 인간유전자가 생물학적 정보를 지니고 있기 때문이라는 것이다. 나아가 ACLU는 염기서열이라는 생물학적 정보가 인간유전자를 구성하는 근본단위이며, 이에 특허를 부여하는 것 자체가 생물학적 정보, 즉 자연에 대한 사실에 특허부여를 허용하지 않는 미 특허법 101조에 위배된다고 주장한다.

ACLU는 보다 근본적으로 인간유전자 특허에 화학물질의 특허에 대한 준거틀을 적용하지 말 것을 요구하면서,

유전자의 생물학적 재정의에 근거해 인간유전자의 공적 소유를 촉구했다. 유전자가 생물학적 정보라는 준거틀을 적용하게 되면, 이에 사적소유가 불가능해지고, 이들 유전자가 지닌 유전정보가 인간의 생명에 대한 공공자산으로 유지될 수 있다는 것이다. ACLU는 이러한 공유가 의학과 생명공학 연구에 큰 제약을 주고 있는 유전자 특허를 막고 의학연구를 활성화시킬 수 있을 것이라 주장했다. 일례로 노벨 생화학상 수상자이자 생어 센터(Sanger Center)의 디렉터로 영국의 인간유전체 프로젝트를 이끌었던 존 설스톤(John Sulston)은 자신의 저서에서 인간유전체의 공동소유(common ownership)를 주장했다. 유전자는 자연의 산물을 단순히 과학자가 발견한 것이며 이의 사적 소유는 인류 공동의 유산에 대한 연구와 이에 기반한 의학의 발전을 막는다는 것이다. 그는 자신의 노벨상 수상연설에서 특히 인간유전체와 같은 복잡한 유전시스템의 생물학적 이해와 의학적 활용을 위해서는 폭넓은 기초 연구가 필요함을 역설하며 단기적인 성과나 이윤을 목적으로 행하는 생의학 연구에는 한계가 있음을 지적했다. ACLU는 인간유전자를 생물학적 정보를 지닌 존재이자, 인류공동의 자산으로 재정의하면서 인간유전자 특허의 법적 정당성에 도전했다. 시장의 논리가 아니라 공공의 이해와 공적투자를 통해 창의적인 연구를 지원할 필요가 있으며, 이를 뒷받침하기 위해 인간유전체를 인류공동의 소유로 지정해서 상업화로 인한 유전체연구의 황폐화를 저지해야 한다는 것이다.

4) BRCA와 반공유재의 비극

ACLU는 최근 등장한 반공유재의 비극에 대한 논의를 적절하게 활용하여 인간유전자의 사적소유가 불러일으킨 여러 문제점들을 드러냈으며 오히려 유전정보의 공적 소유가 생명공학과 의학의 발전에 기여할 수 있다고 주장했다. 기존의 지식재산권 옹호자들이 공적지식의 사유화를 통해 공적이익을 추구할 수 있음을 역설했다면, ACLU는 인간유전자 자체에 대한 특허처럼 지나친 사유화가 의학발전을 가로막고, 환자들의 권익을 침해하며 창의적 연구활동을 저해하는 등 공공의 이익에 반하는 결과를 낳을 위험이 있다고 지적한다. 우선 ACLU는 미리아드사가 현재 미국 내에서 행하는 BRCA 변이에 대한 유전자검사를 독점하고 있다는 점을 지적했다. 이는 미리아드사가 BRCA 1, 2에 대한 특허를 취득한 후 이 유전자에 대한 검사를 행하는 다른 영리 회사들뿐만 아니라 임상실험실, 대학의 병원과 같은 비영리 연구기관에 이르는 광범위한 기관에 특허침해를 이유로 BRCA 유전자 검사를 금지할 것을 요구하기 시작했기 때문이다.

실제로 미리아드사는 BRCA 1유전자 검사를 행하는 여러 회사와 연구기관들에 이들이 자신들의 지식재산권을 침해하고 있다며 소송을 제기하였다. 일례로 1995년부터 펜실베니아 대학의 유전자진단실험실(Genetic Diagnostic Laboratory, GDL)은 여러 환자권익단체들과 과학, 의학단체들의 요청에 따라 BRCA 1 유전자검사를 자체 실시하고 있었다. 하지만 미리아드사는 1998년 5월 회사의 변호사를 통해 GDL의 유전자 검사가 미리아드사의 지식재산권을 침해하는 것이라며 아주 제한적인 라이센스 체결을 요구하며, 이에 응하지 않을 경우 GDL을 BRCA 유전자의 지식재산권 침해로 제소할 것이라 위협했다. 미리아드사는 또한 1999년 6월 펜실베니아 대학에 서문을 보내 GDL이 실시하는 유전자 검사의 중단을 요청했다. 이에 펜실베니아 대학은 GDL에게 BRCA 유전자 검사를 중단할 것을 요구했으며, GDL은 모든 유전자 검사를 -비록 임상의학연구를 목적으로 했더라도- 중단해야 했다. 한편으로 미리아드사는 BRCA 1, 2 유전자 검사를 행하는 온코메드(OncorMed)와 같은 여러 생명공학회사들이 지닌 BRCA 1, 2 관련 특허들을 매수하거나 이들 회사들에 대한 고소와 합의, 합병 등을 통해 BRCA 유전자 검사에 대한 독점적인 지위를 구축해나갔다. 1999년 이후부터는 오직 미리아드사만이 상업적인 목적으로 BRCA 1, 2 유전자 검사를 할 수 있게 되었다.

ACLU의 소송에 참가한 여러 과학자들과 생의학연구자들, 그리고 임상의사들은 BRCA 특허가 이의 기초연구와 임상적 이용에 큰 제한을 불러일으킨다고 증언했다. 2003년 스탠포드대학의 생명윤리연구가 조(Mildred K. Cho)는 유전자특허가 부여된 후 유전자 진단법과 이에 기반한 임상 연구가 크게 저하됨을 지적하여 이러한 우려가 실제로 광범위한 임상 연구와 의학 분야에서 나타나고 있음을 보여주었다. 처음으로 BRCA 1 유전자를 발견했던 킹 박사 연구팀은 미리아드사가 BRCA 진단테스트를 독점한 이후로 많은 BRCA 변이들에 대한 생의학적 연구들이 진행되지 못하고 있으며 심지어 2006년 현재 미리아드사의 테스트(Comprehensive BRAC Analysis)조차 많은 BRCA 변이들을 감지하지 못한다고 지적해 큰 파문을 불러일으키기도 했다. ACLU는 이 두 인간유전자에 대한 특허부여가 암 환자들이 새로운 치료법이나 진단법에 접근할 기회를 차단하여 이들이 환자로서 그리고 인간으로서 생명권을 존중받을 권리를 크게 제한하고 있다고 비판한다.

ACLU의 반공유재의 비극에 대한 논의는 유전자 자체에 대한 특허취득을 통한 특정 유전자 진단에 대한 독점이 점차 개인의 유전자 지식에 기반해 치료법과 약물 투여를 개인화하는 등의 첨단기법을 사용해 발전하고 있는 개인화된 의학(personalized medicine) 발달의 시대에 여러 문제를 불러일으킬 것이라는 많은 법률가들과 생명공학 사업가들, 그리고 생의학 연구자들의 우려를 반영한 것이다. 어피메트릭스라는 DNA Chip 제조회사는 유전자 특허에 반대하며 생명공학산업회(Biotechnology Industry Organization)를 탈퇴하기도 했다. 최근 들어 과학자들이 인공유전자에 기반한 다양한 생명체들을 제조하는 합성생물학(synthetic biology)의 발전으로 인해 유전자의 사적 소유에 대한 우려는 더욱 깊어져 갔다. 일례로 2008년 최초로 합성 유전체를 제조하며 생명을 합성했다고 주장했던 벤터는 이 유전체의 염기서열에 자신의 이름을 표시하는 DNA염기서열에 새겨 넣어, 이 생명체의 소유권 논란을 불러일으키기도 했다. 이렇듯 BRCA 소송을 통해 ACLU는 인간유전자 특허와 그로 인한 폐해를 지적하고, 지식재산권과 지식 사유화의 확대가 생명공학과 의학의 발전을 가져올 것이라는 특허청의 정치-경제적 입장을 비판하고 있는 것이다.

5) 인간유전자 특허와 생명권 (Rights to Life)

ACLU는 BRCA 소송을 통해 반공유재의 비극이라고 불리는 지식의 사유화 문제가 과학의 창의성과 인간의 존엄성 등에 대한 도덕적, 윤리적 문제 또한 불러일으키고 있다고 주장했다. 인간유전자 소유권과 특허에 대한 문제가 환자의 권익과 건강권에 대한 윤리적인 이슈, 그리고 인간의 존엄성과 인체에 대한 상업화 같은 도덕적인 이슈와 직접적으로 연관되어 있기 때문에 인간유전자 논쟁에 대한 윤리적 논의 역시 필요하다는 것이다. 우선 ACLU는 개인의 유전자 정보에 기반한 치료법들이 점차 개발될 상황에서 유전자 특허의 문제는 향후 개인의학의 발전과 환자들의 권익에 직접적인 영향을 미치는 중요한 사안이라 지적한다. ACLU는 특히 미리아드사의 BRCA 유전자 특허와 같이 이윤을 추구하는 사기업이 인간유전자 자체에 대한 특허를 취득하게 되면, 과학자들이 이들에 대한 연구를 행하더라도 결과의 발표나 이용에 커다란 제약을 받게 될 위험이 있음을 우려한다. 또한 이러한 유전자의 사유화가 제공한 환자들의 신체에 대한 여러 권한을 침해할 가능성이 있다. 이들 특허가 부여된 유전자를 사용해 연구개발을 시도할 경우 이 연구가 상업적 가능성이 없는 기초연구일 경우를 제외하더라도 이 특허의 소유자로부터 허가를 받아야 할 뿐만 아니라, 유전자의 소유권이 사유화되어 본 소유자인 환자가 자신의 유전자에 대해 어떠한 권한을 가질 수도 권리를 누릴 수도 없기 때문이다.

많은 생의학 연구자들과 생명공학회사들은 현재의 이러한 유전자 특허정책에서는 이들 유전자 연구와 이에 기반한 치료법의 연구개발이 극히 제한될 수밖에 없을 것이라 우려한다. 다른 인간유전자 특허현황을 조사한 최근의 연구결과에 따르면 실제로 1998년부터 2001년까지 미국 특허청이 인간유전자와 DNA 염기서열에 관해 허용한 특허들의 3분의 1 이상이 생의학 연구도구로 사용되었던 것으로 드러났다. 조(Cho)의 연구결과가 지적했듯이 이러한 인간유전자 특허가 질병관련 유전자에 대한 임상의학 연구를 저해한다고 했을 때, 그 유용성이 밝혀지지 않은 인간유전자들에 대한 광범위한 특허의 허용은 최근 본격적으로 등장하고 있는 유전자 기반의 개인화된 의학의 발전에 근본적인 위협으로 등장하고 있다. 때문에 ACLU를 대표로 한 광범위한 과학, 의학연구자들, 그리고 어피메트릭스와 같은 몇몇 주요 생명공학회사에 이르는 그룹들은 주요 질병에 관련된 유전자에 특허를 부여하고 있는 특허청의 정책이, 이들에 대한 생의학적 연구를 위축시키고 결과적으로 이들 질병을 지닌 환자들의 권익과 건강권을 크게 침해하고 있다고 주장한다.

6) 인간유전자 특허와 과학자공동체

ACLU는 유전자 특허가 생의학 연구의 근간을 이루는 생물체의 정보를 지닌 유전자를 사유화함으로써 자유로운 사고의 표현과 전파를 통해 과학활동을 장려하는 헌법의 정신을 위배하는 것이라 주장했다. 정치철학자이자 생명윤리학자인 하버드대학의 마이클 센델(Michael Sandel)은 저명한 테너 강연(Tanner Lectures) 시리즈의 일부로 발표된 "돈으로 구매할 수 없는 것: 시장의 도덕적 한계들(What Money Can't Buy: The Moral Limits of Markets)"이라는 강연을 통해 상업화가 불러올 수 있는 여러 도덕적 문제들에 대해 논했다. 그는 '모든 재화는 한 가지 척도로 재단할 수 있는 상품화(commensurable)가 가능하다'는 시장의 원리에 입각한 사고가 경제영역 이외에 정치, 문화적 활동에 도입될 경우, 이러한 상품화가 여러 정치, 문화적 활동들이 표상하고 있는 여러 이상(ideals)들을 타락(corruption)시킬 수 있음을 경고했다. 그는 한 예로 정치활동으로서의 투표(voting)가 상품이 되어 매매될 경우, 즉 투표활동의 범주를 정치의 영역에서 상업의 영역으로 변환시킨다면, 투표가 표상하고 있는 정치적 민주주의의 이상과 함께 이를 뒷받침하고 있는 시민사회와 민주주의, 자율과 사회참여와 같은 여러 사회활동의 정당성이 근본적으로 침식된다는 것이다.

문화비평가이자 지식재산권 학자인 하이드(Lewis Hyde)는 인간의 창조적인 사고와 산물의 교류를 통해 성장하는 과학과 예술영역의 특허와 저작권의 문제를 센델의 상품화 논의의 차원에서 접근해 볼 필요가 있음을 지적한다. 일례로 BRCA 유전자 특허와 이에 기반한 진단의 상업화를 추구한 미리아드사의 경우에서 볼 수 있듯이 이들이 유전자 진단의 독점을 통해 임상연구를 제한할 뿐만 아니라 유전자변이에 대한 자료들을 공개하지 않아 이들에 대한 기초과학적인 연구조차 제한될 수 있다. 이에 많은 과학자들은 BRCA 특허권 침해와 같은 법적 문제 때문에 BRCA 유전자와 변이들, 그리고 암과의 상관관계에 대한 광범위한 유전학적 연구들을 하지 못하고 있다고 주장한다. 특히 유전체학의 발전으로 인간유전자가 질병을 이해할 수 있는 가장 기초적인 단위로 부상하게 된 상황에서 인간유전자에 특허를 부여해 상업화와 경제적 이윤추구를 허용하는 것은 과학자공동체가 지닌 연구활동에 대한 여러 이상들 –제약되지 않는 창의적 연구활동과 자유로운 사고의 발표와 소통 등– 을 침식시켜 인간유전자에 대한 창의적 연구를 저해할 수 있다는 것이다. 이렇듯 ACLU의 유전자 특허에 대한 소송은 지식재산권의 문제가 창의적이고 자유로운 인간의 문화, 정치, 과학활동을 보장하는 미 헌법상의 문제와 밀접하게 연관되어 있음을 보여준다.

나가며 : BRCA 유전자 특허논쟁과 미대법원 소송

2010년 3월 양측의 치열한 법적 논쟁 끝에 내린 첫 판결문에서 미 뉴욕주 판사 로버트 스윗(Robert W. Sweet)은 BRCA 1, 2 인간유전자에 대해 부여된 7개의 특허들이 미 헌법에 위배되며(unconstitutional) 특허법에 의해서도 이들 특허가 인정되지 않는다(invalid)는 판결을 내리며 인간유전자 관련 특허에 제동을 걸었다. 미리아드사는 즉각 이 판결에 반박, 항소를 했고, 2011년 7월 연방항소법원(U.S. Court of Appeals for the Federal Circuit)은 뉴욕남부지원의 첫 판결을 뒤집고 2대 1로 미라아드사의 유전자 특허가 유효하다는 판결을 내렸다. 연방항소법원의 판결 근거는 자연으로부터 분리된 BRCA 1, 2 유전자들이 실제 자연상에 존재하는 유전자와 "확이하게 다르다(markedly different)"는 것이다. 2대 1의 판결로 미연방항소심 판사들은 이 두 유전자가 인간염색체(chromosome)로부터 분리될 때 화학적으로 큰 변화가 생긴다는 피고측의 주장을 받아들여 BRCA 1, 2 유전자에 대한 특허가 정당하다는 판결을 내렸다(이 판결에서 항소법원은 염기서열을 비교하여 암의 위험성을 진단하는 방법에 대한 특허는 자연법칙, 추상적 아이디어이기 때문에 특허의 대상이 될 수 없다고 판시했다). 동시에 연방항소법원은 특허의 범주를 정하는 권한이 의회(Congress)에 있기 때문에 이에 대해서 법원은 최소한의 판단과 개입을 해야 함을 강조하면서 유전자특허의 정당성 문제에 대한 법원의 적극적인 판단을 보류했음을 시사했다. 그리고 입법을 담당하는 의회가 여러 측면에서 이 특허 범주의 문제에 주목하도록 촉구하였다.

ACLU는 이러한 연방항소법원의 판결에 불복, 미 대법원에 심의를 요구했다. 우선 ACLU는 미연방항소법원 판결의 여러 문제점을 조목조목 비판했다. 일례로 ACLU는 인체에서 분리된 유전자의 특허를 반대하는 항소법원의 논리가 마치 나무에서 나뭇잎을 꺾거나 혹은 자연상에서 독립적으로 존재하지 않는 원소 리튬(Lithium)을 분리하는 과정에서 화학변화가 일어난다고 자연물질인 나뭇잎이나 원소인 리튬에 특허를 부여하는 것과 같은 것이라며 논리의 타당성에 문제를 제기했다. 또 소수의견을 낸 연방항소법원의 판사는 ACLU의 견해를 받아들여 인체에 존재하는 유전자와 이로부터 분리된 유전자가 단지 사소한 변화만 일으켰을 뿐 두 유전자가 화학적으로 크게 다르지 않다며 다수 의견에 반대를 표명했다.

이 BRCA 특허소송은 미 정부 내에서 유전자 특허에 대해 상반된 입장이 존재하고 있음을 보여주었다. 미 법무부(Department of Justice)는 ACLU의 입장을 지지하는 의견서(amicus brief)를 법원에 제출하며 미국 특허청의 유전자 특허 정책에 대한 반대 입장을 표명했다. 법무부는 또한 연방법원이 인간유전자 특허의 여러 문제점을 지적하고 이를 무효화한 미 뉴욕남부지원의 판결을 지지해야 한다고 주장했다. 다른 측면에서 이 소송은 또한 여러 정책적 함의를 지니고 있다. 원고는 유전자 특허가 임상연구와 실험, 그리고 관련 유전자 연구에 막대한 지장을 초래하고 있으며, 또한 이 유전자 특허가 인류의 공공유산에 대한 사적 소유의 길을 열어줄 수 있다고 비판하고 있다. 반면 특허에 기반해 여러 의학, 제약, 혹은 진단제품을 개발해야 하는 생명공학 기업들 역시 유전자특허가 자신들의 산업의 경제적 기반이 되는 지식재산권이라며 이에 대한 법적인 도전은 생명공학산업 전체의 존립기반을 위협하는 것이라 주장하고 있다.

2013년 6월 13일 미 대법원은 만장일치로 인체에서 '분리된' BRCA1과 BRCA2 유전자에 대한 특허를 인정하는 기존 특허청의 입장이 유효하지 않다고 판결했다. 자연과 인체에 존재하는 유전자를 분리하는 것만으로는 이들에게 특허를 부여할 수 없다는 것이다. 반면 대법원은 단백질로 전사 가능하여 그 기능을 명확히 수행하는 유전자 부위(mRNA)를 통해 만든 cDNA는 인간이 자연에 존재하는 유전자를 확인, 분리, 합성하는 발명 활동을 한 것으로 보아 특허가 가능한 것이라 부언했다. 미 대법원의 이러한 판결은 특허권과 공익 사이의 균형을 추구하여, 지나친 독점의 폐해를 막고 자연에 있는 유용한 유전자 정보에 기반하여 신약이나 새로운 치료법을 개발하려는 생명공학회사들에게 큰 유인을 제공해준 것이라 볼 수 있다.

무엇보다 ACLU의 소송은 20세기 후반 생명과학에서의 지식재산권 강화가 생명공학산업의 발전을 불러일으키기보다는, 지나친 지식과 연구물질의 사유화를 불러일으켜 오히려 과학과 의학의 발전, 그리고 환자의 권리와 권한을 침해할 여러 부작용을 낳을 수 있음을 보여준다. 이 소송은 또한 21세기 과학기술사회에서 지식재산권의 정의와 그 범주, 그리고 이의 소유권을 둘러싼 문제의 해결이 단순히 특허법상의 기술적인 문제를 넘어, 과학과 의학 공동체의 창조적 지적 활동과 환자들의 인권과 윤리의 이슈가 복잡다단하게 얽혀 있음을 이해하는데 기반해야 함을 보여준다. 나아가 반공유재의 비극에 관한 정치, 경제, 윤리, 문화적인 논의에서 볼 수 있듯이 지식경제사회의 부상과 함께 지식재산권의 강화가 점차 심화하는 상황에서 지식재산권에 관한 과학기술학적 연구는 여러 창의적인 인간활동의 분야들 -문화와 예술, 과학영역 등-에서 창의성(creativity)과 지식재산권 침해(piracy), 검열과 민주주의, 특허와 독점, 지식의 사유화와 공공이익과 같은 여러 사회문화적인, 경제학적인 이슈들에 대한 여러 성찰과 재조명을 해 줄 수 있음을 시사한다. 보다 넓게 20세기 후반 지식-경제, 보건, 행정과 환경 규제 등 여러 영역에서 복잡다단한 관계를 맺어가고 있는 과학과 법의 관계에 대한 여러 연구는 과학기술학의 지평을 넓혀 줄 수 있을 것이다.

카피레프트의 발명*

저자 : Christopher Kelty** • 번역 : 양승호, 장준오 • 수정 : 이두갑

*
표기 상의 통일을 위해 원문에서 기울임체로 표기된 단어는 굵은 글씨로 표기하였다.

**
캘리포니아 대학, 로스엔젤레스 캠퍼스 (University of California, Los Angeles), 인류학과 교수

소프트웨어에 있어 '발명(invention)' 개념을 정의하는 문제는 다양한 철학적 난제들로 둘러싸여 있다. 소프트웨어는 높은 효용을 가지지만 비가시적인 무형의 개념이고, 기존의 지식재산권 논의의 중심에 있었던 아이디어(idea)와 표현(expression)의 구분을 적용하기가 모호하다. 이런 복잡하고 기술적인 소프트웨어의 영역에서 하물며 '창의성(creativity)'이나 '새로운 발명(inventiveness)'을 식별해 줄 기준을 정하는 것은 더욱 어려운 일이다. 지식재산권의 맥락에서 소프트웨어는 처음 등장했을 때부터 그 성질에 대하여 사용자와 작성자 모두를 고민하게 했다고 해도 과언이 아니다.

본 장은 프리 소프트웨어(free software)[1]의 영역에서 발생하였던 발명의 정의를 둘러싼 논쟁의 한 중요한 사례를 다루고 있다. 그것은 바로 편집 매크로스(Editing MACroS, 줄여서 'EMACS') 논쟁이다. GPL(General Public License, 일반 공용 라이센스)의 탄생을 야기하기도 한 이 사례는 해커들과 IT 애호가들 사이에서 널리 알려져 있다. 하지만 전문가 공동체 바깥에서 이에 대해 자세히 논의하는 일은 드물었다. 무엇보다 상황을 자세히 알고 있다고 생각하는 관계자들 사이에서도 EMACS 논쟁을 둘러싼 사회적, 문화적 맥락에 대해서는 그다지 큰 주목을 하지 않았다. 지금까지 편집 매크로스 논란 속에서 당사자들이 어떻게 자신의 도덕적(moral) 주장을 뒷받침하기 위하여

1
영어 원문의 free는 무료와 자유의 두가지 의미를 모두 동원하는 중의적 표현이다.

지식재산권법을 둘러싼, 서로 다르지만 완전히 구분되지는 않는 다양한 해석, 그리고 소프트웨어의 기술적 기능에 대한 해석적 논점 등을 동원하였는지에 대해서 자세한 검토가 이루어지지 않았던 것이다. 이 글은 과학기술학적이고 민족지학적인 접근을 통해 소위 '해커윤리(Hacker Ethic)'가 EMACS 논쟁, 그리고 이와 관련된 다양한 협상 과정에서 등장한 결과라고 주장할 것이다. 다시 말하면, 소위 해커윤리는 EMACS 논쟁 당사자들의 행동을 미리 결정하지도 않았으며, 그들의 판단 이전부터 존재해온 무엇이 아니라, 이 논쟁 과정을 통해 형성되었다는 것이다.

소프트웨어

EMACS는 텍스트 편집기이다. 동시에 이는 당사자들에게 일종의 종교와도 같은 의미를 지니는 것이다. 관계자들 사이에서 가장 유명한 텍스트 편집 소프트웨어 두 개 중 하나로서, EMACS는 사용자들의 찬사의 대상이자, 동시에 타 소프트웨어 사용자들(특히, 마찬가지로 1970년대 말에 개발되었던 빌 조이의 'vi'를 선호하는 사람들)의 맹렬한 비판의 대상이었다. EMACS는 단순한 텍스트 편집 도구가 아니었다. 이는 당시, 그리고 상당수 프로그래머들에겐 지금도, 컴퓨터의 운영 체제(OS)에 접근하기 위한 가장 중요한 도구였다. EMACS는 프로그램을 작성하고, 디버그(debug)하고, 컴파일(compile)하고, 실행하고, 작성한 프로그램을 다른 사용자에게 이메일을 통해 전송하는 기능을 모두 하나의 인터페이스 안에 담고 있었다. 무엇보다 사용자들은 EMACS를 이용해서 EMACS 자체의 기능성을 확장하는 '애드온 (add-on)'을 빠르고 간편하게 작성할 수 있었다. 이렇게 작성한 애드온은 사용자가 자주 실행하는 기능을 자동화하는 등의 역할을 하였으며, 시간이 지나면서 EMACS의 핵심 구성물 중 하나가 되고는 하였다. EMACS는 거의 모든 것을 할 수 있었지만, 그만큼 사용하기가 어려웠다. 이 소프트웨어의 이름인 '편집 매크로스'부터가 이 소프트웨어의 널리 알려진 확장성을 가리키는 명칭이었다. 대부분의 프로젝트가 그렇듯 EMACS 프로젝트 또한 그 프로그램의 작성과 프로젝트 관리에 많은 사람들이 기여했다. 주요 기여자 중에는 가이 스틸(Guy Steele), 데이브 문(Dave Moon), 리처드 그린블랫 (Richard Greenblatt), 찰스 프랭스턴(Charles Frankston) 등이 있었다. 그리고 EMACS 코드 어딘가에는 개발의 가장 중심적 인물로 여겨진 리처드 스톨만(Richard Stallman)의 닉네임 "RMS" 가 서명되어 있다고 널리 알려져 있었다.

1978년 즈음 EMACS는 여러 다른 운영 체제와 그 사용자 집단으로 전파되기 시작했다. 이 소식에 스톨만은 기뻐했지만 동시에 난색을 표했다. EMACS 소프트웨어가 다른 운영체제나 버전으로 포트(port), 포크(fork)되면서 EMACS의 확장성을 상당 부분 포기하였던 것이다. 이를 알게 된 스톨만은 사람들에게 "확장성이 없는 EMACS 모방 소프트웨어를 '아종(ersatz, 亞種) EMACS'라고 칭할 것"을 종용하였다.[2] 즉, EMACS의 원형은 어디까지나 스톨만의 저작이었지만, '실시간 디스플레이 편집기'로서의 EMACS라는 '발상'은 널리 확산되고 있었던 것이다. '확장성 없는 모방'이라는 어휘는 EMACS가 대표하고 있던 설계 철학과 윤리적 정신을 표방하고 있었

2
Port(포트)는 다른 운영체제 혹은 환경에서 실행될 수 있는 버전을 만드는 행위를 지칭하며, Fork(포크)는 같은 환경에서 작동하되 특정 면모에서 (주로 기능적으로) 다른 버전을 만드는 행위를 지칭한다.

다. 확장성이란 사용자들이 스스로 소프트웨어 개선 애드온을 작성할 수 있으며, 작성한 애드온을 모두에게 쉽게 배포할 수 있다는 것을 의미했다. EMACS의 사용자들은 내재된 기능을 통해 수월하게 애드온을 추가하고, 새 애드온의 사용법을 익힐 수 있었다. 이 기능을 '자체 문서화 기능(self-documenting feature)'이라고 부른다. 확장성이 핵심 속성으로 여겨지는 이상, EMACS를 확장성 없이 모방할 경우 EMACS의 근본 속성 중 하나를 잃어버리는 것이었다. EMACS는 모듈성, 확장성을 중시한 설계를 통해 사용자들이 소프트웨어의 개선에 동참하고, EMACS가 어떤 기능이든 수행할 수 있도록 애드온을 적극적으로 작성할 것을 장려하였다. 이는 소프트웨어를 모방하기보다 복사 및 수정할 것을 추구하는 소프트웨어 철학이었다. 스톨만에게 있어서 EMACS의 확장성은 단순히 새롭고 기발한 발상이 아니었다. 오히려 확장성은 그가 MIT의 AI 연구소에 있을 때부터 동참해온 소프트웨어 작성자를 위한 일종의 도덕적 원칙의 표현이었다.

하지만 모든 사용자가 EMACS에 대해 스톨만이 가진 확장성의 공동체주의적 원칙과 질서(communal order)에 대한 생각들을 공유했던 것은 아니었다. 이 때문에 스톨만은 더 많은 사람들에게 EMACS 확장 애드온의 공유(sharing)를 장려하기 위해 소위 'EMACS 공동체(EMACS commune)'라고 불리는 것을 설립하였다. EMACS의 사용자 설명서 (AI 연구실 메모 554호, 1981년 10월 22일자) 안에 스톨만은 이 공동체에 대하여 자세하고 화려하게 설명하였다.

> "EMACS는 무료입니다. 대신, 당신은 EMACS를 사용함으로써 EMACS 공유 공동체에 가입하게 됩니다. 회원에게 요구되는 것은 작성한 모든 EMACS 개선 애드온을 공동체에 제출하는 것입니다. 이는 당신이 작성한 모든 라이브러리를 포함합니다. 또한 회원은 EMACS를 본래 제공된 온전한 형태로만 재배포할 수 있으며, 별도로 자신이 작성한 애드온을 배포할 수 있습니다. 무슨 일이 있어도, 당신을 위해서든 다른 사람을 위해서든, EMACS를 당신의 로컬 시스템에서 직접 복사하여 재배포하지 마십시오. 이는 거의 언제나 불완전하거나 비정상적인 복사본이 유통되는 상황으로 귀결됩니다. 지금도 소스코드 없는 상태의 불완전 복사본을 가지고 있던 사용자가 소스코드 배포가 가능한지 문의하는 한심한 일이 벌어지고 있습니다. […] 만약 EMACS의 복사본을 만들고 싶다면, MIT에서 제공한 배포 테이프 자체를 복제하거나, 테이프를 제게 반납하고 새 테이프를 받으십시오."

EMACS의 명성과 평판 덕분에 스톨만은 이 공동체

에 대하여 일정한 영향력을 행사할 수 있었다. 하지만 공동체를 통해 이득을 보는 것은 스톨만뿐만이 아니었다. 서로 다른 장소에서 같은 매크로 애드온을 필요로 할 수 있기 때문에, 각 사용자가 작성하여 제출한 애드온을 중앙에서 다시 재배포하는 EMACS 공동체의 애드온 제출 제도의 효용성에 대해서는 많은 사용자가 공감하였다. 이 공감대 덕분에 EMACS 공동체는 그 사용과 배포에 관련된 요구 조건이 특이하고 다소 강압적이었음에도 불구하고, 그 필요성과 공익성을 널리 인정받을 수 있었다.

엄밀히 말하면 EMACS 배포 합의서에는 법적 강제력이 없었다. 오직 스톨만의 평판, 스톨만의 사회적 종용, 그리고 EMACS를 개발하고 관리하는 스톨만의 노력에 화답(reciprocate)하고자 하는 사용자의 호의 정도가 EMACS 배포 합의서를 따르는 동기로 작용하였다. 그리고 한편으로는 스톨만이 아직 저작권이나 상표, 그리고 영업비밀 등의 지식재산권 제도에 깊이 손대지 않았었기 때문에, EMACS 공동체를 통한 통제가 EMACS의 관리에 있어 '당장 가능한 최선'으로 여겨졌다. 또 다른 한편으로는 당시 지식재산권법이 큰 변화를 겪고 있는 와중이었기 때문에 기업계와 학계 양측 그 누구도 최종적으로 어떠한 법적 제도와 장치가 정착할지 예측할 수 없었다. 스톨만의 '배포 합의서'는 EMACS 설계의 핵심 철학을 내세움과 동시에, 그가 AI 연구소에서 경험하였던 조직 문화와 '상부상조 정신'을 일반 표현으로 재정의한 느슨한 규율

집합의 결과였다.

소프트웨어에 대해서는 상표 등록(trademark)과 같은 법적 강제력을 가진 기준이 없었기 때문에, 타인이 자신의 EMACS 아종을 똑같이 EMACS라고 칭하더라도 스톨만이 이를 막을 수 있는 합법적 수단은 없었다. 그렇게 일어난 광범위한 EMACS 명칭 도용은 클리넥스나 제록스의 사례와 흡사하다. 시간이 지나면서 EMACS는 세계 곳곳의 대학과 기업에서 서로 다른 운영 체제 및 컴퓨터 아키텍처에 맞추어 수없이 포트, 포크, 수정, 복제, 그리고 모방되었다. 5~6년이 지나자 몇 가지 비교적 널리 사용되는 EMACS 종류가 공존하는 상황이 되었는데, 바로 이 시점에 1983년부터 1985년에 걸쳐 EMACS 논쟁이 발발하였다.

논쟁

'EMACS 논쟁'은 간단히 서술하자면 다음과 같이 요약할 수 있다. 1983년 제임스 고슬링(James Gosling)이라는 사람이 자신이 C언어로 작성한 UNIX용 EMACS 변종인 'GOSMACS'의 관련 권한을 소프트웨어 판매 기업인 유니프레스(UniPress)에 매각하였다. GOSMACS는 스톨만의 원본에 이어 두 번째로 널리 사용되던 EMACS이었으며 고슬링이 카네기 멜론 대학의 대학원생이던 시절에 작성한 것이었다. 그 이전까지 수년간 고슬링은 홀로 GOSMACS를 배포하며 유즈넷 상의 메일링 리스트를 통해 사용자 질문에 답하고 확장 애드온에 대하여 논의했다. 고슬링은 GOSMACS 사용자들에게 프로그램을 **재배포하지 않을 것**을 요구하며, 대신 GOSMACS 공식 배포처인 자신에게 연락하여 배포 받도록 하였다. 이런 점에서 GOSMACS는 EMACS와 같은 공동체라기보다는 일종의 '계몽군주제'를 통해 관리되는 공동체였다. 고슬링은 자신의 권한을 포기하지 않았으며, 대신 끊임없이 사용자들로부터 기능 개선, 버그 픽스, 그리고 기능 확장을 받아들여 새 버전에 포함시켰다. 이에 반해 스톨만의 EMACS 공동체에서는 사용자들이 자신의 애드온을 직접 배포할 수 있게 하고 '공식'

EMACS의 일부로 취급할 수 있도록 하였다. 1983년에 이르자 고슬링은 혼자서는 GOSMACS를 효과적으로 유지 보수할 수 없다고 판단했다. 고슬링은 기업이 이 역할에 더욱 적합하다고 여겼다.

스톨만은 GOSMACS를 유니프레스에 판매한 고슬링의 결정을 '소프트웨어 사보타주(software sabotage)'로 받아들였다. 고슬링이 분명 GOSMACS의 가장 핵심 작성자였던 것은 맞지만, 스톨만은 이 '아종' EMACS 또한 자신의 책임 및 통제 하에 있다고 느낀 것이다. 이에 더해 스톨만은 GOSMACS의 매각과 함께 비상업적인 UNIX판 EMACS가 존재하지 않게 되었다는 사실을 불쾌하게 여겼다. 이 상황을 타개하기 위해 스톨만은 직접 새로운 UNIX용 EMACS 판본인 GNU EMACS를 작성하여 동일한 EMACS 공동체 조건 하에서 배포하였다. EMACS 논쟁의 쟁점은 바로 GNU EMACS를 작성하면서 스톨만이 고슬링의 코드를 일부 사용했다는 점이었다(스톨만은 허가를 받고 사용한 것이라고 주장하였다). 이에 대해 유니프레스를 비롯한 많은 사람들이 스톨만의 행동을 비판하였다. 당사자 간에 법적 경고까지 오가는 상황에서 논쟁은 결국 고슬링의 코드를 단 한 줄도 담지 않은 "비(非)고슬링" UNIX용 EMACS를 스톨만이 새로 작성하면서 종결되었다. 이 새로운 EMACS는 이후 UNIX를 위한 표준 EMACS로 자리를 잡게 되었다.

GOSMACS를 둘러싼 이 사례는 당시 변화하던 법

적 맥락, 특히 저작권 제도에 대해 다양한 질문을 낳았다. 그 당시까지 해결되지 못했던 주요 질문은 세 가지로, 소프트웨어에 저작권법이 적용되는가의 여부, 법적으로 '개별 소프트웨어'로 인정받기 위한 기준, 그리고 저작권 침해가 성립하기 위한 조건이었다. EMACS 논쟁은 세 문제 중 어느 것에 대해서도 결론을 내놓지 못했지만 (앞의 두 문제는 이후 미 국회와 법원이 판단하게 되었고, 마지막 문제는 지금도 논란의 대상이다), 관련된 법적 쟁점을 명백히 드러내 줌으로써 스톨만으로 하여금 느슨한 EMACS 공동체를 포기하는 대신 1985년 최초의 카피레프트(copyleft, 무료 소프트웨어) 라이센스인 GNU 일반 공용 라이센스를 도입하도록 했다.

1983년 4월 고슬링은 GOSMACS의 매각 결정을 발표하였다. 고슬링의 발표 이전에도 EMACS의 다양한 버전을 둘러싸고 여러 논의가 이루어지고 있었다. 이미 '상용화'된 스티브 짐머만(Steve Zimmerman)의 CCA(Computer Corporation of America) EMACS 또한 논의의 대상이었다. EMACS 사용자 유즈넷 그룹이었던 "net.emacs"의 구독자 중 일부는 CCA EMACS와 GOSMACS의 성능을 비교하였는데, 사용자 중에는 이 비교 자체를 반대하며 상용 소프트웨어와 비상용 소프트웨어를 같은 잣대로 판단하는 것은 올바르지 않다고 주장한 이들도 있었다. 이러한 비판으로 미루어 볼 때 4월 9일 고슬링의 매각 발표는 상당히 놀랍게 다가왔을 것이다. GOSMACS는 이미 '비상업적' EMACS로 인식되고 있었기 때문이었다.

"제가 작성한 EMACS 버전은 이제 유니프레스라는 기업을 통해 상업적으로 배포됩니다. 이 시간부로 유니프레스가 개발, 관리를 담당할 것이며 제대로 된 사용자 설명서 또한 배포할 것입니다. […] 이에 따라 안타깝게도 제 EMACS의 배포는 더 이상 제 소관이 아닙니다. 이는 어려운 결정이었지만, 저는 이제 이러한 조치가 필요한 단계에 도달했다고 생각합니다. […] 유일한 대안, 즉 GOSMACS를 공공 영역으로 내버리는 것(abandoning)을 받아들일 수가 없었습니다. 공공재가 되면서 망가지는 프로그램을 지금까지 너무나 많이 목격했습니다. 유니프레스를 지지해주십시오. 유니프레스는 그들이 받는 지지와 호응의 양에 비례하여 EMASC의 유지에 투자할 것입니다. 그들은 합리적인 가격으로 EMACS를 배포하고 있습니다."

테이프를 배포하던 고슬링의 직무는 '감당이 불가능한' 수준에까지 도달하였다. 그리고 고슬링은 기업과 같은 대규모 조직이 관리와 포트 등의 작업을 담당해야 한다고 인식하고 있었다. 하지만 비록 고슬링이 GOSMACS를 공동 작업의 산물로 보지 않았을지라도, GOSMACS의 개발에 상당히 많은 사람의 노력과 제안이 기여하였던 것은 사실이었다. 그리고 이러한 도움 중 상당 부분은 GOSMACS를 무료로 배포하는 고슬링의 노고에 대한 호응의 표현이었다.

하지만 '무료(free)'로 배포된다고 하여 그것이 '공공재'가 되는 것은 아니었다. "공공 영역으로 내버리는" 것이 소프트웨어를 파괴하고 말 것이라는 고슬링의 주장에서 이러한 구분이 이루어지는 점을 확인할 수 있다. 그리고 이 구분은 법적으로 매우 중요하다. '무료'는 대가를 받지 않는다는 것만을 의미했으며, 고슬링은 자신이 GOSMACS의 유일한 저자이자 소유주, 관리자, 배포자이며 그렇기 때문에 GOSMACS가 생산하는 가치 또한 자신의 처분 하에 있다고 생각하였다. "공공 영역으로 내버려두는" 행위는 상기한 권한을 모두 포기한다는 것을 의미하였다. 대신 GOSMACS의 매각은 상기한 권한을 유니프레스에 넘기고, 고슬링이 여태까지 무료로 제공해온 서비스를 이제 유니프레스가 유료로 제공하게 된다는 것을 의미하였다. 공공재와 무료 배포의 구분을 모두가 이해하고 있던 것은 아니다. 많은 사람들이 GOSMACS가 무료라는 점에 근거하여 GOSMACS를 공공재로 취급하고 있었다. 리처드 스톨만 또한 그런 의견이었다. 그렇기에 그는 사람들에게 '반-아종' 유니프레스판 EMACS를 사용하지 말 것을 종용할 수 있었다. 이는 공공재를 무단으로 상용화하는 것이었기 때문이었다.

스톨만에게 'Free(무료/자유)'는 단순히 '공공재'나 '무보수 배포'에 국한되는 표현이 아니었다. 그의 EMACS 공동체는 EMACS를 무료로 배포할 뿐만 아니라 모두의 노력을 모아 EMACS를 유지하고 지속적으로 성장시킬 수단이었다. EMACS 공동체는 '공동 관리(community stewardship)'의 조직이었으며, 고슬링 또한 1983년 4월까지는 이 공동체의 일원이었다.

UNIX판 EMACS의 '소실'은 당시 스톨만이 계획 중이던 GNU 프로젝트에도 영향을 끼쳤다. GNU[3]는 완전히 새로운, 비상업적인, AT&T와 무관한 유사-UNIX 운영체제이다.[4] 1983-1984년 당시의 스톨만은 아마 GNU에 대해서도 EMACS 공동체 규율을 적용할 생각이었을 것이다. 그는 소프트웨어의 배포와 판매장소, 인원을 통제하고, 소프트웨어의 수정 사항을 전부 자신에게 제출할 것을 요구함으로써 EMACS 공동체의 규율을 여태까지의 방법으로 느슨하게 강제할 생각이었다. GNU 프로젝트는 EMACS 논란 당시까지는 거의 어떠한 관심도 받지 않았으며, AT&T의 UNIX 라이센스 정책에 대한 논의 속에서 간간이 언급되는 수준이었다.

본래 GNU에 대하여 스톨만이 가지고 있던 계획은 핵심 운영 체제인 커널(kernel)을 중심으로 시작하는 것이었다. 하지만 EMACS 논쟁이 발생하면서 스톨만은 우선

3
Gnu's Not Unix! (GNU는 유닉스가 아닙니다!) 라는 해학적 표현의 역조합 약자. Gnu는 누우소를 말하며 이는 GNU의 로고이기도 하다.

4
AT&T는 UNIX의 저작권을 보유한 기업이다. GNU는 UNIX와 매우 흡사하며 같은 기능과 사용법을 공유하되, UNIX의 코드를 사용하지 않기 때문에 UNIX에 대한 AT&T의 저작권의 적용을 받지 않는다. UNIX를 둘러싼 복잡하고 불편한 지적재산권 제약을 우회하기 위해 GNU가 개발되었다.

EMACS를 개발하고, 그 중심으로 프로젝트를 재구축하는 방향으로 선회하였다. 1984년부터 1985년 초에 걸쳐 그와 동료들은 GNU EMACS의 UNIX판을 개발하기 시작했다. 같은 기간동안 두 종류의 상용 UNIX EMACS (CCA EMACS와 유니프레스 EMACS) 또한 지속적으로 배포되고 개선되었다. 1985년 3월 스톨만은 UNIX BSD 4.2버전에서 가동되는 GNU EMACS의 첫 완성판(버전 15)을 공개하였다. 스톨만은 그의 화려한 어법으로 컴퓨터 프로그래머 간행지인 『닥터돕스 Dr. Dobbs』에 "GNU 선언"이라는 제목의 글을 게재함으로써 새 프로그램의 등장을 알렸다. 하지만 GNU EMACS는 이내 두 상용 배포업자에 의해 문제시되었는데, 가장 큰 문제는 바로 GNU EMACS 15.34버전에 제임스 고슬링의 저작권이 표기된 코드가 포함되어 있다는 점이었다.

문제가 되는 코드를 발견하는 것은 어렵지 않았다. 스톨만은 언제나 프로그램과 그 소스코드를 함께 배포했기 때문이었다. 하지만 저작권 표기 코드의 사용은 곧 EMACS 사용자들 사이에서 뜨거운 논쟁의 대상이 되었다. 그리고 이 논쟁에서 저작권의 원칙과 침해의 기준, 소프트웨어의 정의, '공공재'의 의미, 다양한 지식재산 개념들(특허, 저작권, 영업비밀 등)의 차이, 사용 허가의 법리 등의 주제가 핵심 쟁점이 되었다. 간단히 말해 차후 소프트웨어를 둘러싼 지식재산권(IP) 논쟁에서 쟁점이 될 거의 모든 주제들이 제기된 것이었다.

논쟁은 6월 초 net.emacs에서 시작되었다. "RMS(스톨만)의 작업은 유니프레스가 입수하기 전에 고슬링이 배포한 코드에 기반을 두고 있다. 고슬링은 그 코드를 공공재로 내놓은 것이므로 고슬링의 당시 코드에 기반을 둔 작업 또한 공공재다"라는 내용의 게시글이 게재되었다. 이 주장은 상기하였듯 고슬링이 자신의 코드를 공공재로 내놓은 적이 없기 때문에 분명히 틀린 주장이었다. 하지만 이 게시글은 곧이어 CCA EMACS의 저자인 스티브 짐머만으로부터 장문의 답변을 받았다 :

> "이 글에 서술된 내용은 고슬링이 공개석상에서 설명한 실상과 전혀 다릅니다. 유니프레스와 거래하기 이전부터 고슬링의 정책은 한결같았습니다. 누구든 고슬링의 EMACS를 보내줄 것을 그에게 부탁할 경우 보내주었겠지만, (최소한 공개적으론) 자신 외의 누구에게도 그의 EMACS를 복제할 권한을 주지 않았습니다. 유니프레스가 고슬링의 EMACS를 판매하기 시작한 이후 고슬링은 무료로 소프트웨어를 배포하는 것을 중지하였으며, 이전과 마찬가지로 누구에게도 복제할 권한을 주지 않았습니다. 오히려 그는 유니프레스에게서 EMACS를 구매할 것을 제안하였습니다. 그가 배포한 EMACS의 모든 버전은 그의 저작권 표기를 담고 있으며, 그러므로 어느 것도 공공재가 아닙니다.

저작권자의 허가 없이 저작권 표기를 제거하는 것은 물론 불법입니다. […] 이것이 의미하는 것은, RMS(스톨만)가 고슬링으로부터 자신의 코드를 재배포할 허가서를 받은 것이 아닌 이상, GNU EMACS의 복제는 저작권법을 위반한다는 말이 됩니다. 이런 복사본을 만드는 사람들은, 로컬에서 복사하는 것을 허용하는 사람들을 포함해서, 모두 큰 배상금을 물어야 할지도 모릅니다. 저는 RMS가 자신에게 고슬링의 허가서가 있는지 밝혀야 한다고 봅니다. 만약 그런 허가서를 가지고 있었다면, 왜 여태까지 공개하지 않은 겁니까? 이전에, 특히 아예 프로그램을 처음 배포할 때부터 허가서 보유 여부를 밝혔더라면, 이런 혼란도 없었을 것입니다. 만약 허가서가 없다면, 그는 대체 왜 배포에 나서고, 또 다른 사람들도 코드를 배포할 것을 종용함으로써, 수많은 사람들이 법적 책임을 물어야 할지도 모르는 상황을 만든 겁니까?
물론 저는 무료 소프트웨어에 대해 반대하는 것이 아닙니다. 이 나라는 자유의 나라이고 사람들은 하고 싶은 대로 할 권리가 있습니다. 그저 강조하고 싶은 점은, 무료 소프트웨어를 배포하는 사람들이 자신의 법적 권한 유무 여부를 확실히 확인하든가, 잘못의 대가를 치를 준비가 되어있어야 한다는 것입니다. (1985년 6월 9일, 스티브 짐머만)"

그러자, 이튿날 스톨만 본인이 윗글에 답하였다.

"누구도 GNU EMACS를 사용하거나 배포하는데에 두려움을 느낄 필요가 없습니다. 제가 그 어떤 소프트웨어도 누군가의 소유물이 될 수 없다고 믿는다는 점은 널리 알려진 사실입니다. 하지만 GNU 프로젝트에 대해선 저는 법을 지키기로 하였습니다. 저는 제가 배포 권한을 가지고 있지 않은 코드는 일절 보지도 않았습니다. GNU EMACS의 약 5% 정도는, 비록 제가 상당히 수정하였기는 하나, 고슬링 EMACS의 구버전과 흡사합니다. 저는 펜 라발머(Fen Labalme)를 중계자로 하여 이를 배포하고 있으며, 라발머는 고슬링으로부터 코드를 배포할 허가를 받았습니다. 합법성을 확고히 하기 위해 저는 관련 파일 앞머리에 상황을 설명하는 글을 포함했습니다. 사람들에게 경고해야 한다는 말이 돌고 있는데, 무엇을 경고해야 한다고 말하는 것인지 저는 모르겠습니다. 물론, 짐머만이 사용자들을 겁주려 시도할 것이라는 점은 경고해야 하겠지요."

스톨만이 자신의 고슬링 코드 사용 여부에 대해 처음 내놓은 답변은 그가 그것을 배포할 권한을 가지고 있다는 것이었다. 스톨만의 주장으로는 펜 라발머가 GNU EMACS 15.34의 디스플레이 관련 코드에 대해 허가서를 보유하고 있었다(이 허가가 단순 사용에 대한 것인지 배포에 대한 것인지는 불분명하다). 스톨만에 의하면 고슬링 EMACS의 라발머 버전의 변형이 이곳저곳에서 쓰이고 있었으며(이 중에는 라발머의 고용주였던 메가테스트(Megatest)도 있었다), 스톨만은 자신의 주장이 상당한 법적 설득력을 가지고 있다고 생각했다.

짐머만과 스톨만의 게시글이 게재된 이후 2주간 수많은 게시글이 저작권(copyright), 소유권(ownership), 배포(distribution), 그리고 저작자(authorship) 개념에 대하여 논하였다. 고슬링은 GOSMACS가 단 한 번도 공공재로 전환된 적이 없다는 것을 다시금 확인하였지만, 집을 두 번 이사하는 과정에서 많은 기록물이 사라져 라발머에게 배포 허가를 주었는지 주지 않았는지 확인해줄 수 없다고 밝혔다. 고슬링의 답변은 전략적 모호함을 추구한 것일 수 있다. 만약 그가 허가를 준 것이 맞다면 매입한 소프트웨어에 대한 전적 권한을 기대하고 있었던 유니프레스의 분노를 샀을 것이다. 반대로, 그는 스톨만의 재배포에는 찬성하였지만 이에 대하여 법적 책임을 물을 수 있는 답변을 피한 것일 수도 있다.

고슬링 코드의 사용에 대한 스톨만의 입장은 법적으로 타당치 않은 주장이었을 수 있다. 짐머만은 CCA EMACS

에 대한 자신의 경험을 토대로 스톨만과 라발머가 필요로 하는 종류의 허가가 어떤 조건을 충족시켜야 하는지 상세히 설명하였다. 그동안 유니프레스 또한 공식 발표를 내놓으며 "GNU EMACS 프로그램의 일부분은 분명히 공공재가 아니며, GNU 프로그램의 사용이나 배포는 합법성이 밝혀지지 않았다"고 하였다. 물론 이 메시지의 모호한 표현은 유니프레스가 소송을 준비 중인지 아닌지 여부에 대해 많은 사람들을 궁금하게 했다. 전략적인 면에서 볼 때, 유니프레스는 해커들과 net.emacs의 구독자들로부터 좋은 평판을 유지하고자 했던 것으로 보인다. 그들 대부분이 잠재적 고객이었기 때문이다. 게다가 만일 고슬링이 스톨만에게 허가를 준 것이 맞다면, 유니프레스 자신들이 불확실한 법적 기반 위에 있는 것이 되며, 이 때문에 GNU EMACS 사용자들에 대한 확고하고 명백한 법적 경고를 제시할 수가 없었다. 어떤 경우든, 허가가 실제로 필요한지 여부는 중요한 문제가 아니었다. 관건은 오로지 허가가 주어졌느냐 하는 것이었다.

하지만 곧 조금 더 복잡한 법적 문제가 부상하였다. 그것은 타인이 고슬링에게 제공한 코드의 법적 지위였다. 펜 라발머가 net.emacs에 올린 새 게시글에서 주장하기를, 이전에 언급하였던 "허가서"의 법적 상황을 명백히 밝혀주지는 못했지만 (라발머도 허가서를 찾아내지 못하였다), 이 논란과 관련된 중요한 의문을 제기하였다. 라발머를 포함한 많은 사람들이 GOSMACS 개발에 기여하였고, 고슬링은 GOSMACS를 유니프레스에 매각하면서 기여자들의 노력의 결과물을 그들의 허가 없이 함께 매각하였다는 점이었다. 라발머는 게시글에서 다음과 같은 말을 남겼다. "GOSMACS 개발에 기여한 '제3자'중 하나로서, 저(라발머)는 고슬링이 유니프레스에 편집기를 매각했다는 소식을 듣고 분노하였습니다. 그 거래는 우리가 GOSMACS의 기능 개선안, 프로그램 수정본, 그리고 버그 픽스를 고슬링에게 보내주면서 그에게 걸었던 기대와 신뢰를 저버리는 행위였습니다. 무엇보다 한때 자랑스러웠던 '해커 윤리'를 버리고 그 자리를 대체한 최근의 '돈과 상업적 이득만 추구하는(mercenary)' 태도가 안타깝습니다. EMACS는 우리 모두의 삶을 개선할 수 있는 도구입니다. EMACS가 발전해 나갈 수 있도록 힘을 합칩시다!"

라발머의 메시지의 함의는 바로 고슬링이 유니프레스에게 코드를 매각하면서 타인의 권리를 침해했을지도 모른다는 점이었다. 뒤이어 요아킴 마르틸로(Joaquim Martillo)의 게시글이 라발머의 주장을 뒷받침해주었다. "이 모듈들은 크리스 토렉(Chris Torek) 등 여러 타인이 아직 고슬링의 EMACS가 아직 공공재였을 적에 기여한 코드를 포함하고 있다. 자신의 코드가 다른 사람의 제품의 일부가 될 것을 알았다면 그 사람들이 코드를 기여했을까?" 이 복잡한 상황에는 상당한 아이러니가 있었다. 스톨만은 고슬링이 라발머에게 준 허가를 근거로 고슬링의 코드를 쓰고 있었지만, 고슬링은 라발머가 고슬링을 위해 작성해준 코드를 라발머의 동의 없이 유니프레스에게 매각한 것이다. 게다가 그들 모두 상당부분 스톨만의 발상과 노력의 산물이었던 EMACS를 개발 중이었고(심지어 EMACS는 20년 전에 개발된 편집기인 TECO의 발상과 노력에 기반을 두고 있었다), 스톨만은 고슬링이 UNIX에 맞춰 편집한 EMACS를 다시 편집하기 위해 바쁘게 일하고 있었다. '한때 자랑스러웠던' 해커 윤리는 이제 고귀한 자세가 아니라 단순히 잘못된 관리 정책으로 보이고 있었다.

1985년 7월 4일에 이르러 스톨만이 EMACS의 디스플레이 코드를 아예 백지화하고 다시 쓸 것을 선언하면서 이 논쟁은 의미가 없어져 버렸다. "저는 아직 라발머와 제가 고슬링의 코드를 배포할 권한이 있다고 믿지만, GNU 프로젝트에 대한 사람들의 신뢰를 깨지 않는 것을 우선시하기로 하였습니다. 저는 여태까지 본래 찾기 어려울 것으로 생각하였던 문제 코드의 재작성을 위한 해결책을 오늘 밤 찾았습니다. 아마 이번 주말 안에 새 버전을 완성할 수 있을 것입니다." 그리고 7월 4일 스톨만은 다음의 게시글을 게재하였다. "유니프레스로부터의 해방과 자유를 축하합시다! 100% 비(非)고슬링 버전인 EMACS 버전 16이 지금 여러 곳에서 테스트 중입니다."

스톨만이 보여준 경이적인 코드 작성 속도는 물론 그의 소프트웨어 작성 실력에 기인하는 것이지, 어떠한 임박한 법적 조치를 피하기 위한 노력은 아니었다. 유니프레스는 (회사의 평판에 대하여 걱정하였던 것으로 보이지만) 버전16 이 게시되고 한 달이 지나서야 고슬링 코드를 사용하지 않는 EMACS에 법적 책임을 물을 의사가 없다고 발표하였다.

스톨만과 유니프레스의 입장 양측에 걸쳐 다양한 논쟁 관전자들이 당사자들을 비판하거나 변호하였다. 많은 사람들은 스톨만이 EMACS의 '발명가'로서 인정받을 수 있다는 점을 지적하면서 스톨만이 자신의 발명품에 대해 저작권을 침해할 수 있다는 상황이 아이러니하다고 말하였다. 또 다른 사람들은 유니프레스의 무고함과 사태 해결에서 보여준 윤리적 책임감을 변호하며 그들이 프로그램 자체보다는 프로그램에 대한 관리 지원 서비스를 제공하고 있는 것이며 이는 보수를 받을 만하다고 말하였다. 몇몇 구독자들은 스톨만이 디스플레이 코드를 다시 작성해야 했다는 점을 들며 GNU 선언에 담긴 아이디어가 증명된 것이라고 주장하였다. 바로 상용 소프트웨어가 혁신을 방해한다는 것이었다. 물론 이 논의의 기저에는 프로그래머들이 자신들이 작성한 코드에 대하여 어렴풋이 느끼고 있던 깊은 '소유 감각'이 깔려 있었다. 스톨만, 고슬링, 짐머만 등의 핵심 기여자 외에도 많은 사람들이 EMACS에 이바지하였다. 그리고 기여한 사람 대부분이, 그것이 법적으로 옳든 그르든, 자신의 기여 내용을 타인이 앗아가거나, 심지어 상용화할 일은 없을 것이라는 기대 하에 시간과 노력을 투자한 것이었다.

그러므로 고슬링의 EMACS 매각은 그가 EMACS의 공공 관리에 참여했던 경력과는 다른 차원의 문제였다. 소프트웨어 제작과 관리 사이의 구분은 현실에 기반을 둔 객관적 구분이라기보다는 상당 부분 지식재산권법의 구조에 의해 유지되고 있는 철학적 픽션이다. 소프트웨어의 관리는 그 개선을 의미할 수 있고, 개선은 또 타인의 저작과 발상을 도입하는 것을 의미할 수 있다. 계속 변화하는 지식재산권법 체제 속에서 소프트웨어를 개선하는 작업은 느슨한 '해커 윤리'나 실험적 '공동체'와는 다른 판단 기준을 요구한다. 한 프로그래머의 작은 개선은 다른 프로그래머의 창조적 기여일 수 있는 것이다.

맥락

EMACS 논쟁은 미국 지식재산권 제도가 70년 만의 대대적인 변화를 겪은 직후에 발생하였다. 이 제도적 맥락은 두 가지 측면에서 중요하게 논의될 필요가 있다. 1) 법률의 실천과 법리적 지식은 매우 천천히 바뀌며, 행위자들의 규칙과 전략의 변화를 즉시 반영하지 않는다. 그리고 2) 미국 법률은 성문법과 판례법 사이의 상호작용이 어떤 결과로 이어질지 절대로 확신할 수 없으며, 때문에 구조적인 불확실성을 야기한다. 첫째로, 1970년대에 성장한 프로그래머들은 소프트웨어에 관한 상업적 관행이 전적으로 저작권이 아닌 영업비밀(trade secrets)과 특허 보호에 의해 지배받는 것을 보면서 자랐다. 소프트웨어에 저작권법이 광범위하게 적용되는 상황으로 전환이 일어난 것은 (그리고 이러한 전환은 1976년과 1980년의 법률 변경으로 승인되고 용이해졌다) 전략과 법규 양쪽의 변화를 보여주는 것이라 할 수 있다. 우선 새 법리에 대한 이해와 그에 의거한 행동 양식은 대부분의 당사자에게, 심지어 법에 매우 해박한 관계자들 사이에서조차 매우 천천히 전파되었다. 두 번째로, 1976년과 1980년의 저작권법의 변화는 판례법에 의해서 다루어 지기까지 차후 10년 이상이 걸리게 될 정도로 많은 불확실 요소들을 포함하고 있었다. 여기에는 공정 사용(fair use) 원칙의 체계화 및 등록 요건 철폐의 영향은 말할 것도 없고, 소프트웨어의 저작물성, 소프트웨어의 정의, 그리고 소프트웨어 저작권 위반의 정확한 법적 의미를 찾는 등의 관건들이 있었다. 두 가지 측면 모두 EMACS 논쟁과 스톨만의 일반 공용 라이센스 창안을 위한 무대가 되었다.

법적으로 보았을 때 EMACS 논쟁은 소프트웨어의 저작권, 허가, 그리고 공공영역(public sphere)의 의미와 재사용(그리고 명시적으로 언급되지는 않았지만, 공정 사용)에 관한 논쟁이었다. 소프트웨어 특허와 영업비밀법은 직접 관련된 것은 아니었지만 논쟁의 배경으로서 작용하였다. 1981년의 '다이아몬드 대 디에르(Diamond v. Diehr)' 판결은 특허 가능성에 대한 최초의 강력한 판례로 여겨지지만, 많은 관계자들은 여전히 소프트웨어가 특허를 받을 수 없다는 (즉, 알고리즘, 발상, 그리고 근본적인 방정식은 특허의 범위를 벗어난다는) 법률적이고 전통적인 통설을 따랐다. 그들에 의하면 소프트웨어는 특허보다는 영업비밀에 의해 더 잘 보호될 수 있는 재산이었다.

다른 제도와 비교하여 저작권법은 소프트웨어 영역에서 거의 사용되지 않았다. 최초의 소프트웨어 저작권 등록은 1964년에 있었으며 IBM과 같은 몇몇 회사들은 일상적으로 모든 소스코드에 저작권 기호를 표시했다. 다른 회사들은 그들이 배포한 바이너리(binary)나 라이센스 계약서에서만 권리를 주장했다. UNIX 운영 체제 및 그 파생물에 기반을 둔 소프트웨어의 경우에는 저작권 적용이 특히 더 혼란스러운 상태이며 작성자가 그 저작권을 공표하는 방식에 광범위한 차이가 존재했다. 베리 골드(Barry Gold)의 비공식적인 조사에 의하면 제임스 고슬링, 월터 티치[5], 그리고 RAND 연구소(RAND Corporation)만이 저작권 공고를 적절히 사용하고 있었다. 고슬링은 또한 1983년에 EMACS의 소프트웨어 저작권을 최초로 등록했으며 스톨만은 1985년 5월 15.34 버전이 출시된 직후에 GNU EMACS를 등록했다.

소프트웨어의 지식재산권 체제가 영업비밀에서 저작권 중심으로 변환될 수 있을지에 관한 불확실성은 고슬링 코드의 재사용에 관한 스톨만의 진술에서 분명하게 나타난다. 스톨만과 고슬링이 (라이센싱을 통해서든 사용자에게 비밀을 유지하도록 요구해서든) 프로그램을 비밀로 유지하려고 하지 않았기 때문에, 두 프로그램 모두에 대하여 영업비밀 자격에 대한 어떠한 주장도 제기할 수 없었다. 그럼에도 누군가 어떤 코드를 (특히 영업비밀이 적용되는 UNIX 운영체제의 코드를) '보았는지', 또는 누군가에게 보여주었는지, 그리고 작성되거나 공개적으로 배포된 코드가 공공영역에 있는 것인지에 대한 우려가 자주 발생한다. 영업비밀 규칙 하에서 고슬링이 GOSMACS를 공개적으로 배포한 것은 그것의 재사용을 허가하는 것처럼 보인다. 하지만 저작권법 "엄격책임의 법(a law of strict liability)" 체제 하

5
Walter Tichy, 버전 관리 시스템(revision control system)의 작성자

에서는 허가가 명시되지 않은 사용은 법률 위반이다.

저작권 제도에 대한 불확실성은 부분적으로 소프트웨어 산업에서의 전략의 변화, 즉 저작권이 서서히 그리고 무계획적으로 영업비밀을 대체하게 된 불균형한 발전 상황을 반영한 것이었다. 이 전환은 기업에서 같은 이슈로 고심하고 있었던 변호사들만큼이나, 비상업적 프로그래머들, 연구자들 그리고 아마추어들이 그들의 작업을 해석하는 방식에 영향을 끼쳤다. 당연히 저작권과 영업비밀보호는 상호 배타적이지 않은 제도지만, 두 제도는 비밀유지의 필요성을 다른 방식으로 구조화한다. 또한 각 제도는 소프트웨어의 유사성, 재사용 및 수정과 같은 법리적 이슈들에 대해서 다른 주장과 함의를 내포하고 있다.

1976년 개정된 저작권 법안은 몇 가지 변화를 도입했다. 이 법안은 공정사용권리(fair use rights)를 성문화하고 등록 요건을 제거했으며, 저작권을 취득할 수 있는 물질의 범위를 상당히 확장시켰다. 하지만 이 법안은 소프트웨어에 대해서는 아무런 언급을 하지 않았다. 1980년이 되어서야 저작물의 새로운 기술적 사용에 관한 대통령 자문위원회(the presidential Commission on New Technological Uses of Copyrighted Works, CONTU)는 소프트웨어와 관련된 법 개정을 제안했다. 따라서 국회가 이 변화들을 도입하고 미국 저작권법 17장에 소프트웨어가 법에 의해 저작권을 취득할 수 있다고 간주될 수 있는 것임을 명시적으로 삽입한 것은 겨우 1980년에 이르러서였다.

저작권법에 대한 1980년의 개정안은 소프트웨어의 저작물성(copyrightability)에 관해 오랫동안 해결되지 않았던 세 가지 질문 중 하나에 답변하는 것이었다. 소프트웨어는 저작권을 취득할 수 있는가? 의회는 그렇다고 대답했다. 하지만 개정안은 '소프트웨어'가 무엇을 의미하는지는 지정하지 않았다. 1980년대 동안 일련의 법원 판결들은 소스코드, 오브젝트 코드 (바이너리), 화면 표시/출력, 모양과 느낌, 그리고 마이크로코드/펌웨어를 포함하여 무엇이 '소프트웨어'로 간주될 수 있는지를 명시하는 데 도움이 되었다. 의회는 얼마만큼의 유사성이 침해로 간주될 수 있는지도 명시하지 않았으며 이는 여전히 법원이 판단하고 있는 부분이다.

EMACS 논쟁은 상기한 세 가지 질문 모두에 직면하였다. 스톨만이 EMACS를 처음 만든 것은 저작권이 적용될지가 불분명했던 시절에 (즉, 1980년 이전에) 이루어진 일이었다. 스톨만은 EMACS의 가장 초창기 버전에 대한 저작권을 얻으려고 시도하지 않았지만, 1976년의 법 개정은 등록(registration) 요건을 제거하였다. 따라서 1978년 이후에 작성된 모든 소프트웨어는 자동으로 저작권 보호를 받았다. 등록은 저작권 침해가 의심되는 경우에 한해서 소유권을 주장하기 위해 동원되는 절차였다.

같은 기간, 소프트웨어의 저작권 취득이 가능한지 (혹은 저작권을 자동으로 취득하였는지) 여부는 사례마다 제각기 다른 결론이 내려지고 있는 상황이었다. AT&T는 영업비밀 제도에 의존하고 있었고, 고슬링, 유니프레스, 그리고 CCA는 저작물에 대해 협의하였으며, 스톨만은 위에서 언급한 대로 '공동체'를 실험하고 있었다. 1980년 개정안은 명시적으로 소프트웨어 제도를 둘러싼 불확실성을 해결하려 시도한 것이었지만, 모든 관련자들이 새로운 법안, 그리고 법안이 야기하는 변화를 즉시 이해하였거나 이에 부응해서 관행을 바꾼 것은 아니었다. 유즈넷 아카이브 도처에 1976년과 1980년의 변화가 소프트웨어 사용자들 사이에 제대로 이해되지 못하였다는 충분한 증거가 있으며, 특히 1990년대와 2000년대 해커들이 보여주는 법적 소양과 비교했을 때 그들의 이해 부족은 더욱 부각된다.

두 번째로, 모든 소프트웨어가 실행을 위해 다른 소프트웨어에 의존하고 있는 상황 속에서 '소스코드'의 의미와 '소프트웨어'의 의미 사이, 즉 소프트웨어 간 **경계**(boundary)를 어떻게 정의할 것인가에 대한 문제를 둘러싸고 긴장이 발생하였다. 예를 들어서, EMACS는 원래 (1962년에 작성된) 편집 프로그램이자 프로그래밍 언어인 TECO를 토대로 구축되었는데, 겉으로 보기에는 명백해 보이는 구분 (응용 프로그램 대 프로그래밍 언어)조차 이 상황에는 적용하기 힘들다. 만약 TECO가 프로그래밍 언어이고 EMACS가 TECO로 쓰인 응용 프로그램이라면, EMACS는 자체적인 저작권을 보유해야 한다. 하지만 만약 EMACS가 **편집 프로그램**으로서의 TECO를 확장하거나 수정한 것이라면 EMACS는 파생된 작업물이며 TECO의 저작권 소유자로부터의 명시적인 허가가 필요하다.

이 논쟁의 마지막 핵심인 무엇이 저작권 침해를 판별하는 기준인가에 관한 의문 역시 법률 또는 법적 판결에 의해서 해결되지는 않았다. 오히려 문제를 피하고자 단순히 새로운 코드를 다시 작성함으로써 해결되었다. 스톨만이 고슬링의 코드를 사용한 것, 제3자의 허가에 관한 그의 주장, 서면 허가의 존재 또는 부재, 고슬링에 의해 작성되지 않았지만 그의 이름으로 저작권이 등록된 코드를 포함했을 가능성이 큰 GOSMACS를 유니프레스에 판매한 것 등의 모든 이슈들이 침해의 문제를 복잡하게 만들었다. 다른 사람의 코드를 전혀 사용하지 않는 새로운 프로그램을 작성하는 것은 스톨만이 선택할 수 있는 유일한 해결책이었을 수 있다. 법원에서의 새로운 판례가 나타나지 않는 한, GNU EMACS 15.34는 스톨만에게 가장 안전한 옵션이었다. 15.34 버전은 다른 알고리즘과 코드를 통해서 똑같은 임무를 다른 방식으로 수행하는 완전히 새로운 버전이었다.

이렇듯 새로운 기술적 방법을 통해 논쟁은 일단 해결되었지만, 이는 다시 스톨만에게 새로운 문제를 제기했다. '무료 (free)'로 기부된 경우조차도 다른 사람의 코드를 사용하는 것이 법적으로 가능한지 아닌지가 명확하지 않다면, EMACS 공동체가 어떻게 '자유롭게' 살아남을 수 있다는 말인가? 다른 사람의 작업을 유니프레스에 판매한 고슬링의 행동은 합법적이었는가? 반대로, 스톨만은 공동체의 기여자 중 누군가가 자신의 기여 코드를 상용화하는 것을 막을 수 있는가? 이후에 그의 자원봉사자들과 기여자들이 스톨만에 의해 저작권을 침해당했다고 주장할 가능성을 어떻게 피할 수 있는가?

이러한 논쟁 속에서 1986년 스톨만은 (그가 1985년에 설립한) 자유 소프트웨어 재단(Free Software Foundation)에 소프트웨어의 비독점적 사용에 대한 동일한 권리와 함께 저작권의 공식 이전을 명시한 편지를 보냈다. 그의 무료 버전 GNU EMACS에 포함된 다른 사람의 저작물에 대해서 적절한 허가를 받지 못했다는 혐의를 받았던 스톨만은 앞으로도 똑같은 사건이 발생하는 것을 사전에 막기 위해 조치를 취했으며, 이는 결국 카피레프트(copyleft) 라이센스와 무료 소프트웨어 운동으로 이어졌다. 이렇듯 GNU 일반 공용 라이센스(General Public License, GPL)는 '해커윤리'의 승리를 표현하는 것이라기보다는, 오히려 변화하는 법률, 법정의 판결, 상업적이고 학술적인 관행, 그리고 새로운 미디어와 신기술의 한계와 형태에 대한 실험 등에 의해 둘러싸인, 비교적 광범위한 문화적 대화 속에서 등장한 구체적이고 가시적인 결과물이었다.

결론

EMACS 논쟁 이후 이야기는 상당히 빠르게 전개되었다. 스톨만은 MIT의 AI 연구소에서 사임하고 1985년 자유 소프트웨어 재단을 창립하였다. 그는 새로운 도구들을 많이 만들었지만 결국 애초에 약속했던 완전한 대체-UNIX 운영체제(OS)를 만들지는 못하였다. 그리고 그는 유닉스에 대항하는 운영체계를 GNU(GNU is not Unix!)라 부르고, 이 운영체제의 자유로운 사용과 배포, 소유에 관련된 일련의 라이센스를 작성하고 발급하였다. 그는 1989년 일반 공용 라이센스(GNU General Public License) 1.0버전을 처음 발표했다. 1990년 그는 맥아더 "천재"상(MacArthur "Genius" Grant)을 수상했고, 1990년대 동안 리누스 토르발스(Linus Torvalds)의 리눅스 (스톨만은 GNU/리눅스라고 불렀던) 제작부터 EMACS의 Xemacs 포킹(forking)에 이르기까지 새로운 세대의 해커들 사이에서 일어난 세간의 이목을 끄는 다양한 논쟁에 끊임없이 참여하였다. 그리고 자유 소프트웨어와 관련된 회의 및 이벤트에 자주 참여했고, 간혹 배제되기도 하였다.

일반 공용 라이센스와 자유 소프트웨어 재단의 창립은 종종 '해커 윤리'의 표현으로 이해되지만, EMACS의 이

야기와 그것을 구성하는 복잡한 기술적 및 법적 세부 사항들은 일반 공용 라이센스가 단순히 해커 정신 업적(hack) 이상의 것이었음을 보여준다. 그것은 무엇보다 새롭고 사적으로 조직된 합법적 '공동체'였다. 일반 공용 라이센스는 업계와 학계 양측의 규율과 관행으로부터 완전히 독립하였지만 그 맥락 속에 위치하였으며, 모호하고 끊임없이 변화하는 지식재산권 제도 속에서 구성된 결과물이었다. 산업계의 거인들이 기존의 지식재산권 관계를 보존하거나 심지어 강화하기 위해 노력을 기울이는 동안, 이 "해커 정신"은 국가 또는 기업의 현재 관행을 거부하고 그 국가/기업 결합체로부터 빠져나오고자 하는, 스스로를 규정하는 개인들의 자주권을 강조하는 급진적 대안이었다. GNU 일반 공용 라이센스의 수립은 관료적 근대성의 지배 구조로부터 자유로운 소규모 공동체의 황금기로의 복귀를 의미하는 것이 아니라, 그 구조로부터 새로운 무엇인가를 창조한 것이었다. 카피레프트의 등장은 기존 제도의 파괴를 통해 나타난 것이 아니라 오히려 기존의 제도가 유지되고 있기에 가능했던 것이었다.

EMACS는 여전히 광범위하게 사용되고 있고 (2010년 버전 23.2가 발표되었다) 유니프레스와의 논쟁은 역사 속으로 사라졌다. 일반 공용 라이센스는 가장 광범위하게 사용되고 가장 세밀하게 검증된 법적 라이센스가 되었다. EMACS 논쟁이 소프트웨어 프로그래머의 삶에서 분출된 유일한 논쟁인 것은 결코 아니다. 그렇지만 이제 와서 돌이켜본다면, EMACS

논쟁은 젊은 괴짜들이 관련된 논쟁에 개입하기 위해 익혀야 하는 사실상의 통과의례라 할 수 있다. 그리고 모든 코드 저작권 논쟁이 소스 코드의 완전한 재작성으로 귀결되는 것은 아니며, 오히려 오늘날 많은 논쟁 참여자들은 무료 소프트웨어 라이센스 하에서 소스 코드를 공개할 것을 요구한다. EMACS 논쟁은 어떤 면에서 소프트웨어 영역에서 이의 개발과 소유, 사용과 배포에 관련된 근본적이고 원초적인, 그리고 많은 참여자들에게 트라우마를 남긴 한 장면을 잘 보여준다고 할 수 있다. 그리고 이 논쟁을 통해 처음으로 자유 소프트웨어 라이센스와 그 사용 방식에 구체적인 형식이 나타났다. EMACS 논쟁은 이후 많은 소프트웨어의 소유와 사용, 배포에 관련된 후속 논쟁의 논의틀과 그 결과를 형성한 순간이라고 할 수 있다.

4

21세기 협력과 창의적 연구, 그리고 팬데믹 시대의 특허정치

4부에서는 21세기 생명공학 영역에서 기업과 기업가형 과학자, 그리고 정부와 대학 사이의 지식재산권을 둘러싼 최근 논쟁들을 살펴본다. 특히 에이즈 진단기술, 그리고 코로나 팬데믹 백신과 같이 현재에도 첨예하게 진행되고 있는 생명공학 영역에서의 지식의 소유를 둘러싼 논쟁들을 소개하고, 이를 통해 특허정치의 형태로 나타난 지식의 공공적 성격에 대한 이해가 어떠한 사회적, 공공정책적 함의를 던져주는지 토론, 성찰해볼 수 있을 것이다.

생의학 복합체 시대 창의적 연구의 소유권 : 스탠포드 대 로슈(Stanford v. Roche) 판결을 통해 본 미국 공공기금 기반 특허의 소유권 논쟁

저자 : 이두갑

들어가며 : 생명공학과 지식재산권

생명공학의 등장과 발전 과정에서 법, 특히 지식재산권 관련 법이 어떠한 역할을 수행해왔는지에 대한 연구는 과학기술과 법의 상호작용을 다루는 학문 분야에서 점차 중요한 주제로 부상했다. 일군의 연구들은 무엇보다 1970년대 중반 이후 생명과학과 의학 영역에서 특허의 범주(scope)와 그 소유권(ownership)에 관한 법적 정의의 변화가 생명공학의 등장과 생의학 부문의 혁신에 어떠한 역할을 해왔는지, 그리고 그 변화 과정에서 어떠한 정치적, 윤리적 이슈들이 나타났는지 주목해왔다. 일례로 1970~80년대를 거치며 미국의 법원은 생명과학의 혁신들, 특히 유전공학과 유전체학(genomics), 재생의학 등의 발전 과정에 있어 자연에 존재하지 않았던 유전자조작 박테리아나 작물, 온코마우스(Oncomouse)와 같은 유전공학의 산물들, 그리고 특정 셀라인(cell-lines)과 인간의 유전자에 이르기까지 기존에 특허의 범주에 포함되지 않았던 새로운 생명공학적 형태의 생명 존재(biotechnological forms of life)에 대한 특허를 부여하는 결정들을 내렸다. 이에 시민 사회와 환경 운동, 그리고 종교 단체 등은 생명공학에 의해 만들어진 혼종들이 생명의 존엄성에 대한 도전이자 자연 환경에

뜻하지 않은 위험을 가져다줄 수 있으며, 인간 신체의 일부인 유전자에 대한 사적 소유의 인정은 인간의 존엄성에 대한 심대한 도전이라 비판하기도 하였다. 이처럼 생명과학 분야의 발명과 혁신을 장려하고 생명자본주의(biocapitalism)를 가능하게 했던 법적 변화들은 특히 지식재산권의 범주라는 기술적 문제들을 생명의 존엄성과 소유에 대한 사회, 윤리적 논의의 중심에 위치시켰다.

다른 한편으로 1970년대 이후 공공기금의 지원을 받아 나타난 혁신적 발명들의 상업화를 촉진하기 위해 미국의 정부 관료들과 대학의 행정가들은 이들 특허의 소유권을 대학과 비영리 연구기관들에 이전할 수 있도록 했다. 특히 생명과학과 의학 연구를 지원하는 미국 연방정부 산하 국립보건원(National Institutes of Health, NIH)의 기관특허협약(Institutional Patent Agreement, IPA)이 그 첫 모델이 되었고, 이를 전 미국 연방정부 기관의 연구에 적용하도록 했던 1980년 바이-돌 법(Bayh-Dole Act)이 제정되면서 공공기금 기반의 발명들에 대한 사적 소유와 이에 기반한 생의학 기술의 상업화가 활발히 추진될 수 있는 법적, 제도적 기반이 마련되었다. 대표적으로 공공자금을 지원받은 대학의 연구자들은 유전자재조합 기술과 같은 생의학 기술에 특허를 출원하고, 이 특허의 사유화를 바탕으로 제넨텍(Genentech)과 같은 생명공학회사를 창업해 커다란 성공을 하게 된다. 그렇지만 1980년대 이후 생명공학산업의 등장은 공공기금 기반 연구의 사유화에 대한 문제가 공공 연구의 사유화와 연관되어 분배정의에 대한 논란이나 대학의 상업화를 둘러싸고 이해상충과 같은 윤리적 논란의 계기가 되었다. 세금으로 지원한 연구를 사적으로 소유하고 이를 독점하는 것이 시민의 건강이나 복지에 기여를 하는 것인지에 대한 논란을 시작으로, 생명과학과 의학을 통한 이윤의 추구가 신기술의 위험에 대한 논의를 가로막고, 객관적 지식의 추구와 지식 공유와 같은 학계의 규범을 저해하는 것이 아닌지에 대한 우려가 제시되었다. 이처럼 1980년 이후 가속화된 생명공학과 생의학의 혁신 과정에서 지식재산권의 소유를 둘러싼 법적 이슈들은 혁신과 공공이익의 균형, 분배정의와 이해상충과 같은 공공정책적, 윤리적 논의에 핵심적인 문제로 나타나고 있다.

이 글은 20세기 후반을 지나면서 생명과학과 의학, 그리고 생명공학 부분에서 지식재산권 논의의 지형도가 어떻게 변화되어 갔는지 살펴보는 것을 목적으로 한다. 이를 위해 특히 기초연구의 상업화를 통한 경제 혁신과 사익과 공공 이익의 균형 추구, 그리고 생명공학 신기술로 인한 사회적, 윤리적 이슈들의 논의에 중심에 위치해 있는 공공기금 기반 지식재산권의 소유권에 관한 중요한 논쟁을 분석할 것이다. 스탠포드 대 로슈(Stanford v. Roche) 소송은 미국의 공공투자 기반 연구성과의 특허 소유권을 둘러싼 대표적 법적 논쟁이다. 미국의 대표적 연구 대학인 스탠포드 대학(Stanford University)이 2005년 HIV 진단 기술에 관련된 특허의 소유권을 주장하며 다국적 제약회사인 로슈(Roche)를 상대로 제기해 2011년 최종 대법원 판결을 거쳤다. 스탠포드는 자신들이 지닌 HIV 진단 키트에 관한 3개의 특허들에 대한 권리를 로슈가 침해하였으며, 이에 로슈가 HIV 진단 키트를 상업화해 얻은 수익의 일부인 2억 달러($200 million)를 손해배상하라는 소송을 제기하였던 것이다.

이 소송의 쟁점은 우선 공공기금의 지원을 받은 연구성과의 지식재산권을 연구자 자신이 소유하는 것인지, 혹은 연방정부와의 연구계약 주체인 대학이 소유하는 것인지, 혹은 이 기술을 협력 개발했던 제3자인 기업이 소유할 것인지에 있었다. 스탠포드는 우선 대학 소속의 연구자 마크 홀로드니이(Mark Holodniy)가 후에 로슈에 합병된 생명공학회사인 시터스(Cetus)와 협력 연구를 수행하기는 했지만, 그 연구자를 포함한 스탠포드 연구진들이 후속 연구를 수행하여 HIV 진단 키트에 대한 특허권을 취득했다는 점을 명시했다. 나아가 스탠포드 대학은 HIV 진단 키트의 발명을 가능하게 한 연구가 미국 연방정부 NIH의 지원 하에 이루어졌다고 지적했다. 때문에 이 발명은 공공기금에 기반한 발명의 소유권을 대학에 이전하여 그 상업화를 촉진하려는 취지로 제정된 바이-돌 법(Bayh-Dole Act)에 따라 스탠포드가 소유하는 것이 옳다고 주장했다. 이에 로슈는 이 발명이 홀로드니이가 시터스와의 협력 연구를 통해 착상(conception)한 것이며, 그가 계약법상 이 발명의 소유권을 제3자인 시터스로 이전한 경우에 바이-돌 법이 이에 우선하여 적용될 수 없다고 주장하였다. 결국 로슈는 자신들이 이 특허들에 대한 공동 소유권(co-ownership)을 가지고 있으므로 스탠포드 대학의 특허 소송은 성립할 수 없다고 주장하였다.

이 글은 무엇보다 이 소송에서 나타난 지식재산권 소유권에 대한 논의의 기저에는 21세기 생명공학과 제약, 생의학 영역에서 어떻게 경제혁신과 공공이익 사이의 균형을 추구할 것인지에 대한 새로운 해석이 있었음을 드러내는 것에 그 목표를 둔다. 이를 위해 이 글은 특히 미국 연방대법원 판결을 앞두고 제출되었던 산업계, 학계, 정부와 벤처투자산업과 같이 다양한 이해관계자들의 법정조언서(amicus curiae brief)들을 분석하는 데 초점을 둘 것이다. 이를 통해 1980년대 이후 생명자본주의의 성장으로 공공자금을 지원받아 생의학 관련 첨단 지식과 기술을 발전시키는 대학과 첨단 과학기술 기반 산업인 생명공학과 제약산업과의 상호작용이 기술이전, 협력연구, 그리고 전략적 계약과 고용, 창업을 통해 매우 활성화되면서 지식재산권 소유의 논의 지형이 변화되었음을 살펴볼 것이다. 그리고 이러한 분석에 바탕해 공공 연구자금을 지원받은 발명의 경우에도 점차 창의적 발명가에게 발명의 소유권을 인정해주는 것이 혁신과 공공이익의 균형을 추구하는 데 보다 중요해졌다는 인식이 점차 광범위하게 나타났음을 보일 것이다. 결국 2011년 미국 대법원의 스탠포드 대 로슈 판결은 연방정부의 지원을 받은 연구자라 할지라도, 그 발명의 소유권이 우선적으로 발명자에게 있음을 명시하였다. 이러한 판결은 21세기 생의학, 생명공학, 제약 분야에서 기업의 투자가 증대하고 대학과 기업, 정부와의 상호작용이 활발해진 맥락에서 어떻게 지식재산권 소유에 관련된 문제를 협상하는 것이 혁신과 공공이익을 극대화할 수 있는가에 대한 논의의 결과를 보여준 것이라고 할 수 있다.

첨단 생명공학 시대의 협력연구 :
스탠포드와 시터스

스탠포드와 로슈 소송의 배경과 최근 학계와 산업계와의 협력 연구의 모습을 분석하기 위해 우선 스탠포드와 생명공학 회사 시터스의 협력 연구를 소송의 과정에서 나타난 법적 진술과 밝혀진 사실들로 서술할 필요가 있다. 사건의 기반이 된 스탠포드와 시터스와의 협력 연구는 당시 캘리포니아 지역과 미 전역에 나타났던 AIDS 질병에 대한 진단과 치료에 관한 것이었다. 1985년 캘리포니아 소재 생명공학회사인 시터스(Cetus)는 AIDS 바이러스 감염 여부를 진단하기 위한 기술 개발을 시작했다. 이 진단 기술 개발의 초기 단계에 시터스는 소량의 혈액 샘플에 존재하고 있는 DNA를 증폭할 수 있는 PCR 방법을 개발해 후에 노벨상을 수상하기도 했다. 당시 스탠포드 의과 대학의 전염병 학과(Department of Infectious Disease)의 교수이자 시터스의 과학자문위원(Scientific Advisory Board)이었던 토마스 메리건(Thomas Merigan) 교수는 PCR 개발 소식을 듣고, 이를 환자의 혈액에 있는 HIV DNA의 양을 측정하는데 이용할 수 있다고 생각했다. 이에 1988년 메리건 교수와 스탠포드 연구자 데이비드 슈왈츠(David Schwartz)는 PCR 기술을 그의 연구실에서 진행하고 있던 AIDS 치료제들의 임상적 효과를 평가하는데 응용하기 위해 시터스 사와의 협력 연구를 시작했다.

이 협력 연구의 일환으로 메리건의 연구실에 연구원으로 있었던 마크 홀로드니이(Mark Holodniy) 박사는 PCR 기술을 통해 특정 AIDS 치료제를 투여한 환자의 혈액 내 AIDS를 유발하는 HIV 수준을 측정해서 그 약의 임상적 효과를 판단할 수 있는 진단기술을 개발하려는 프로젝트에 착수한다. 21세기 생명과학 분야의 상업화 과정에서, 일상적으로 고용과 협력연구 과정에서 지식재산권 소유권에 관한 협약을 맺는다. 홀로드니이도 시터스와의 협력 이전에, 이미 스탠포드 대학의 연구진으로 고용 체결 계약 당시 대학에서의 연구 활동으로 인해 나올 발명에 대한 "권리, 발명권, 그리고 이익(right, title, and interest)"을 스탠포드 대학에 "이전할 것에 동의(agree[d] to assign to Stanford)"하는 저작권 및 특허 약정서(Copyright and Patent Agreement, CPA)에 사인을 했다. 스탠포드 대학에서 홀로드니이 박사를 고용한 교수는 곧 시터스에서 개발되고 있는 PCR을 이용해 자신의 연구가 좀 더 발전할 수 있을 뿐만 아니라, 이 기술 혁신에 기반해 HIV 연구에 기여할 수 있다고 판단했다. 이에 스탠포드 대학은 홀로드니이 박사와 시터스와의 협력 연구에 동의했다. 시터스와의 연구 계약을 맺는 과정에서 홀로드니이 박사는 시터스와의 협력 연구를 통해 얻은 "지적 아이디어와 발명 및 개량 기술을 시터스에게 이전할 것(will assign and does hereby assign... [to Cetus])"이라는 방문자 기밀 약정서(Visitor's Confidentiality Agreement, VCA)에 사인을 했다.

1989년 2월부터 11월까지 총 9개월 동안 홀로드니이 박사는 시터스의 실험실에서 PCR에 기반해 환자의 혈액 샘플에 있는 AIDS 유발 바이러스, 즉 HIV DNA의 양을 측정할 수 있는 새로운 진단 기법의 개발에 착수한다. 이 협력 연구를 시작할 당시 홀로드니이 박사는 PCR에 대한 지식이나 혈액 내 HIV 수준의 계량화에 관한 경험은 없었으며, 이에 시터스 연구자들의 조언과 회사가 보유한 다양한 PCR 관련 기술과 시약(reagents) 등을 사용하여 관련 연구를 발전시켰다. 홀로드니이 박사의 증언에 의하면 이 과정에서 시터스의 엘리스 왕(Alice Wang) 연구원은 HIV 계량화에 관한 기술적 정보를, 그리고 시터스의 클레이튼 캐시핏(Clayton Casipit) 연구원은 환자의 혈액에 있는 HIV의 양을 측정하기 위한 cRNA 물질을, 그리고 시터스의 셜리 권(Shirley Kwon) 연구원은 환자 혈액의 HIV DNA를 증폭시키는 PCR 기술의 적용에 필요한 프라이머(primer) 물질을 사용했다고 한다. 로슈는 이러한 사실에 기반해 후에 홀로드니이가 시터스를 떠날 무렵인 1989년 10월 이전에 시터스로부터 필요한 과학적 정보와 물질들을 얻어 이 발명을 착상할 수 있었다고 주장했다.

반면 홀로드니이와 그의 스탠포드 슈퍼바이저는 "시터스 과학자들의 도움 없이(without any input from Cetus scientists)" 환자 세포의 HIV DNA 수준을 측정하는 것보다는 혈액 플라스마의 HIV RNA 수준을 측정하는 것이 더 효과적이라고 판단, 프로젝트의 진행 방향을 독자적으로 바꾸었다고 주장했다. 그리고 이를 HIV 진단 도구로 기술적으로 구현하는 과정에서 시터스 과학자들의 도움과 관련 물질들을 제공받은 것은 사실이지만, 이 방법은 홀로드니이가 개발한 것이었고, 당시 홀로드니이가 참고한 관련 기술들은 공개되어 있는 것이었다고 주장한다.

1989년 12월 홀로드니이 박사는 환자의 플라즈마에서 추출한 HIV RNA 분석법을 학회 초록에 출판하기 위해 시터스의 허가를 요구했고, 시터스는 그들의 연구원을 공동저자로 한다는 전제하에 출판을 허가했다. 이에 이 연구를 수행하였던 시터스와 스탠포드 연구진은 공동 연구진 명의로 1991년 4월 『전염병 연구 Journal of Infectious Diseases』에 이러한 주장을 담은 논문을 발표하였다. 1990년 1월 홀로드니이는 1989년 9월 시터스와의 협력 연구를 통해 HIV 분석 방법을 발명했다는 취지로 시터스에 발명을 공개(disclosure)했다. 하지만 당시 시터스는 이 발명이 상업화를 통해 수익을 얻기에 적합하지 않은 것으로 판단했으며, 이에 더 이상 이 기술에 대한 특허의 출원이나 상업화 시도를 하지 않았다.

스탠포드로 돌아온 홀로드니이 박사는 자신의 HIV RNA 진단 기술이 특히 새로운 HIV 치료법이 환자에게 임상적 효과가 있는지 판별할 수 있는 유용한 기법이기에 지속적인 연구를 수행하며 보다 개선된 HIV 진단법 개발을 위해 노력하였다. 그와 스탠포드 연구진은 곧 특정 치료 후 HIV의 RNA가 감소하는 것을 측정할 수 있는 기법을 개발했으며, 이를 1991년 5월 스탠포드 연구진 단독 명의로 『임상연구 Journal of Clinical Investigation』에 논문을 발표했다. 1992년 5월 4일 스탠포드 대학은 이 논문에 기반해서 "AIDS 치료를 위한 바이러스 치료와 임상적 효과를 측정하기 위한 PCR 기법(Polymerase Chain Reaction Assays for Monitoring Antiviral Therapy and Making Therapeutic Decisions in the Treatment of Acquired Immunodeficiency Syndrome)"이라는 특허 신청서를 제출했다. 첫 특허 신청서에는 메리건과 마이클 코잘(Michael Kozal)만이 이 기법의 발명자로 되어 있었지만, 1992년 11월 스탠포드 대학은 미국 특허청에 발명자 수정 신청서를 제출하여 데이비드 카첸스타인(David Katzenstein)과 홀로드니이를 공동 발명자로 추가했다.

스탠포드는 또한 홀로드니이의 연구와 HIV 진단 기술 개발에 관련된 연구들은 모두 연방 정부의 지원을 받은 연구의 일환이었다고 밝혔다. 메리건 교수는 특히 스탠포드 내 자신의 실험실에서 이루어진 홀로드니이 박사의 연구가 두 개의 국립보건원 연구비 지원을 받았다고 주장했다(추후 로슈는 심문 과정에서 메리건 교수가 이 NIH 연구지원이 HIV라는 바이러스 연구에 관련한 안전 장비 및 연구실 리노베이션이라는 일반적 목적 하에 사용되었으며, 이 지원서에 PCR 기술에 기반한 연구가 있었는지에 대해서는 명시되어 있지 않다는 점을 지적했다). 이에 스탠포드 대학은 바이-돌 협약에 따라 1992년 NIH에게 발명 공개서를 제출했으며, 1995년 NIH로부터 공식적으로 이 발명의 소유권을 이전 받게 되었다.

한편 1991년 혁신적인 연구, 기술개발 성과를 내놓고 있었던 생명공학회사 시터스는 곧 다국적 제약회사인 로슈에 의해 합병된다. 이에 로슈는 시터스의 PCR 관련 기술들에 대한 법적 권리를 취득하게 되었다. 로슈는 PCR을 사용해 HIV RNA를 측정할 수 있는 진단 기술이 실제 환자들에게 사용될 수 있는지에 관한 임상 시업에 돌입하였고, 스탠포드의 메리건 교수는 임상시험 연구의 책임자를 담당했다. 1996년 6월 로슈는 드디어 진단기술의 상업화에 성공, 진단 키트를 판매하기 시작했으며, AIDS 치료 중인 환자들의 예후를 측정하는 데 필수적인 진단기구로 전 세계 수 백만명의 환자에게 사용되며 큰 수익을 가져다주었다. 이 과정에서 2000년 스탠포드 대학의 기술이전국은 로슈가 스탠포드가 보유한 3개의 특허들에 기반해 개발된 진단기술을 개발하고 있었으며, 이에 스탠포드와 이 특허들의 사용에 대한 특허 라이센싱 계약을 맺을 필요가 있다고 지적했다. 로슈는 이러한 스탠포드의 요청을 거절하면서 기술사용료를 지불하지 않겠다고 통보했다. 이에 2005년 스탠포드 대학은 로슈에 대한 특허침해 소송을 제기하였다.

이처럼 스탠포드와 시터스의 협력 연구를 살펴보

면, 20세기 후반 첨단 과학기술 기반 산업인 생명공학이 생명과학과 생의학 분야라는 기초 연구에 기반하고 있으며, 이에 기반하여 수익성 있는 과학 사업(scientific enterprise)을 수행하는 것에 여러 차원의 불확실성이 개입하고 있다는 점이 잘 드러난다. 우선 이들 분야에서는 기초 및 임상 지식과 기술들, 대학의 기초 및 임상 연구자들과 기업의 숙련된 실험가들이 복합적으로 네트워크화된 연구집단들을 이루고 상호작용하고 있다. 또한 많은 경우 기초 연구에 기반하고 있기 때문에 기술개발 경로가 예측 불가능하며, 기술적, 법적, 사업적 불확실성 하에서 진행되는 연구와 개발 프로젝트에서의 실패와 혁신이 반복되며, 그 단계 단계마다 연방정부와 산업체, 그리고 대학의 연구 자금들이 얽히고설킨 복잡다단한 과학 사업 형태를 보여준다. 과학사학자 스티븐 섀이핀(Steven Shapin)은 이러한 21세기 생명공학 기술들이 불확실성과 막대한 성공과 실패가 수반된 후기 근대적(late modern) 벤처 사업이며, 이 과정에서 과학기술적, 경영금융적, 법적 불확실성을 최소화하기 위한 다양한 노력들이 21세기 생명공학 벤처 사업을 특징짓고 있다고 지적하기도 했다.

21세기에 들어서면서 점점 더 많은 공공기금과 기업의 자본, 그리고 벤처 산업의 위험 자본들이 생명공학에서의 혁신을 기대하며 기초연구의 상업화를 위해 큰 투자를 수행하고 있다. 특히 바이-돌 법 이후 산학 협력 연구들이 크게 늘어났지만, 생명공학산업과 학계와의 협력 연구 시 나타나는 지식재산권 소유권에 대한 논란이나 이해상충과 같은 윤리적 문제에 대한 연구들은 여전히 협력 연구에 이득과 위험이 존재한다는 점을 지적한다. 대학의 입장에서 보면, 산학연구는 부가적 연구비 수주를 통해 관련 연구들을 확장시키거나 첨단 산업체들의 노하우와 지식들을 배울 수 있고, 이들과 상호작용하며 새로운 지식 교환과 발견, 혁신의 창출을 통해 부가적 수익을 얻을 수 있는 기회다. 하지만 이윤을 추구하는 기업의 속성 때문에 자유로운 과학 연구에 대한 교류나 여러 시약과 샘플 등의 소유와 공유가 힘들 수도 있고, 특정 연구 방향에 대한 강요나 이윤과 관련되어 연구 결과를 공개하지 않는 등의 이해상충과 같은 윤리적 문제 또한 존재한다. 그리고 산업체 역시 대학의 여러 규제와 관료적 절차의 복잡함 때문에 협력 연구를 진행하는데 여러 불확실성을 호소하고 있으며, 스탠포드와 로슈 소송의 경우처럼 협력 연구 결과물의 특허 소유권에 대한 분쟁 등이 점차 나타나고 있다. 이러한 맥락에서 지식재산 소유권에 대한 문제는 국가와 대학, 기업의 연구자들과 투자가 복잡하게 얽혀 있는 생명공학과 같은 후기 근대적 과학 사업에서 불확실성을 줄이고 혁신과 경제성장을 유인할 수 있는 법적 해결책을 찾기 위한 논의의 중요한 한 축으로 등장했다.

특허의 소유권과 후기 근대적 과학 사업에서의 공공의 이익

스탠포드 대 로슈 소송에서 첨예하게 논의된 것은 구체적으로 스탠포드가 출원한 3개의 특허 소유권에 대한 권리를 누가 가질 수 있는가에 대한 것이었다. 공공기금을 지원한 연방정부인가? 혹은 바이-돌 법에 따라 연구계약의 주체가 된 스탠포드 대학인가? 혹은 그 대학 소속 연구자인가? 혹은 그 대학의 연구자와 합동연구를 수행한 시터스라는 회사인가? 보다 광범위한 차원에서 이 논쟁은 바이-돌 법의 프레임워크 하에서 진행되어온 대학연구의 상업화와 관련된 여러 행위자들의 권리와 의무를 어떻게 재정의해야 할 것인가에 대한 근본적인 질문을 제기했다. 이를 논의하기에 앞서 우선 1980년 제정되어 대학 연구의 상업화를 촉진하고, 이를 법적으로 정당화하는데 결정적인 기여를 했다고 평가받아온 바이-돌 법이 연방정부 기금의 대학 연구자와 그 계약 주체인 대학, 그리고 연방정부와의 발명권 소유에 대해 어떻게 정의했으며, 그 이유는 무엇이었는지를 간략히 살펴보겠다.

바이-돌 법은 연방정부의 자금을 지원받은 대학과

비-영리 기관, 그리고 중소기업의 연구자들이 유용한 발명을 개발했을 경우, 이러한 공공기금을 지원받아 나온 발명의 소유권을 이들 연구 기관들에 이전하여 사적 소유를 보장해주고, 이에 기반하여 상업화와 기술개발, 창업을 장려한다는 취지로 제정되었다. 이 법의 기저에는 특히 NIH를 비롯한 미국의 연방 자금의 지원을 통한 연구의 성과들이 제대로 활용되지 못하고 있으며, 그 주된 이유 중의 하나가 특허의 공적 소유 때문이라는 인식이 깔려 있었다. NIH는 연방정부 연구 지원에 의해 제약, 의학 분야 등 국민의 복지와 직접 연관된 분야의 특허의 경우 이를 정부 소유로 하는 특허 정책을 펴고 있었다. 국민의 세금으로 지원한 연구의 결과물을 공적 영역에 두어 보다 많은 이들이 이를 사용할 수 있도록 하려는 취지였던 것이다. 하지만 1960년대부터 많은 제약 산업업체들, 그리고 대학의 연구자와 특허 관리자들은 대학에서 NIH 지원의 결과로 얻은 첨단 생의학 기술의 특허에 대한 공적 소유로 인해 이 기술에 대한 상업화가 이어지지 못하고 있다고 연방정부의 특허 정책을 비판했다. 동시에 여러 법적, 경제학적 연구들은 특허의 공적 소유가 오히려 공익의 증진을 저해하는 부작용을 가져온다며, 공공 특허가 '공유재의 비극'의 한 예라고 지적하기도 했다.

이에 일군의 연방정부 연구관리자들, 특허 전문가들, 대학의 행정가들은 공공 연구자금으로 인한 연구의 성과와 발명들이 공공이익의 창출에 도움이 될 수 있도록 이 소유권을 대학과 중소기업에게 양도함으로써 발명 초기에 이의 상업화를 촉진하는 유인을 제공하는 정책적 대안을 제시했다. 이 대안의 모델은 1968년 미국 NIH의 기관특허협약(IPA) 제도였다. 이 제도는 국립보건원과 협약을 맺은 연구 대학의 기술 상업화를 장려하기 위해 대학에 공적 자금 연구성과의 소유권을 이전할 수 있도록 한 것이었다. 이들은 미국 연방정부 전체의 특허 정책을 IPA와 같은 방식으로 개혁해야 하며, 이를 통해 1970년대 극심한 불황을 겪고 있던 미국 경제에 과학기반-첨단 산업의 성장을 통해 새로운 활력을 불어넣어야 한다고 주장했다. 이 IPA를 통해 1970년대 유전자재조합 기술의 특허권을 스탠포드와 캘리포니아 대학으로 이전하면서 생명의학의 상업화에 큰 성공을 거두게 되고, 이를 바탕으로 생명공학 산업이라는 첨단 과학기반의 신산업이 탄생하게 된다. 이에 1980년 IPA에 바탕을 두고 공공자금 기반 특허의 소유권을 대학과 비-영리 연구기관, 그리고 중소기업에 이전할 수 있도록 하는 바이-돌 법을 제정하게 된다. 바이-돌 법은 대학의 첨단 과학, 공학 지식과 벤처 캐피탈이라는 사업 모델을 통해 새로운 생명공학과 정보통신 분야의 첨단 산업들을 발전시키며 당시 미국 경제의 새로운 혁신을 이끌어내었다고 평가받는다.

바이-돌 법 제정의 역사를 살펴보면 알 수 있듯이, 이 법은 특허의 사적 소유와 공공 이익에 대한 새로운 이해를 바탕으로 공공 자금을 통한 기술의 상업화와 경제 성장을 추구하는 것이 공적 이득에 기여한다는 논의를 법제화한 것이었다. 이를 반영하여 바이-돌 법은 이 기술의 사적 이전이 공공이익이나 공중 보건을 심각히 해칠 경우 정부가 이를 회수하는 정부의 개입권(march-in right)을 보장하며, 제정 초기에는 대기업을 제외한 대학, 비영리 기관, 중소기업을 대상으로만 사적 이전을 허용하기도 했다. 다만 1984년 수정안에서는 대기업이 바이-돌 법에 의해 지식재산권 이전을 받을 수 있도록 허용했으며, 현재까지 미 연방정부는 바이-돌 법을 통해 사적 이전한 특허에 대해 한 번도 개입권을 사용한 적이 없다.

스탠포드 대 로슈 소송에서 첨예하게 논의된 것은 공공기금 기반으로 개발된 특허를 누가 소유할 수 있는가의 문제이다. 보다 더 넓은 맥락에서 스탠포드 대 로슈 소송의 기저에는 바이-돌 법에서 상정했던 것처럼 공공기금 사용 결과로 얻은 특허를 어떠한 방식으로, 그리고 어떠한 권리와 의무를 가지고 사적 이전하는 것이 결국 공공 이익을 증진하는 효과적 방안이라 볼 수 있는지에 대한 논의가 있었다. 이러한 맥락에서 이 소송은 바이-돌 법의 프레임워크 하에서 진행되어 온 대학연구의 상업화, 그리고 그 과정에서 협력을 수행하는 기업과 창업 생명공학회사와 같이 연구 상업화와 기술개발과 관련된 여러 행위자들의 권리와 의무를 어떻게 재정의해야 할 것인가에 대한 근본적인 질문을 제기했다. 특히 연방정부의 기금이 생의학 연구의 대부분을 차지했고, 이의 상업화에 대한 노력이 크지 않았던 1970년대 말과는 다르게, 21세기 후기 근대적 과학사업으로의 생명공학과 제약 산업에서의 지식재산권 소유는 보다 중층적인 논의를 필요로 한다. 복잡다단한 다학제간, 다기관간 협력 연구를 통해 혁신을 내고 있는 생명공학과 같은 영역에서 공공기금 기반 특허의 소유권에 대한 법적 정의를 어떻게 명확히 하여야 과학기술 벤처의 불확실성을 줄이고, 상업화를 촉진하고 공공의 이익을 증대할 것인지에 관한 새로운 판단이 필요했던 것이다.

스탠포드 대 로슈 소송에서 대학 측은 1980년대 제정된 바이-돌 법에 따라 연방정부의 자금을 지원받은 연구에 기반한 지식재산권의 소유권을 연방정부에서 이 자금을 지원받은 대학에 양도했으며, 이 발명의 소유권이 홀로드니이 박사가 시터스와 맺은 VCA 계약에 따라 회사로 이전되는 것이 아니라, 스탠포드와 홀로드니이 박사가 맺은 PTA에 따라 스탠포드로 우선적으로 이전되어야 한다고 주장했다. 바이-돌 법의 제202(d)조에 의하면 연방정부의 자금 지원에 의해 이루어진 발명의 경우 발명자보다도 대학이 이의 소유권을 "우선적으로 보유할 수 있는 우선권(superior right to retain title to the patents)"을 지니는 것으로 인정해야 한다는 것이 스탠포드의 주장이다. 그리고 스탠포드는 HIV 진단에 관련된 3개의 특허가 연방정부의 지원을 받은 스탠포드 연구진들이 독자적으로 연구한 결과 얻어진 것이라고 지적한다. 이 발명들은 홀로드니이가 약 9개월 동안의 시터스에서의 계약 연구와 실험실의 사용과 이로부터 얻은 정보에 기반해 이루어진 것이 아니라, 그가 스탠포드에 돌아와 국립보건원의 지원을 받아서 실시한 추가 실험과 개선을 통해 얻은 발명이라는 것이다. 일례로 HIV 진단법과 관련된 스탠포드의 특허 U.S. Patent Nos. 5,968,730은 홀로드니이 박사와 두 명의 스탠포드 연구자들을 그 발명자로 명시하고 있으며, 이 연구는 NIH 연구자금(연구계약 AI27762-04 & AI27766-07)에 기반한 것이라는 점이 나타나 있다. 스탠포드는 나아가 바이-돌 법이 대학에 공공기금 기반 특허의 소유에 대한 우선권을 인정하고 있다는 해석에 기반하여 결국 이 특허들이 스탠포드의 소유라고 주장한다.

이러한 스탠포드 대학의 주장에 대해 연방지방법원은 바이-돌 법의 제202(d)조에 서술되어 있듯이, 연방정부 지원을 통한 발명의 경우 홀로드니이 박사보다는 스탠포드 대학이 그 발명의 소유권에 대한 우선권을 지닌다고 판단했다. 그렇기 때문에 스탠포드가 그 소유권을 주장한 이상 홀로드니이 박사는 VCA에 의해 시터스로 그 발명을 양도할 수 있는 권리를 가지고 있지 않다고 판단했다. 그렇지만 연방지방법원은 홀로드니이 박사가 시터스에서의 연구를 통해 얻은 PCR 방법이 그의 HIV RNA 검출에 기반한 진단법 개발의 착상에 큰 영향을 미쳤으며, 그가 스탠포드로 돌아와서 행한 추가 연구와 실험들은 그 발명을 실제 구체화하는 과정(reduction to practice) 정도에 해당하기 때문에 스탠포드의 세 특허들은 그가 시터스에서 계약 연구를 수행했던 기간에 발명된 것이라 판단했다. 따라서 법원은 비록 그 특허들이 그가 시터스와 맺은 VCA에 의해 회사로 양도될 수 있는 것이기는 하다는 점을 인정했지만, 로슈가 이 특허권들에 대해 인식한 2000년 4월 이후 4년간 아무런 권리 주장을 행하지 않기 때문에 로슈가 공동 소유권을 주장할 시효가 소멸되었음을 명확히 했다.

2007년 스탠포드와 로슈 양자 모두는 연방지방법원의 판결에 불복하며 연방항소법원(Court of Appeals for the Federal Circuit, CAFC)에 항소하였다. 2009년 10월 1일 연방항소법원은 세 가지 측면에서 모두 로슈의 주장이 그 법적 근거가 있다는 판단을 내렸다. 연방항소법원은 우선 로슈의 권리 주장이 자신들의 발명 권한을 주장하는 것이 아니라 방어하는 차원의 것이므로 소멸시효 적용의 대상이 아니며, 로슈의 공동 소유권 주장은 법원에서 논의할 수 있는 문제가 될 수 있다고 판단했다. 또한 연방항소법원은 홀로드니이 박사의 발명이 시터스에서의 연구에 기반한 것인지, 즉 1992년 5월 스탠포드 대학이 특허출원 얼마 이전에 이 진단 기술이 발명된 것인지에 관한 이슈에 대한 판단은 유보했다. 오히려 연방항소법원은 "만일 홀로드니이 박사가 시터스를 떠난 이후에 이 진단기술 관련 특허들을 발명했다고 하더라도" 이에 대한 소유권을 시터스가 주장할 수 있다고 판단했다.

연방항소법원은 그 근거로 홀로드니이 박사와 시터스와의 VCA 체결에 대한 용어가 보다 더 발명 소유권을 즉각적으로 시터스에 양도하는 것이라고 판단했다. 즉, VCA의 계약체결 용어인 "바로 양수한다(do hereby assign)"가 스탠포드와의 CPA의 체결용어인 "양수할 것에 동의한다(agree to assign)"라는 약속에 비해 미래가 아닌 더 현재에 가까운 체결이라 볼 수 있다는 것이다. 이러한 법적 판결의 근거로 법원은 1991년 필름텍 대 얼라이드-시그널(Filmtec Corp. v. Allied-Signal, Inc.) 판결을 제시했다. 이 소송은 1979년 필름텍이 회사 소속 연구원 존 카돗(John E. Cadotte)이 낸 특허를 얼라이드-시그널 사가 침해하고 있다며 제기한 것이다. 그렇지만 이 소송 과정에서 얼라이드-시그널 사는 카돗의 특허가 그가 이전에 근무했던 회사 내의 연방 기금에 의한 연구에 기반했다는 점을 밝혀냈다. 하지만 법원은 바이-돌 법에 따라 공공기금 발명을 정부로 이전하겠다는 계약을 맺은 정부는 발명 이전에 발명의 권리를 지닐 수 있다는 '미래의 발명에 대한 권리(expectant interest)'를 가진 것일 뿐이라 판단했다. 이에 바이-돌 법안이 실제 발명에 대한 현재적 권리를 주장하는 것에 우선할 수 없는 계약이라고 판단한 것이다. 이러한 판례의 기저에 있는 미래에 대한 약속보다는 로슈와의 "현재 계약(present agreement)"을 중요하게 판단하는 해석에 의거하면, 로슈는 침해대상 특허권들에 대한 권리를 양도받은 소유자가 될 수 있다는 것이다. 마지막으로 연방항소법원은 바이-돌 법이 연방정부 지원 연구의 계약 당사자인 대학과 정부 간의 권리관계를 규율하는 것이며, 발명자인 대학교수와 대학 간의 발명 소유의 권한을 규정하는 것이 아니라고 명시했으며, 그 결과 시터스가 바이-돌 법에 의해서 자동적으로 홀로드니이 박사의 발명에 대한 소유권을 잃지는 않는다고 보았다.

2009년 연방항소법원의 바이-돌 법에 대한 해석은 특히 연방정부와 대학, 발명자와의 관계에 대한 큰 논란을 낳았다. 무엇보다 이 판결은 1980년 이래 연방정부의 기금을 통한 발명, 그리고 그것의 상업적 개발과 경제 성장이라는 새로운 프레임워크 하에서 정착된 대학과 정부, 그리고 기업의 관계를 발명가 위주로 재정의했기 때문이다. 즉, 공공기금으로 인한 발명의 소유권에 대한 최종 권한을 연구자에게 양도할 수 있도록 발명자 특허권 소유의 원칙을 명확히 했고, 바이-돌 법을 다른 사적 계약들과 동일하게 취급함으로써 공공기금을 통한 연구와 발명, 그리고 이를 상업화하는 법적 주체로서의 대학의 권리와 의무를 새롭게 정의했다고 볼 수 있기 때문이다. 이에 스탠포드 대학은 바이-돌 법의 효력 부분에 대한 연방항소법원의 해석에 불복하며, 2010년 3월 대법원에 상고 했다. 이에 대학에서 특허를 관리하는 기술이전국들, 그리고 연방정부와 대학, 기업들이 이 소송에 대한 다양한 의견을 제출하며, 21세기 생의학 복합체(biomedical complex)가 발전하여 복잡다단한 협력 연구개발과 벤처 투자가 행해지는 이 시기에 발명자와 연구 자금의 지원자 사이의 특허 소유권 관계를 명확히 해 줄 것을 요구했다.

생의학 복합체 시대의 공공 이익

2011년 스탠포드 대학은 대법원 소송 과정에서 다음과 같은 질문을 통해 스탠포드 대 로슈 소송의 쟁점을 제기했다.

> "바이-돌 법 제200조-212조에 따라 연방정부와 계약을 통해 연구를 수주한 대학에서 얻어진 특허와 그 발명권에 대한 우선적 권한을 대학이 아닌 개별 발명가가 독자적인 협약을 통해 제3자에게 위임할 수 있는가?"

스탠포드는 대법원에 제출한 소장에서 바이-돌 법을 제정한 미국 의회는 공공의 이익을 지키기 위해 공공 투자를 통해 얻은 지식재산권의 정부 소유를 우선적으로 확립했고, 이를 통해 정부가 공공기금 기반 발명의 소유권을 다시 대학과 비-영리 연구기관에 이전하는 것을 가능하게 해 주었다고 주장했다. 특히 스탠포드 대학은 바이-돌 법이 이러한 소유권의 명확화를 통해 대학과 비-영리 연구기관에 공공기금 기반 발명과 혁신의 상업화를 추구할 새로운 의무를 부여했고, 스탠포드 대학은 이 법에 기반해 제넨텍과 같은 혁신적 생명공학 기업들을 발전시키고, 구글(Google)과 같은 정보통신 기업을 비롯하여 과학기술 기반 첨단 산업들의 발전에 기여했다고 지적했다. 스탠포드는 연방항소법원의 판결이 이렇게 성공적으로 실행되어온 바이-돌 법의 원칙에 불확실성을 가져올 뿐만 아니라, 공공기금에 기반한 발명의 상업화를 저해하고 이로 인한 이득을 공공에게 분배정의에 맞게 되돌려주는 것을 어렵게 할 우려가 있다고 비판했다.

스탠포드의 주장에 대해 대학과 기업, 정부가 복잡하게 상호작용하고 있는 생의학 복합체의 모든 이해관계자들은 각자 대법원에 활발히 자신의 입장을 표명했다. 이는 당사자인 로슈 이외에도 수많은 대학과 학계, 그리고 산업계가 공공기금 기반 특허의 소유권 문제를 매우 중요한 것으로 인식했다는 점을 보여준다. 이들이 제출한 법정조언서들은 바이-돌 법과 특허법, 관련 소송들의 판례들에 기반해 자신의 주장들을 개진하고 있지만, 무엇보다 바이-돌 법과 특허법 상의 지식재산권 소유가 법리와 과학기술 연구와 혁신, 그리고 이를 통한 공공 이익의 달성과 같은 공공정책적 차원에서도 중요한 문제임을 지적하고 있다. 그리고 이들은 21세기 고도로 불확실한 과학 연구와 사업의 영역에서 공공 이익을 달성하기 위해, 바이-돌 제정 이후 생의학 복합체가 등장, 발전하고 산-학-연 상호작용이 활발해진 시대에 지식재산의 소유가 어떻게 정의되어야 하는지에 대한 각자의 입장을 표명했다.

당사자를 제외하고 법정조언자들이 대법원에 제

출한 법정조언서에서 스탠포드 주장을 가장 강하게 비판한 단체는 미국제약산업협회(Pharmaceutical Research and Manufactures of America, PhRMA)와 미국생명공학산업협회(Biotechnology Industry Organization, BIO)이다. 우선 PhRMA는 경우 2009년 당시 458억 달러에 달하는 생명과학, 기초의학, 그리고 제약에 관련된 연구개발 자금을 지원하고 있는 제약산업들의 협력 조직이다. PhRMA는 특히 1980년대 이후 유전공학과 생명과학, 그리고 기초의학의 발전에 기반해 제약 산업의 연구 및 개발이 수행되고 있으며, 이 경우 신약의 개발을 위해 대학과 정부와의 협력 연구가 수행되는 일이 필수적인 것이 되었다고 지적했다. 그리고 무엇보다 바이-돌 법의 제정으로 제약 산업은 대학 연구의 성과를 산업체의 혁신으로 이어주며 경제성장과 혁신, 국민의 보건과 복지 향상에 매우 중대한 역할을 담당하게 되었다고 강조했다. PhRMA는 바이-돌 법 제정 이후 기초 생물학, 의학의 발달에 기반한 혁신의 중요성이 두드러지게 되었으며, 이에 제약산업과 대학은 신약개발에서부터 의료기기, 진단법의 개발과 임상 연구에 이르기까지 다양한 차원에서 서로 협력 연구를 수행하고 있다고 지적한다. 이렇듯 여러 대학과 병원, 기업이 네트워크로 연결된 생의학 복합체의 시대에 연방정부 지원에 기반한 발명의 소유권을 명확하게 하는 것이 제약 산업에서의 혁신에 매우 중요한 문제라는 것이다.

우선 PhRMA는 스탠포드의 입장이 바이-돌 법 제

정 이후의 변화된 생의학 복합체의 특징을 파악하지 못하고 있다고 비판한다. 20세기 후반 이후 생의학 복합체를 구성하는 행위자들은 기초과학의 발견과 발명들을 상업화하기 위한 다양한 협력 프로젝트들을 수행하고, 이 과정에서 제약 회사의 연구원이 정부나 대학으로 옮겨가기도 하고, 또 제약 회사가 개발한 발명이 대학에서 나타난 기초 과학의 상업화에 중요한 경우도 있다. 게다가 이렇듯 복잡하고 여러 단계로 이루어진 기초연구와 개발 과정에서 대학이나 제약 회사의 연구 프로젝트들이 특정 단계에서 정부의 지원을 받는 경우가 많이 나타나고 있다. 그렇지만 스탠포드가 지적하듯 최소한의 연방 정부 기금이 투여된 협력 프로젝트의 성과물인 공공기금 특허가 자동적으로 바이-돌 법에 의해 대학의 소유가 된다면, PhRMA는 이러한 협력 프로젝트에 참여할 제약 회사들이 거의 없을 것이라 주장한다. 특히 연구결과의 정부 소유 여부를 결정하는 기준으로 삼는 연방정부 기금 연구비의 한계선조차 없는 상황에서 특히 얼마나 연방정부 기금이 투입되어야 그 결과가 정부의 소유가 될 것인지를 결정하는 연구비의 한계선조차 없는 상황에서, 연방기금이 관여된 개발의 경우 그 결과를 누가 소유할 것인지에 관한 불확실성이 너무나 커질 것이라 비판한다. 일례로 스탠포드의 주장대로라면, 회사 내에서 유용한 발명을 착상, 특허를 출원한 제약 회사 연구원이 그 성과를 통해 대학으로 직장을 옮겨 그 발명을 실천으로 옮길 경우, 만일 그 연구원이 대학에서 수행한 연구의 일부라도 연방 정부의 기금을 사용했다면, 그 발명은 바이-돌 법에 의해 자동적으로 정부의 소유가 될 수 있다는 것이다.

이러한 문제를 해결할 수 있는 대안으로 PhRMA는 NIH의 지식재산권 소유 가이드라인을 모범적인 사례로 든다. 연구기금의 출처를 막론하고 우선적으로 발명의 소유권은 발명자에게 있으며, 바이-돌 법은 연방정부 기금으로 지원받은 연구기관의 경우 이 발명을 연구계약 기관인 대학과 연구소가 양도받아 상업화를 촉진하는 것으로 해석하는 것이 타당하다는 것이다. 그리고 PhRMA는 NIH가 바이-돌 법에 대한 이러한 해석에 기반하여 대학과 제약 산업의 상호작용을 촉진시키며 1980~2000년에 이르는 기간 동안 산업체가 대학의 과학과 공학 연구에 투자하는 연구비의 비중을 두 배로 증대시켰으며, 이를 통해 상업화를 촉진하여 공공이익에 기여할 수 있었다는 것이다. 또한 공공기금이 사용된 경우라도 바이-돌 법의 소유권 문제를 대학과 연방정부의 관계에 대한 것으로 한정하고, 그 이외의 경우는 발명자가 그 발명권의 우선적 소유권을 지니고 대학, 혹은 제3의 기관에 소유권 계약을 체결하여 그 문제를 해결하는 것이 바람직하다고 주장한다.

PhRMA의 주장은 특허의 소유권이 우선적으로 발명자에게 있다는 특허법의 발명가주의 원칙을 고수할 것을 천명하고, 바이-돌 법을 연방정부와 대학의 계약에 관한 법으로 축소해석해야 한다는 것이다. 그렇지 않으면 소유권의 불확실성이 큰 문제를 불러일으킬 것이라고 했다. 제약산업체

협회는 특히 산업과 대학의 상호작용이 급격히 확대되었으며, 그 과정에서 산출되는 기술혁신이 경제성장과 대중의 이익에 기여할 수 있다는 것이 바이-돌 법의 정신이라면, 연구자의 특허권 소유를 그 기본으로 하는 특허법의 정신을 유지하고, 대학과 연방정부, 그리고 발명자와 제3자 사이의 연구 협약과 계약에 기반하여 소유권 문제를 해결하는 것이 더 공공의 이익에 부합하는 것이라고 지적한다. 특히 PhRMA는 제약산업이 대학에 투자하는 연구 자금의 50% 정도를 차지하는 대학-정부 협력 센터들의 경우 연방기금이 기업이 투자한 연구와 함께 이 과정에 사용될 우려로 인해 대학에의 투자와 연구 협력이 급격히 감소할 것이라 경고하기까지 했다.

대학에서의 기초 생의학 연구에 기반해 첨단 산업을 발전시켜온 생명공학회사들의 협회인 BIO는 PhRMA보다 더 강경하게 스탠포드의 입장을 비판하고 있다. 이들은 생명공학 회사들이 대학의 기초 생의학 지식들에 대한 벤처 자본의 투자를 유치하고, 이러한 기초 발견들을 상업화하며 고부가가치를 창출하고 있다고 강조한다. 그렇지만 생명공학은 무엇보다 과학적, 법적, 규제적, 그리고 사업적인 차원에서 불확실성이 매우 큰 사업이며, 이러한 불확실성을 헤쳐나가며 사적 자본의 투자를 지속적으로 유치하기 위해서는 특허의 소유권 여부가 매우 중요한 요소라고 주장한다. 한 통계에 의하면 무엇보다 생명과학에서 기술적 발전 과정과 혁신은 매우 불확실하며, 이에 5,000여개의 실험 발견 중 하나의 발견만이 실제 환자의 치료에 적용될 수 있을 성공적 단계에 이를 정도라는 것이다. 가령 생명공학회사가 임상적으로 유용한 치료법을 개발하고자 할 경우 평균적으로 12억 달러의 투자가 필요하고, 8년이 넘는 임상 시험 기간을 거쳐야 할 정도로 그 과정이 위험하고 실패하기 쉽다는 것이다.

이렇듯 BIO는 생명공학 기반 혁신과 제품개발이라는 지난한 과정을 거치며 장기간 투자하기 위해서는 특허 소유권의 확실성이 무엇보다 중요하다고 주장한다. 특히 생명공학 기술 개발의 경우 생명과학 관련 기초연구에 대한 투자가 대부분이며, 많은 생명과학의 기초연구는 불확실성과 예측 불가능성이 존재하고 있기 때문에 실제 협력 연구 과정에서 어떤 연구 영역이나 하위 프로젝트에서 중요한 혁신이 등장할지 예측하기가 어렵다. 이러한 상황에서 누가, 어떠한 연구 영역에 자금을 투자하는지의 문제와 누가 혁신의 성과를 소유할 수 있을지에 대한 문제들을 연구 이전에 미리 예측하여 판가름하기는 매우 어려울 것이라고 지적한다. 때문에 BIO는 만일 연방자금이 연관된 연구의 소유권을 연구에 관여한 여러 당사자들—대학, 정부, 사기업 등—과 발명자 간의 계약 관계에 의해 소유권을 부여하지 않고 대학 혹은 정부에 지식재산권 소유의 우선권을 인정한다면, 중요한 혁신들을 낳을 수 있는 산학 협력 연구들이 더 이상 수행되기 어려울 것이라 경고한다. 오히려 협력의 결과인 지식재산권의 소유권을 궁극적으로 특허법에 따라 발명자와 연구기금 출원 기관, 그리고 연구기관 간의 계약들에 의해 협상하여 처리하는 것이 보다 더 협력 연구들을 장려하고, 이를 통해 생명공학 사업의 비용과 위험을 감소시킨다는 것이다. 즉 대학과 기업이 설비와 전문지식들을 공유하는 과정을 통해 기초과학의 성과를 발명과 혁신을 통해 사회로 환원할 수 있도록 장려한다는 것이다.

보다 구조적인 차원에서 BIO는 스탠포드의 바이-돌 해석이 생명공학산업 전체에 매우 부당한 것이라고 비판한다. 생명공학산업체는 벤처 자금을 받아 운영하는 초기의 소규모 회사인 경우가 많으며, 이에 기반이 되는 기초 발명의 많은 경우 특정 기술의 개발과 이에 기반한 치료의 개발 과정에서 대학 병원에서 임상 시험을 통해 발명의 착상을 구체화해야 할 필요가 있는 경우가 많다. 그리고 이 과정에 수많은 연구자와 이 연구자들을 지원한 정부 기관들, 기술 개발에 투자한 회사들이 관여하게 된다. 게다가 생명공학회사들과 협력하는 많은 대학 병원이 특정 질병이나 치료법에 대한 전문 지식을 보유하고 있어 연방 정부의 기금을 통해 일정 부분 임상실험이나 임상 연구를 수행하고 있는 경우가 많기도 하다. 이러한 상황에서 스탠포드의 바이-돌 법에 대한 해석이 대법원에서 받아들여진다면, 생명공학회사는 끊임없이 발명권의 소유에 대한 불확실성에 부딪혀야 하며, 이로 인해 생명공학 산업 전체가 법적 불확실성으로 인해 자본 유치에 불이익을 겪을 수밖에 없다는 것이다. 이에 생명공학산업 전체는 거대 제약회사나 대형 연구기관들에 비해 생명공학 혁신과 개발에 불리한 입장에 처하게 된다는 것이다.

또한 BIO는 스탠포드가 공공기금이 연관된 발명의 소유권 역시 발명자가 제3자와의 계약을 통해 이전할 수 있게 되면 공공 이익이 저해될 수 있을 뿐만 아니라 공공자금을 마련해준 정부와 납세자의 형평성에도 어긋날 수 있을 것이라 주장하지만, 이러한 문제는 공공 자금의 투자에 기반한 발명이 아닌 경우에도 지속적으로 나타나는 문제라고 지적한다. 일례로 회사의 연구원이 발명 사실을 공개하지 않고, 다른 회사를 창업하거나 회사를 옮겨 발명을 공개하고 이를 자신의 소유로 하는 문제는 이미 계약 위반, 충실의무(fiduciary duty) 위반, 기만(fraud), 불법적 간섭(tortious interference), 절도, 부당 이득 등에 대한 형평법상 그리고 계약법상의 구제(equitable & contract remedies) 방식으로 해결하고 있다는 것이다. 그렇기 때문에 발명가가 발명을 소유한다는 특허법의 근본적인 원칙을 훼손하는 방향으로 바이-돌 법이 발명을 정부 귀속 우선이라고 해석하는 것은 유용하지도, 그리고 그 법적 근거가 충분하지 않은 것이라 비판한다.

흥미로운 것은 산업계 모두가 스탠포드의 입장을 비판한 것만은 아니라는 것이다. 벤처 캐피탈 산업협회(National Venture Capital Association, NVCA)는 크게 두 가지 이유에서 스탠포드의 바이-돌 법 해석을 옹호했다. NVCA는 우선 연방항소법원의 결정이 연방정부 지원에 바탕한 연구의 상업적 개발과 이를 위한 벤처 투자자나 기업의 투자를 저해하고, 생명공학과 같은 첨단 과학기반 산업계와 학계의 협력 연구를 어렵게 할 우려가 있다고 지적했다. 이는 무엇보다 기초연구의 상업화와 개발 과정에서 오랜 기간 동안의 불확실성을 감수하고 위험 자본(risk capital)을 투자해야 하는 벤처 산업의 특성 상 발명의 소유권에 대한 법적 확실성이 매우 중요하기 때문이다. 만일 연방정부 지원을 통해 나온 발명의 소유권이 발명자, 대학, 혹은 제3자 사이에서 정해지지 않고 계약 관계에 따라 협상 및 논란의 여지가 있다면, 이 발명의 상업화를 위해 위험이 큰 투자를 할 유인이 현격히 줄어든다는 것이다. 게다가 발명자가 소유권을 다양한 계약에 의해 협상할 경우, 특정 창업 회사에게 독점적인 특허 사용권을 주는 것이 실질적으로 어려워지기 때문에 공공기금 기반 발명에 투자할 유인이 감소한다는 것이다.

벤처 캐피탈 산업은 소규모, 창업 생명공학회사에 대한 위험 자본 투자를 통해 기술혁신과 경제성장을 주로 담당한다는 점에서 대규모 다국적 제약회사들과는 다른 입장을 보여준다. 다국적 제약회사는 대학과의 협력 연구에서 연방정부 기금이 개입되어 소유권의 이전에 대한 불확실성이 나타날 경우를 우려하며 발명자의 권한을 우선시하는 입장을 지지한다. 반면 주로 대학 기초연구에서의 혁신적 발견과 발명에 투자하는 벤처 투자자들의 경우 이 소유권이 발명자의 계약에 의해 후에 다른 기관으로 이전될 경우에 야기되는 소유권의 불확실성에 대해 더 우려하는 것이다. 게다가 공공기금 기반 발명의 소유권에 대한 재협상의 여지를 남겨두면, 소규모 창업 회사로서 대학 혹은 다른 기업과의 협약 연구를 전략적으로 필요로 하는 스타트업의 경우 협력 연구가 매우 어려워질 수 있다는 점도 지적한다. 이 경우 스타트업은 추가적으로 발명을 개발해 상업화하고 상품화하는데 큰 어려움을 겪게 된다는 것이다. 이에 벤처 캐피탈 산업 전체는 대학에서 개발된 기술에 대한 소유권을 발명자가 또 다른 계약 등을 통해 소유권 논란이 생길 경우 특허의 독점적 사용이 어려워지고, 이 경우 회사의 가치가 급격히 하락하면서 투자한 자본의 가치가 급감하는 것에 대한 두려움이 매우 크다는 입장을 개진한다. 이처럼 거대 제약산업들과 훨씬 더 큰 위험을 안고 사업에 투자하는 벤처 캐피탈 산업의 입장이 다른 것은, 발명의 소유권에 대한 입장이 첨단 과학기술 기반 산업의 구조와 수익 창출 전략에 따라 상이하다는 점을 보여주는 것이다.

스탠포드의 입장에 대한 지지는 무엇보다 미국의 연구 대학과 과학계를 대표하는 조직들, 특히 미국 대학들의 연합체인 미국 대학 협의회(Association of American Universities), 미국 과학진흥회(American Association for the Advancement of Science)와 같은 대표적인 학술 협의회를 포함하여 수많은 연구대학들, 그리고 대학의 특허 담당관들, 특히 기술 이전국이 중요한 역할을 수행하고 있는 MIT, 위스콘신 대학(University of Wisconsin, Madison)의 특허 담당 기관들이 제출한 법정조언서를 통해 표명되었다. 2010년 12월에 제출된 이들의 공동 법정조언서는 우선 연방항소법원 판결을 강하게 비판했다. 이 법정조언서는 무엇보다 바이-돌 법이 공공기금 기반의 발명 소유권을 연방정부 연구 계약의 주체인 대학과 연구기관으로 이전하는 것을 그 기본 원리로 하여서 상업화와 과학기술의 진흥, 그리고 공공 이익을 증진해왔다는 점을 지적한다. 그리고 이들은 연방항소법원의 판결이 이러한 바이-돌 법의 취지를 부정하는 것이라고 비판했다.

특히 이들이 제출한 법정조언서는 연방항소법원의 판결이 시터스가 홀로드니이 박사의 발명에 기여를 했기 때문에 이 소유권을 인정해준 것이 아니라, 오히려 발명가가 공공기금 기반 발명을 사적 계약을 통해 연방 지원 연구의 계약자 이외의 제3자인 기업이나 연구기관 등으로 이전할 수 있다는 취지의 판결이라는 점을 지적한다. 그리고 이러한 판결에 대해 바이-돌 법의 창시자 중의 하나인 버시 바이(Birch Bayh) 상원의원 역시 이 법이 공공특허의 사유화와 공공이익 추구 사이의 균형을 유지하기 위해 특허 소유권에 관한 위계를 명확히 하였다고 주장했다. 그리고 이에 의하면 공공 연구의 계약자인 대학과 연구소가 공공기금 발명에 대한 우선권을 지니며, 대학과 정부가 이 발명에 대한 권한을 주장하지 않을 때에 발명자는 '임시적이고 부차적인(provisional, subordinated)' 권리를 행사하여 발명에 대해 소유권을 주장할 수 있다는 것으로 해석해야 한다는 것이다.

대법원의 요청 하에 미국정부의 입장을 표명한 미

법무부(Department of Justice)는 정부의 이해관계라는 측면에서 스탠포드 대 로슈의 입장에 대한 법정조언서를 제출했다. 이 조언서에서 법무부는 우선 바이-돌 법이 미 정부가 지원한 연구가 "공공기금 발명이 정부를 위해 사용되고, 이 발명이 사용되지 않거나 오용되는 것을 막아 공공의 이익을 보호하기 위한" 방식으로 상업화를 유도하고 있다고 지적하고 있다. 이를 위해 법무부는 바이-돌 법이 공공기금 특허의 소유권을 계약기관에 이전하기는 하지만, 이 법이 최종적으로 정부가 여전히 발명과 관련한 여러 권리를 지니고 있다고 해석해야 한다고 주장한다. 일례로 바이-돌 법은 공공기금 기반 특허의 소유권을 이전 받은 대학이나 연구소가 법의 취지에 맞게 그 특허의 상업화를 추구하지 않는다거나, 혹은 공중 보건이나 안전을 위해 필요하다면 그 소유권 이전을 취소해 정부가 다시 이 발명의 라이센스화에 관여하며 특허에 대한 권리를 행사할 수 있다.

미 법무부는 또한 바이-돌 법은 특허의 이익과 이익의 균형을 추구하기 위해 발명의 이익에 대한 공유, 그리고 이를 통한 과학기술의 발전 지원과 같은 조건들을 담고 있다고 지적한다. 일례로 바이-돌 법은 공공기금 특허의 소유권을 이전 받은 연방정부의 연구계약 기관이 비-영리 기관일 경우, 이 기술의 상업화로부터 나오는 수익을 발명자와 공유해야 하며, 그 이외의 수입 역시 과학 연구와 교육에 사용되어야 한다는 조건을 담고 있다. 그 외에도 그 기관이 기술이전을 통해 독점권을 다른 회사나 기관에 부여한다고 하더라도, 그 발명에 기반한 상품이 가급적 미국에서 생산되어야 한다는 조건을 지니고 있다(정부가 이 미국 내 생산 조건에 대한 조건을 철회할 수 있다는 부가 조항이 달려있기는 하다).

결론적으로 미 법무부는 바이-돌 법이 공공기금 특허의 여러 권리와 의무를 규정하고 있기 때문에, 연방항소법원의 판단은 옳지 않다고 비판했다. 즉 공공기금 연구에 기반을 둔 특허의 발명자가 연구의 계약자인 대학이나 연구소를 우회하여 사적 계약(private contract)을 통해 발명의 소유권을 비롯한 여러 권리를 가질 수 있는 것을 허용한다면, 바이-돌 법이 정립한 공공기금 연구 발명에 대한 소유권과 발명의 상업화와 관련된 연방정부 연구계약 주체들의 권리와 의무를 변화시키고, 여러 차원의 불확실성을 낳아 공공기금 기반 발명의 상업화라는 법의 취지에 크게 위배될 수 있다는 것이다.

대법원의 판결 :
창의적 발명자의 소유권

대법원은 스탠포드 대 로슈 소송 관련 문서들과 법정조언서들을 고려한 후 공공기금에 기반한 특허의 소유권에 대해 2011년 6월 최종 판결을 내렸다. 대법원은 7-2로 스탠포드의 항소를 기각하고, 연방항소법원의 결정이 유효하다는 판결을 내렸다. 판결의 서두에서 대법원은 1790년부터 미국 특허법의 핵심인 발명가주의, 즉 발명에 대한 권리는 우선적으로 발명자에게 있다는 원칙이 현재에도 유효하며, 이 원칙이 바이-돌 법에 의해 공공 연구 자금에 의한 발명일 경우에도 유효하다는 근본적인 원칙을 재천명한다. 즉 바이-돌 법이 연방정부의 자금을 지원받은 발명에 대한 소유권 규정을 하고 있지만, 그 규정은 무엇보다 발명자가 그 권한을 대학에 양도한 것으로 봐야 한다는 것이다.

이에 대법원은 바이-돌 법이 우선적으로 발명의 권한을 정부로 이전하며, 동시에 무조건적으로 발명자의 권한을 제약하는 역할을 수행하지는 않는다고 판단했다. 이는 무엇보다 바이-돌 법이 발명자가 발명에 대한 권리를 우선적으로 지닌다는 특허법의 근본 원리에 위배되지 않는 방식으로 적용되어야 한다는 믿음을 반영한 것이기도 하다. 그리고 이에 따라 홀로드니이가 발명에 대한 소유권을 우선적으로 지니게 되면, 그 이후 발명의 소유권은 그 귀속에 대한 계약에 따라 결정된다고 판시했다. 그가 스탠포드와 맺은 CPA는 미래에 소유권을 양도할 수 있다는 미래이전 약속에 불과하며, 그렇기 때문에 이보다는 발명의 귀속에 대한 현재적 계약을 명시한 시터스와의 VCA 계약이 우선한다는 것을 명확히 하였다. 즉 VCA 계약에 의해 발명은 시터스에 귀속된 것이기에 스탠포드로 양도할 수 있는 권리는 없다는 것이다. 이처럼 대법원 판결의 법리상 근거는 연방항소법원이 사용한 필름텍 대 얼라이드-시그널 판례에서 논의된, 특히 바이-돌 법 제정 이전에 정부와 연구소 간의 계약에서 미래와 현재의 발명권 이전에 대한 계약 표현의 차이라는, 다소 기술적인 것이라 할 수 있다.

대법원의 이러한 판단은 다른 차원에서 제약, 생명공학 산업체들이 지적한 바와 같이 연방항소법원의 판결이 학계와 산업, 정부가 상호협력하는 생의학 복합체의 시대인 21세기에 바이-돌 법이 장려하는 상업화를 보다 더 증진시킬 수 있다는 주장에 좀 더 귀를 기울인 것으로 볼 수 있다. 대법원은 바이-돌 법이 공공기금 연구의 계약자인 대학에 우선적으로 그 발명에 대한 권한을 부여하는 것이 아니며, 바이-돌 법은 단지 연방정부와 그 계약자와의 관계를 규정하는 한정적인 것이라 해석한다. 그리고 이러한 맥락에서 바이-돌 법이 공공기금 발명의 소유권에 대한 이전에 있어 발명자의 권한을 제약하는 것으로 해석되어서는 안 될 것이라는 연방항소법원의 판결이 옳은 것이라 판단했다. 마지막으로 이 판결은 바이-돌 법이 대학과 정부와의 관계를 규정하는 제한적인 것으로 해석하면서 연방 정부의 기금으로 발전된 발명의 소유권을 대학의 발명자가 다른 제3자 기관으로—비록 이 기관이 그 발명의 발전에 기여하지 않았더라도—이전시킬 수 있다고 판단했다.

하지만 대법원 판결에서 소수 의견을 낸 스티븐 브레이어(Stephen Breyer)와 루스 긴즈버그(Ruth Ginsburg) 대법관은 무엇보다 연방항소법원의 판결에서 제시된 바이-돌 법에 대한 해석이 그 법의 취지와 목적에 위배될 수 있음을 지적한다. 이들은 의회가 납세자가 정부를 통해 제공한 공공기금 발명에 대해 종종 개별 발명자의 특허권을 제약하거나 인정하지 않았던 바이-돌 법의 규범이 무엇보다 특허 제도 자체가 이득도 있지만, 이에 수반되는 비용도 있음을 인정했다는 점을 반영한 것이라고 지적했다. 일례로 특허는 유용한 발명의 개발을 장려하고 특허 출원을 통해 기술적 발전의 성과를 대중에게 공개한다는 이득이 있다. 반면 특허는 종종 독점으로 인한 높은 가격을 소비자에게 부담시키거나, 유용한 기술의 광범위한 사용을 막기도 하며, 관련 특허의 사용을 저해하며 경쟁을 통한 기술의 개발을 막는 등 사회적 비용을 증대시키기도 한다.

소수의견을 작성한 브레이어는 미국 특허법이 공공의 이득을 고려하여 특허 제도의 이득과 비용 사이의 균형을 찾으려는 역사적 시도를 통해 진화해왔다는 점을 강조한다. 이러한 맥락에서 바이-돌 법 역시 납세자가 지원한 공공기금으로 인한 특허를 공공의 이익을 위해 사적 영역으로 양도한 것이라는 점을 상기해야 한다는 것이다. 바이-돌 법은 공공정책적 차원에서 납세자들이 동일한 발명에 대해 그 기저에 있는 연구 자금에 대한 지원과 그 결과로 발전된 혁신상품을 구매하며 결국 두 번을 지불(double pay)하라는 취지가 아니라는 점을 강조한다. 오히려 바이-돌 법안은 특허권을 공공기금을 지원받은 연구 기관에 이전하여 공공기금 발명의 상업화를 촉진해 경제 성장에 기여하라는 취지에서 제정된 것이다. 이미 바이-돌 법의 제200조(35 U.S.C §200)에서 이 법은 '자유로운 경쟁(free competition)'을 촉진하고 '공공의 이익을 보호하는 방식'으로 상업화를 추구할 것을 강제하는 조건들을 제시하고 있다. 게다가 바이-돌 법의 제202-203조들은 이러한 조건이 달성되지 못할 경우, 공공기금 발명에 대해 정부가 개입권을 행사해 다른 제3자에게 실시권을 허락하거나, 혹은 계약 기관 대신에 발명자에게 특허의 소유권을 이전시킬 수 있도록 하고 있다.

소수의견을 제시한 이들은 무엇보다 공공기금 발명이 공공 이익에 저해되는 방식으로 사용될 경우, 정부가 특허를 공공 소유로 다시 이전해올 수 있는 조항이 이미 바이-

돌 법에 있음을 지적하며, 이 법의 정신이 발명자의 절대적 우선권을 지지한다고 보기에는 무리가 있다고 주장한다. 게다가 이미 미국의 특허에 관한 법률들이 원자력과 우주항공에 관한 특정 영역에 있어서 발명자의 권한보다 정부의 우선권을 명시하는 법이 존재하고 있음을 지적한다. 이들 법은 국가 안보와 관련되어 특허의 정부 귀속을 우선시하는 법들로, 1954년 원자력법(Atomic Energy Act of 1954), 1958년 국립항공우주법(National Aeronautics and Space Act of 1958), 그리고 1974년 비핵에너지연구개발연방법(Federal Nonnuclear Energy Research and Development Act of 1974)이다. 이 법들 모두는 바이-돌 법 이전에 제정된 것으로, 공공기금으로 인한 연구의 정부 귀속을 우선시하는 법들이며, 그 법의 작동방식은 바이-돌 법과 유사하다. 소수 의견의 제시자들은 이 법들은 어느 경우에도 발명자의 권한을 우선시하지는 않았다는 점을 지적한다.

대법원 판결의 소수 의견 작성자들은 이러한 바이-돌 법의 취지와 규정들을 고려할 때, 공공기금 발명자가 제3의 기관에게 특허권을 이전할 수 있는 우선권을 허용함으로써, 대법원의 판결이 바이-돌 법이 의도했던 방식으로 공익을 고려하고 이를 증진할 수 있도록 공공기금 연구의 상업화 과정을 유인할 수 있을지에 대해 우려를 표명한다. 무엇보다 공공기금 연구의 상업화 과정에서 여러 차원의 불확실성을 낳는다는 것이다. 일례로 대학으로부터 공공기금 기반 발명의 사용을 허가받거나 구매하려는 이들 역시 후에 발명자가 그 권한의 우선권을 주장할 수도 있다는 불확실성, 그러할 경우, 이전의 기술이전 계약을 유지하며 상업화 과정에 매진할 수 있을지에 관해 여러 불확실성에 부딪히게 된다는 것이다. 이러한 경우 결국 투자자들이 공공기금 기반의 발명에 대한 라이센싱을 받아 이의 상업화를 위해 자본과 기술을 투자하는 것을 꺼릴 수밖에 없다는 것이다. 소수의견을 표명한 판사들은 이번 대법원의 판결이 공공기금 특허의 소유권에 대한 불확실성을 증대시켰으며, 이로 인해 바이-돌 법이 의도했던 공공기금 특허의 광범위한 사용, 그리고 이를 통한 공공 이익의 증진이라는 정책적 목표가 달성되기 어렵게 되었다고 판단했던 것이다.

반면 대법원 판결의 다수 의견은 미국 법무부와 바이-돌 법의 주창자, 그리고 대학과 대학의 특허관리자들의 견해가 이전 시기의 생의학 연구의 모습에 기반하고 있다는 산업계의 견해에 손을 들어준 것이라 볼 수 있다. 연방정부의 기금이 주도적으로 생의학 기초연구를 지원하고, 대학이 다소 독립적으로 이러한 연구를 수행하던 생의학 연구 시대에 정부가 대부분의 생의학 혁신의 자금을 지원했기에 그 소유권에 대한 문제가 논쟁 대상이 아니었다는 것이다. 반면 21세기 산업계와 학계, 정부가 복잡다단한 연구계약을 맺고, 불확실한 기술개발과 혁신을 위해 협력하는 생의학 복합체의 시대에, 지식재산권의 소유권에 대한 법적 문제를 각 협력의 계약단계에서 명확하게 하는 것이 공공기금 연구의 상업화 과정에 큰 법적 불확실성을 제거해줌으로써 오히려 공공의 이익을 증진하는데 도움이 된다는 것이다. 게다가 이러한 입장은 결국 특허의 소유권은 특허를 발명한 이가 우선적으로 소유하는 것이고, 그 이후에 그 발명자의 고용과 계약 등에 준해 이를 이전한 것이라 보는 특허법의 기본인 발명자주의 원리를 공고하게 해 준다는 점에서도 큰 의의가 있다고 지적한다.

마지막으로 이 대법원의 판결은 연방정부 지원 연구의 계약자인 대학과 연구소가 지닌 발명에 대한 우선권적 법적 권한을 발명자의 계약에 의한 것으로 그 소유를 바꿀 수 있다고 판결함으로서 공공기금을 통해 연구하는 대학과 연구소에 추가적인 책임을 부여했다고 볼 수 있다. 이에 대학과 연구소들은 연방정부와의 연구 계약 및 공공기금에 의한 연구를 계약할 때 사용되는 공공기금 발명을 '양수할 것(promise to assign)'이라는 용어를 현재 용어인 '다음과 같이 양수한다(hereby assign)'로 바꾸는 작업을 수행하고 있다. 또한 미 의회는 바이-돌 법을 수정하여 공공기금 기반의 특허를 상업화할 때 나타날 수 있는 문제를 최소화하고, 그 과정에서 공공기금 기반 특허의 사유화를 통한 사익 추구와 공공이익 추구 사이의 균형을 유지할 수 있도록 여러 노력을 시도했으며, 2018년 바이-돌 법을 개정해 공공기금 연구의 소유권을 명확히 하도록 계약언어와 방식들을 수정했다.

결론

이 글은 스탠포드 대 로슈 소송에 대한 분석을 통해 최근 공공기금 기반 특허의 소유권을 둘러싼 논쟁의 지형도 변화를 분석하고자 했다. 21세기 첨단 과학기술 기반 산업, 특히 생명과학과 생의학 분야의 기초 및 임상 연구와 기술 개발, 혁신들은 대학의 기초 및 임상 연구자들과 기업의 숙련된 실험가들이 예측 불가능한 연구 개발을 통해 복잡한 협력 연구 네트워크들을 맺으며 진행되고 있다. 그리고 그 연구와 개발 경로의 단계 단계마다 연방정부와 산업체, 그리고 대학의 연구자금들이 얽히고설키면서 투자되며, 연구개발 과정에서 뜻하지 않은 단계에서 중요한 결과가 도래하기도 하는 고도로 불확실한 후기 근대적 과학기술 연구 및 사업의 형태를 보여주고 있다. 그리고 대법원은 이렇게 바이-돌 법 이후 성장한 21세기 생의학 복합체의 특성을 중요하게 고려하며 이 분야에 막대한 규모의 공공기금과 기업의 자본, 그리고 벤처 산업의 위험 자본들이 투자되고 있는 상황에서 지식재산의 소유 문제를 판단한 것이다. 이에 첨단 과학기술 벤처 사업에서의 불확실성을 줄이고 혁신과 경제성장을 유인해 공공의 이익을 극대화하기 위한 방편으로, 발명자의 특허권을 명확히 하고, 발명의 소유권 귀속에 대한 불확실성을 제거하기 위해 소유권 이전에 관한 계약을 명시하도록 한 것이라 볼 수 있다.

이에 대법원의 판례는 무엇보다 발명자 개인이 자신의 발명에 대한 궁극적 권리를 지닌다는 미국의 지식재산권에 관한 근본적인 입장이 바이-돌 법에 우선한다는 점을 천명하며, 미국 특허법에 명시되었던 발명자가 우선적으로 발명의 소유권을 지닌다는 점을 명확하게 했다. 역사적으로 보면 이는 20세기 초부터 기업 연구소에서 '직무발명'이라는 형태로 기업에 귀속되었던 발명의 소유권과, 20세기 중후반부터 대학 연구소에서 공공기금 기반 특허라는 형태로 국가와 대학에 귀속되었던 지식재산권의 소유권을 발명자에게 되돌려준 것이라고 볼 수 있다. 물론 여전히 직무발명, 혹은 공공기금 기반 발명의 경우 다양한 계약들을 통해 발명가의 특허에 대한 소유권이 기업과 연구소, 대학과 국가로 이전되고 있다. 그럼에도 대법원의 판결은 발명 소유의 명확화 과정을 통해 21세기 고도로 복잡다단해진 생의학 복합체의 등장으로 인해 창의적인 노동을 수행하는 발명자는 연구 환경과 고용 형태, 그리고 계약에 따라 보다 더 자율성을 지니고 연구와 발견, 발명과 혁신에 기여할 수 있을 것이라는 판단을 보여준다고 할 수 있다. 이러한 측면에서 이는 창의적이고 혁신적인 연구의 중요성이 더욱 더 높아진 21세기, 개별 연구자, 발명자의 권한을 점차 확대하려는 법적인 흐름과 상통하는 것이라 볼 수 있을 것이다.

이 판례의 또 다른 시사점은 정부와 대학이 공공기금 연구를 통해 발생한 지식재산권 권리의 소유와 이전을 계약을 통해 명시화해두는 것이 필요하다고 인식했다는 것이다. 무엇보다 우선 대법원의 판결은 21세기 생의학 복합체라는 맥락에서 창의적인 연구자에게 발명과 혁신을 통해 바이-돌 법이 추구하는 큰 두 가지 목적 - 공공 연구 성과의 상업화 촉진과 발명자의 권한 인정 - 을 달성하기 위한 효율적 유인이 필요하다고 판단했다. 그리고 그 유인은 바로 발명자에게 명확한 법적 권한을 부여하는 것이었다. 이에 정부와 대학도 지식재산권 소유권을 위임받기 위해서는 보다 명확하게 현재적인 의도를 명시해서 발명의 상업화 과정에 법적 불확실성을 최소화하여야 한다는 점을 지적했다고 볼 수 있다. 결국 공공기금 연구의 책임 있는 사용을 위해서는 지식재산권이 이득과 비용을 동시에 가져올 수 있는 제도라는 것을 인식해야 하며, 추후 의회에서의 논의와 법 개정을 통해 생의학 혁신에 대한 효율적이고 공정한 유인 마련이 이루어질 것이라는 법원의 판단을 보여준다. 이에 2018년 미 의회는 바이-돌 법을 개정하여 공공기금을 통해 연구를 수행하고 있는 대학, 연구소와 같은 모든 계약 주체의 고용인들에게 발명 사실을 즉각 정부에게 알릴 뿐만 아니라, 그 발명의 소유권을 연방기금 지원의 연구 계약자—대학이나 연구소 등—에게 이전할 때 현재형 계약에 서명할 것을 명시화했다.

마지막으로 본 글에서 본격적으로 다루지 못한 내

용이지만, 21세기 생의학 복합체와 같이 학계와 산업계 그리고 정부의 상호작용이 활발해지면서 나타난 공공기금 특허의 소유권을 둘러싸고 나타난 논쟁에는 이득과 위험이 동시에 존재한다. 하지만 특허의 소유권을 둘러싼 논의의 주요 축은 여전히 이익을 극대화하려는 측면에 한정되어왔다. 생의학 분야에서 점차 확대되고 있는 대학, 산업, 그리고 정부의 상호작용에는 다양한 차원의 비용과 위험이 또한 존재하고 있다. 일례로 신약개발에 종사하고 있는 연구자가 자신이 속한 기업의 이해관계에 맞지 않는 연구들을 공개하지 않는다거나, 공공기금을 통해 얻은 특허를 공개하지 않고, 추후 자신이 창업한 기업의 성과로 사유화하여 기만 및 부당 이득을 취하는 것 등이 그러한 예일 것이다. 따라서 사적, 공적 영역의 구분이 흐려지고 대학과 산업, 정부의 협력 연구가 활발해지고, 기술 이전이 확대되는 생명자본의 시대에 지식재산권 소유 문제에 대한 명확한 공공정책적, 분배윤리적 논의가 더 필요할 것이다.

코로나 팬데믹과 백신 특허, 그리고 면역-자본주의

저자 : 이두갑

들어가며

2021년 4월 말, 미국 케임브리지에 있는 생명공학회사 모더나(Moderna) 본사 앞에 시위대들이 몰려왔다. "백신을 자유롭게 하라(Free the Vaccine)"라는 단체가 조직한 이날 시위는 코로나 팬데믹이라는 위기에 코로나 백신에 대한 접근을 보다 공평하게 할 것을 요구했다. 이들은 특히 전 세계적 백신 공급 부족에 더해 높은 백신 가격으로 인해 저소득 국가의 국민들이 접종을 하지 못하고 있으며, 이러한 백신 불평등을 해소하기 위해 모더나나 제약회사 화이자(Pfizer)와 같은 백신 개발사들이 코로나 관련 특허들을 일시적으로 포기(waive)해야 한다고 목소리 높였다. 전 세계적 차원에서 백신에의 접근을 확대시켜 팬데믹을 막아야 한다는 요구는 더 거세게 나타나고 있다. 이미 지난 2020년 가을, 인도와 남아프리카공화국을 비롯한 60여 개발도상국은 세계무역기구에 팬데믹을 극복하기 위해 백신의 개발과 생산에 관련된 지식재산권을 사용할 수 있게 하는 특허강제실시권(compulsory licensing)을 사용할 수 있게 해달라고 공식적으로 요청했다.

개발도상국과 국제보건 운동가들의 지식재산권 포기에 대한 이러한 주장은 국제적 팬데믹 위기 상황에 대비

하여 존재하는 지식재산권 절차에 따른 것이다. 급진적이거나 법을 초월하는 주장은 아니다. 세계무역기구(World Trade Organization, WTO)는 전 세계적 차원에서 무역 관련 지식재산권 협정(Trade-Related Intellectual Property Rights, TRIPs)에 기반하여 전 세계적 공중보건 비상사태와 같은 상황에 대처할 수 있는 특허강제실시권 제도와 같은 체제를 갖추고 있다. 이 경우 회원국이 만장일치로 동의한다면 전 세계적 차원에서 백신과 치료약에 대한 접근을 확대시키려는 목적하에 특정 특허들에 대한 일시적 포기를 가능하게 하고 있다. 팬데믹 초기 캐나다와 독일, 이스라엘, 그리고 칠레와 같은 나라들이 법과 행정 명령들을 사용해서 팬데믹 관련된 기술들에 대한 특허들을 강제로 사용할 수 있게 하는 특허강제실시권을 시도하기도 했다. 2020년 3월 이러한 움직임에 따라, 그리고 델타 변이의 등장으로 팬데믹 상황이 악화됨에 따라 코로나 관련 특허들을 지닌 몇몇 회사들이 특허를 강제하지 않겠다는 "열린 코로나 선언(Open Covid Pledege)"을 하기도 했다. 다만 주요 제약회사들은 이 선언에 참여하고 있지는 않다.

코로나 백신 특허 포기를 요구하는 국제적 움직임에 대해 2020년 말 당시 코로나 백신을 개발하는 데 성공했던 미국과 영국, 독일이나 그렇지 못했던 스위스, 한국 등은 이러한 특허 포기 요청에 유보적 입장을 표명했다. 이미 코로나 팬데믹으로 인해 전 세계적으로 백신 생산과 공급이 제한된 상황에서 특허강제실시권이 이루어지더라도 이를 생산할 수 있을 정도로 기술 수준이 높은 회사가 개발도상국이나 저소득 국가에 존재하지 않는다는 것이 한 이유였다. 또 다른 이유는 이들 국가들에 고도의 과학기술 집약적인 mRNA 백신을 생산하는 데 필요한 관련 물질들, 기술자 등이 부족하다는 것이다. 하지만 한 명 더 감염될 때마다 더 위협적인 변이가 나타날 확률이 커진다는 우려가 알파, 델타 변이 바이러스의 출현으로 현실로 나타나기 시작했다. 2021년 들어 델타 변이 바이러스의 등장으로 인도와 같은 개발도상국을 중심으로 바이러스의 전파가 확대되고 수많은 사망자가 나타났다. 전세계적 차원에서 바이러스의 전파를 차단하지 않으면 팬데믹 극복이 쉽지 않을 것이며, 이에 광범위하고 공평한 백신 접종이 필요하다는 목소리가 점차 힘을 얻게 되었다.

2021년 5월 5일 미국 대통령 조 바이든(Joe Biden)은 코로나바이러스 백신과 관련된 특허들에 대한 권리를 한시적으로 포기하는 방안을 지지한다고 발표했다. 코로나 팬데믹을 극복하기 위해 백신에 관련된 지식재산권의 행사를 일시적으로 제한하자는 개발도상국들의 요구를 미국이 수용한 것이다. 이러한 미국의 결정에 개발도상국들과 "백신을 자유롭게 하라" 구호를 외쳤던 국제 보건운동가들이 환호하기도 했다. 하지만 WTO 차원의 특허강제실시권 시행은 회원국의 만장일치를 요구하고 있으며, 현재에도 영국과 유럽연합, 스위스, 대한민국 등의 국가들이 이의 실행에 반대하고 있는 상황이다. 여전히 전 세계적 차원에서 백신에의 접근에 대한 불균등은 심각한 상황이다. 2021년 9월 현재 아프리카와 중동의 저소득 국가의 백신 접종률은 10% 미만에 불과하다.

특허 정치의 부상 : 특허에 대한 과학기술학 연구

21세기 생명자본주의(biocapitalism)의 부상으로 인해 생명의 사유화 과정의 일부로서 지식재산권, 그중에서 특히 특허의 범주와 그 소유권 변화에 대한 연구가 활발하게 나타났다. 일군의 과학기술학자들은 첨예하게 나타나는 생명공학 분야의 지식재산권 논의에 대해 크게 두 가지 분석틀을 통해 지식재산권 논의가 지닌 사회정치적 함의와 공공정책적 문제들을 논의해 왔다. 우선 1980년대 이후 생명공학 기술의 발달로 나타난 유전자조작 세포와 온코마우스와 같은 새로운 고등생명, 그리고 합성 유전자와 같은 생명공학적 형태의 새로운 생명들(biotechnological forms of life)에 특허를 부여할 수 있는지에 관련된 논의들이다. 특허 존재론(patent ontology)이라고 부를 수 있는 이러한 지식재산의 범주의 확대에 관련된 논의는 단순히 특허법상의 발명의 인정에 관련된 기술적 논의를 넘어 사회적·윤리적 논쟁을 포괄하여 나타나고 있다. 생명공학에 의해 만들어진 이러한 혼종들에 대한 특허의 부여가 이들에 대한 사적 소유를 인정해 주고, 이 과정에서 생명의 존엄성을 도전하고 환경에 의도하지 않은 위험을 가져다줄 수 있기에 시민 사회에서 제기되는 사회적·윤리적 쟁점이 특허 존재론의 중요한 한 축으로 등장했던 것이다.

20세기 후반 이후 과학기술학자들은 또한 첨단지식기반 산업에서 지식재산권을 둘러싼 정치경제학적 분석틀을 통해 생명공학 영역에서 특허의 소유권과 공공이익을 둘러싼 다양한 공공정책적 논쟁들을 분석해 왔다. 특히 1980년 제정된 바이-돌(Bayh-Dole) 법안은 지식기반 경제의 부상과 함께 기초과학 분야의 발명과 혁신을 장려하는 차원에서 공공자금 기반의 발명에 대한 사적 소유를 인정했다. 이 제도는 기초과학의 혁신들, 특히 생의학 분야 발명들의 상업화와 이에 기반한 창업을 통해 생명공학산업이라는 고부가가치 산업 분야를 새롭게 창출하였다. 그렇지만 지식의 상업화를 확대했던 이 제도가 기초과학 영역의 지나친 사유화를 가져왔고, 이에 신약과 첨단 치료법의 개발에 큰 비용이 필요하게 되었고, 그 결과 이들의 가격을 급등시키는 등의 부작용을 낳았다. 혁신의 장려를 목적으로 공공자금 기반 발명의 사유화를 추진했지만, 오히려 환자들은 이들 신약과 첨단 치료법에 접근하기 더 힘들어졌다는 것이다. 이에 기업과 연구기관, 그리고 국가 사이의 지식재산의 소유권을 둘러싸고 사적 이익과 공공이익의 균형을 달성할 수 있는 분배정의의 문제, 그리고 지나친 상업화 과정에서 나타나는 이해상충과 같은 공공정책적, 윤리적 논의 또한 지식재산권 관련 논의의 핵심적인 문제로 부상했다.

과학기술학자 쇼비타 파사세라티(Shobita Parthasarathy)는 생명공학 분야의 지식재산권 논의의 두 축인 특허의 존재론과 소유권에 관한 논의에 대해 적극적인 개입을 촉구하는 차원에서 지식재산을 중심으로 보다 광범위한 사회적·도덕적·정치적 논의가 필요하다고 주장한다. 그녀는 유럽연합과 미국의 지식재산권 체제에 대한 비교 연구를 통해 시장경제와 기술혁신의 법리를 넘어 공공이익과 분배정의, 그리고 환경정의와 의료정의와 같은 분석 범주들을 지식재산권 논의에 중요한 축들로 재설정할 필요가 있다고 주장한다. 특히 그녀는 유럽연합의 경우 지식재산권 내에 공공이익이나 도덕에 반하는 경우 이에 대한 특허를 금지하는 공서양속(ordre public) 조항을 두고 있다는 점을 강조하며, 이를 기반으로 환경 및 의료 관련 단체들이 유전자조작식품이나 유전자 특허와 같은 새로운 생명공학적 생명 형태들(life forms)에 대한 사적 소유나 특허권 부여에 개입할 수 있었다고 지적한다. 이러한 분석을 통해 그녀는 지식재산의 영역에서 시민사회가 지닌 사회적·도덕적 가치와 정치적 목소리를 반영하는 특허의 정치(patent politics)가 필요하다고 주장한다.

이 글은 코로나 백신의 특허를 둘러싼 최근의 논쟁을 특허 정치의 시각에서 분석한다. 이를 통해 지식재산권이 과학기술혁신의 시대에 새로운 발명과 혁신을 유도하고, 이 혁신이 시장과 법의 영역에서 사적이익과 공공이익 사이의 균형을 달성하도록 하는데 중요한 사회적 개입의 지점으로 작동하고 있는지를 보여 줄 것이다. 이를 위해 이 글은 코로나 바이러스 특허 논쟁의 중심에 서 있는 코로나 백신 중 가장 혁신적인 mRNA 기반 백신을 개발한 모더나의 사례를 살펴보고자 한다. mRNA 관련 지식재산 논의를 이해하기 위해 우선 글의 첫 부분에서는 모더나를 비롯한 코로나 백신 개발과 특허 정책에 관련된 제약 및 생명공학사들의 입장을 살펴본다. 그 이후 실제 mRNA 백신의 개발 과정을 살펴보면서, 생명공학 기업과 국가의 역할에 대해 살펴볼 것이다. 특히 모더나의 백신 개발 과정에서 기업과 국가, 연구기관들이 팬데믹을 극복하기 위해 어떻게 각자의 역할을 수행해 왔으며, 그 기저에 사적 자본의 투자와 막대한 공공자금 지원이 있었음을 논의해 볼 것이다.

그다음으로 이 글은 모더나의 mRNA 기반 코로나 백신 특허의 소유권을 둘러싼 논쟁을 살펴보면서, 지식재산을 둘러싼 특허 정치를 통해 mRNA 특허가 한 산업의 생존과 이익을 넘어, 공공의 이익과 사익 사이의 균형을 추구하려는 공공정책적 논의의 중요한 한 축이 되었음을 살펴본다. 마지막으로 팬데믹의 시대, 특허 정치를 통해 현대 혁신시스템의 사회적이고 공공정책적인 개입의 가능성을 살펴볼 것이다. 이를 통해 21세기 팬데믹 상황에서 특허정치가 어떻게 지식재산에 대한 개입을 통해 면역-자본주의로 인한 여러 불평등과 문제들을 해결하고 나아가 지식생산과 혁신, 그리고 이의 경제적, 의학적 이익의 분배에 관련된 법적, 정책적 선택을 어떻게 형성할 수 있는지를 논의해 본다.

생명공학산업의 입장 : 지식재산권 보호와 혁신

팬데믹 위기 상황, 지식재산에 대한 제한이라는 국제적 요구에 맞서 제약 및 생명공학 회사들은 팬데믹 위기 상황에서 코로나 백신 관련 특허를 공격하는 것은 단순히 정치적인 수사에 불과하다고 비판한다. 보다 실질적으로 백신에 대한 공평한 접근을 위해 특허권 제한이 아니라 다른 조치들이 더 필요한 상황이라는 것이다. 우선 팬데믹으로 인해 전 세계적으로 백신의 원료 물질 공급뿐만 아니라 이의 유통이 원활하지 못한 상황이 지식재산의 문제보다 더 심각하다. 이러한 상황에서 지식재산을 제한하는 조치는 섣부른 백신 생산 시도를 불러와 백신 공급망 문제를 더 심각하게 하여 백신의 안정적 공급을 위협하며, 나아가 품질의 문제가 있는 백신들이 유통될 위험을 높여줄 뿐이라 우려하고 있다. 결국 백신에 관련된 지식재산권의 일시적 유예는 전 세계적 차원에서 백신의 공급을 증대하거나 저소득 국가들에 대한 접근을 확대하는 데 그다지 중요한 역할을 하지 못한다는 것이다.

제약회사 화이자는 백신 생산을 위해 전지구적 생산과 유통 공급망이 얼마나 복잡하게 얽혀있는지를 그 예로 든다. mRNA 기반 코로나 백신 생산을 위해서 화이자는 19개국에 걸쳐 있는 86개의 백신 원료들과 시약들, 그리고 기계와 부품 제조사들로부터 무려 280개의 물질들과 기계, 부품들을 적시에 동원해야 한다는 것이다. 또한 이 복잡한 전 세계적 백신 생산 공급망을 관리해야 할 뿐만 아니라 각종 특수 기계와 생산 공정을 운영하고 관리할 수 있는 고도로 훈련된 인력들 또한 필요하다고 강조한다. 이러한 상황에서 백신의 지식재산에 대한 제한이 오히려 백신 원료와 생산 설비에 대한 수요를 급격히 높여서 전지구적 공급망에 큰 문제를 가져올 수 있다는 것이다. 게다가 백신의 생산과 관련된 고도로 훈련받은 인력이 부재한 개발도상국에서 생산된 백신의 효용성과 안전에 대한 우려를 낳을 뿐이라고 지적한다.

코로나 백신 특허를 둘러싼 논쟁의 중심에 있는 모더나의 창립자 데릭 로시(Derrick Rossi)는 모더나가 2021년 9월까지 세계은행이 저소득국가로 분류한 국가에 100만 회 분량만을 공급하는 데 그친 이유가 자신들의 전 세계적 공급망 위기 상황으로 나타난 백신 생산에 대한 제약 때문이라 항변한다. 백신 임상시험의 성공 이전에 미리 백신을 주문한 선진국들에게 기존 주문량을 충족시키기 위해 백신을 분배, 공급하기 때문에 나타난 현상일 뿐이라는 것이다. 또한 모더나는 이러한 문제를 인식하고 2020년 부족한 백신 생산설비를 확충하기 위해 여러 정부들로부터 지원을 요청했지만 많은 나라에서 이를 거부했다고 밝혔다. 2020년 초 모더나는 전염병 대비 혁신을 위한 연합(Coalition for Epidemic Preparedness

Innovations)이라는 비영리단체로부터 90만 달러를 지원받기도 했다. 이 비영리단체는 모더나가 "평등한 백신에 대한 접근"이라는 원칙에 동의하며 이러한 지원을 받았으며, 이에 저소득 국가에게 이들이 구매가능한 가격에 백신을 팔 것이라고 약속했다고 비판했다. 모더나는 이러한 비판에 직면하여 앞으로 공평한 백신 공급을 위한 국제단체인 코백스(COVAXX)에 3,600만 회 분량을, 그리고 2022년 4억 6,600만 회 분량의 백신을 공급할 것을 기약했다. 모더나는 또한 아프리카에 공장을 설립할 계획이며 이를 통해 2020년까지 10억 회 분량을 공급할 것이라고 했다.

보다 근본적인 차원에서 제약회사들과 생명공학회사들은 백신 관련 지식재산의 제약이 향후 제약 및 생명공학 산업에서 혁신에 대한 유인을 크게 감소시킬 것이라 우려한다. 여러 과학적 불확실성과 경제적 위험을 감수하고 투자 대비 높은 수익을 얻을 수 있다는 기대로 생명공학회사들이 백신 혁신에 투자해 왔다. 하지만 만일 또 다른 팬데믹이 발생할 때 지식재산에 대한 권리를 잃을 수도 있다는 우려가 있다면 이러한 위험을 감수하고 백신 개발에 투자할 유인이 없게 된다는 것이다. 미국 생명공학회사들의 연합단체인 BIO(Biotechnology Innovation Organization)는 지식재산권에 대한 보장, 그리고 이에 기반한 신약과 백신의 독점적 생산 및 판매가 생명공학산업의 성장과 이윤의 근본적인 것이며, 특허 포기는 곧 제약 및 생명공학 산업 전체의 존재를 위협하는 것이라 비판한다. 이들은 다른 한편에서 미국 행정부의 특허 잠정 포기 선언이 생명공학에서의 미국의 비교우위를 크게 저해시킬 위험이 있다고 주장한다. 코로나 백신과 관련된 지식재산권뿐만 아니라 생산 과정에서 필수적인 영업비밀과 암묵지 등을 개발도상국에 제공해야 한다면 이 과정에서 미국의 선도적인 생명공학 기술과 그 혁신 기반이 침해된다는 것이다.

그렇지만 백신 개발과 특허를 둘러싼 논쟁에 대해 국제보건 영역에 종사하는 이들은 우선 백신은 제약 분야의 다른 혁신과는 달리 전통적으로 공공재의 성격이 강한 재화로 간주되어왔다는 점을 지적한다. 무엇보다 백신은 일단 개발되면 질병의 전염이 차단될 때까지 일정 수요가 충족되고 난 후에는 그 수요가 급감하기 때문에 기존 제약 및 생명공학 회사들은 이의 연구와 개발에 큰 자본을 투자하기를 꺼려 왔다. 또한 백신은 건강한 사람들을 대상으로 광범위한 인구집단에 접종되어서 그 부작용에 대한 여러 법적 책임이 크게 따르기 때문에 기업들은 이에 대한 투자 대비 위험이 매우 크다고 인식해 왔다. 이러한 문제들 때문에 역사적으로 백신의 개발은 팬데믹을 막고 공중보건을 증진하는 차원에서 주로 정부와 보건복지 관련 공공 재단들의 과감한 투자와 참여에 기대왔다고 볼 수 있다.

공공과 사적 영역의 협력 : 모더나 mRNA 백신 개발

모더나의 백신 특허에 대한 논의에서 여러 비판자들은 백신의 공공재 성격뿐만 아니라 모더나 백신 개발 그 자체가 공공의 지원을 받았다는 점을 강조한다. 퍼블릭 시티즌(Public Citizen)과 같은 사회단체는 모더나가 개발한 백신이 국가의, 다시 말해 세금을 낸 개별 국민들의 지원을 받았다는 점을 지적하며, 모더나의 코로나 백신을 "대중의 백신(People's Vaccine)"이라고 부를 수 있을 정도라 주장한다. 사실 2010년 설립된 모더나는 코로나 백신 이전에 허가받은 약 하나 없는 조그만 규모의 생명공학회사였다. 모더나는 창립 후 플래그십개척벤처투자회사(Flagship Pioneering VC)로부터 4,000만 달러의 자금을 지원받으며 mRNA 기반 치료제와 백신 개발을 수행하게 된다. 또한 미국방고등연구사업국(Defense Advanced Research Projects Agency, 이하 DARPA)은 전 세계 오지에서 군사작전을 수행하는 데 큰 위협이 되었던 RNA 바이러스에 대한 연구개발금을 지원해주며 모더나의 성장과 연구개발에 있어서의 진전, 그리고 투자 유치에 매우 중요한 역할을 했다. 2010년대 초반부터 DARPA는 지카(Zika)와 치쿤구니야(Chikungunya) 같은 RNA 바이러스에 대한 백신 연구개발 사업을 지원했으며, 그

총 액수는 2,500만 달러에 달하는 것으로 알려져 있다.

2010년대 중반에 이르러 모더나는 미 국방부의 지원금을 통해 mRNA 기술에 바탕해 바이러스에 대한 항체를 만들 수 있는 백신과 치료제를 본격적으로 개발하려 시도한다. 모더나는 mRNA 백신 플랫폼 기술 개발을 진전시켜, 2017년부터 2019년 사이 치쿤구니야 백신 개발에 큰 진전을 이루어 60명 정도 규모의 임상시험에 들어갈 수 있었다. 또한 지카바이러스에 대한 연구도 진행되어 2017년 저명한 학술지 Cell에 논문을 출판하기도 하였다. 특히 중요한 것은 국방부가 모더나의 mRNA 기술이 다양한 백신 개발에 사용될 수 있는 범용적인 성격이 있기 때문에 이 mRNA 백신 플랫폼 기술 일반에 대한 연구를 지원했다는 점이며, 이 과정에서 모더나는 면역 반응을 일으킬 수 있는 물질들을 세포로 전달하는 기술을 비롯한 많은 백신 개발 관련 특허들을 출원하였다.

모더나가 지닌 mRNA 백신 플랫폼 기술은 코로나바이러스 백신 개발에 중요한 역할을 수행한다. 2019년 가을 중국에서 전파되었던 SARS-CoV-2라는 코로나바이러스는 중국의 과학자들에 의해 그 유전정보인 염기서열이 공개되었다. 그 직후 미국 국립보건원(National Institutes of Health, NIH)의 연구자 바니 그레이엄(Barney S. Graham)과 그의 연구팀은 이 염기서열을 바탕으로 코로나바이러스가 인체에 침입할 때 관여하는 단백질을 설계하는데 성공했다. 그레이엄은 바이러스가 인체에 침입할 때 사용되는 단백질을 제조하고 이를 인체에 전달해 면역 반응을 일으키는 백신 제조법을 연구하고 있었다. 2012년 메르스(MERS) 백신의 개발에 이를 시험 사용해 보기도 한 그는 mRNA 기술 기반 백신 연구의 대표적인 연구자 중의 하나였다. 그는 2021년 1월 13일 모더나에 인체침입 바이러스 스파이크(spike) 단백질을 만들 수 있는 mRNA 염기서열을 전달했다. 모더나는 이를 인체에 안정적으로 전달할 수 있는 mRNA 백신 플랫폼 기술을 동원하여 성공적으로 면역 반응을 일으킬 수 있는 백신을 개발할 수 있었다. 모더나는 NIH의 연구자들로부터 단백질 설계 정보를 받은 단 6주 후인 3월 16일부터 인간 대상 임상시험에 돌입하였으며 그 해 12월, 이 백신이 95% 예방효과가 있다고 발표했다.

보다 자세한 모더나의 백신 개발과정은 모더나 특허에 관련된 논쟁이 확대되면서 본격적으로 주목을 받았다. 무엇보다 모더나가 백신 개발에 관련된 연구에서 과학적 불확실성으로 인해 사적 자본으로는 시도하기 어려운 연구개발을 연방정부의 자금을 지원받아 수행했으며, 특히 실험실 연구 단계에서 재정적 위험이 매우 큰 제품개발 단계에서 팬데믹 상황으로 인해 연방정부의 전폭적 지원을 받아 비즈니스 위험의 많은 부분을 최소화할 수 있었다는 점이 드러났다. 2018년 모더나 역시 미국 주식시장에 상장될 당시 미국 연방정부로부터 연구자금을 지원받은 사실에 대해 공시하기도 했다. 그렇지만 코로나 백신 특허로 인한 논쟁이 본격화될수록 모더나는 공공과 사적 영역의 협력을 통해 개발한 백신을 사익의 추구를 위해 사용하고만 있다는 비판에 직면하게 되었다.

2020년 8월 28일 국제지식생태계(Knowledge Ecology International, KEI)라는 민간단체는 모더나가 연방정부의 지원을 받고도 이에 기반해서 얻은 특허들을 미국 정부에 신고하지 않고 무단으로 사용하고 있다고 비판했다. 국가가 지원한 연구에 기반한 발명의 경우 이를 정부에 신고, 공개하고 적절한 절차를 거쳐 기업이 그 소유권을 이전받을 수 있도록 한 바이-돌 법안을 모더나가 위반했다는 것이다. KEI는 모더나가 지닌 126개의 특허와 154개의 특허출원 신청서를 분석하여, 이들 대부분은 미국 정부의 연구자금 지원을 받은 사실을 밝히지 않았다는 점을 지적했다. 특히 이 중 최소 11개의 모더나의 mRNA 특허들이 2013년부터 DARPA로부터 지원을 받은 연구들에 기반하고 있다는 것이 명확하다는 점이 밝혀지면서, KEI는 연방정부가 바이-돌 법안을 위배한 모더나로부터 이들 특허의 소유권을 돌려받던지, 아니면 이 특허들에 기반한 백신이 "대중에게 합당한 방식으로 접근 가능하게" 할 것을 강제하라고 요구하고 있다. 이에 미국의 한 신문인 『워싱턴포스트』는 모더나가 공공연구투자의 성과를 사익과 공공이익의 균형을 추구하며 사용할 것을 권고하는 바이-돌 법안의 취지를 위반하고 있다는 비판 기사를 게재하기도 하였다.

나아가 제약 및 법조계 전문가들은 모더나의 특허들 자체가 정부 연구에 기반하고 있을 뿐만 아니라, 이들 중 일부가 다른 특허권자의 권리를 침해하고 있다는 우려를 표명하고 있다. mRNA 백신 플랫폼을 이루는 코로나 백신 특허 중 가장 핵심적이라고 할 만한 것은 크게 바이러스 스파이크의 단백질을 제조하여 면역 반응을 유도해 내는 기술, 그리고 이를 세포에 안정적으로 전달하는 기술이라고 볼 수 있다. 이 중 첫 번째 핵심 특허는 모더나가 아니라 미국 NIH 연구자인 그레이엄, 그리고 그의 연구 협력자인 다트머스(Dartmouth) 대학과 스크립스 연구소(Scripps Institute)의 연구자들이 지닌 미국 특허 #10,960,070(이하 '070 특허')이다. 이 특허는 mRNA를 통해 코로나바이러스 표면에 인체 침입 스파이크 단백질을 제조, 변화, 안정화시킬 수 있는 기술에 대한 특허다. 그레이엄은 2017년 10월, 이 특허에 대한 특허출원을 신청했고, 이 특허는 2021년 3월 30일 미국 특허청의 승인을 받았으며, 2037년 10월에 소멸될 예정이다. mRNA 백신의 성공에 두 번째로 중요한 특허는 면역을 일으킬 mRNA의 세포 전달에 관련된 기술로, 이는 모더나에 의해 개발되었다.

모더나는 코로나 바이러스 백신, 즉 mRNA-1273(제품개발명)을 개발하는 과정에서 2020년 미국 연방정부의 거대 규모 백신 개발 프로젝트인 '워프 스피드 작전(Operation Warp Speed)'의 지원을 받았다. 총예산 100억 달러(12조 원) 규모의 거대 백신 개발액 중 정부는 모더나에 10억 달러를 모더나의 백신 연구개발에, 그리고 4억 달러를 백신 임상시험에 지원했다. 사실상 코로나 팬데믹 이후 모더나의 백신 연구개발비는 미국 정부가 100% 지원해 준 것이나 다름없었고, 이 백신 개발의 성공 여부와 관계없이 미 정부는 2020년 8월 모더나의 백신 15억 달러어치를 선구매하는 파격적인 지원을 해 주었다. 즉 미국 정부는 백신 개발과 관련된 여러 위험을 대신 감수해 주었던 것이다. 또한 모더나는 NIH의 그레이엄 팀이 설계한 코로나 바이러스의 침입에 관여하는 단백질과 이 mRNA 염기서열 정보를 전달받았다. 모더나는 이에 기반하여 곧 mRNA 백신 대량생산 개발에 착수할 수 있었다. 기술적인 측면이나 재정적인 측면 모두에서 모더나는 미국 정부의 연구자들과 자금에 의존하여 코로나 백신을 개발할 수 있었던 것이다.

하지만 2021년 3월 21일 『뉴욕타임스』는 mRNA 기반 백신을 개발한 독일의 바이오엔테크-화이자(BioNTech-Pfizer)와는 달리 모더나가 미국 정부의 '070 특허'에 대한 사용료를 지불하지 않고 있다고 보도한다. 이 보도에서 그레이엄은 자신이 만든 mRNA 염기서열을 모더나와 바이오엔테크-화이자에 동시에 제공하였고, 이미 바이오엔테크-화이자를 포함한 17개 백신 제조사가 미국 정부에 이 특허 사용료를 내고 있다는 것이 알려졌다. 이에 모더나가 정부에게 무상으로 '070 특허'를 사용할 수 있는 라이센스(a royalty-free/gratis license)를 받았을 수도 있지만, 이 또한 사실이 아닌 것으로 밝혀지면서, 결국 모더나는 이 특허에 대한 비용을 지불하지 않고 백신을 개발, 판매하고 있다는 비판에 직면했다.

미국 뉴욕대 법학자 모튼 등은 최근 한 연구에서 모더나가 mRNA 핵심 특허인 '070 특허'를 침해하고 있다는 점을 상세히 분석하면서, 미국 정부가 '070 특허'의 소유자로서의 권리를 되찾고, 이 과정에서 팬데믹 상황을 극복하기 위해 미국 정부가 코로나 백신 특허에 대한 대안적 정책 유인을 설계해야 할 필요가 있음을 지적했다. 이에 의하면 모더나가 '070 특허'를 침해했는지에 대한 법적 판단이 내려지게 되면 미국 정부가 모더나로부터 2021년 한 해만 해도 약 5억 달러의 특허 사용료를 받을 수 있는 상황이라고 한다. 모더나는 현재 미국 정부에 접종 1회분 백신을 15달러에 판매하고 있으며, 2021년 4월부터 12월까지 백신을 총 60억 달러 판매하고, 전 세계적으로는 180억 달러의 백신을 판매할 것으로 예상된다. 통상 미 NIH가 신약 매출의 1-10% 정도를 특허 사용료로 청구하는 것에 비추어 본다면, 2021년 한 해만 해도 NIH는 모더나로부터 5억 달러(한화 약 6,000억 원)를 받을 수 있다는 계산이 나오는 것이다.

미국의 퍼블릭 시티즌과 지식재산권 개혁 운동단체 중 하나인 PrEP4ALL은 무엇보다 미국은 공공자금을 통해 성공적으로 mRNA 백신의 개발을 지원했지만, 미국 정부가 이의 지식재산권 소유자로서 백신에 대한 공평한 접근을 도모하는 데 소극적이라고 비판한다. 물론 미국이 백신 특허를 일시적으로 포기하는 것을 지지하기로 입장을 바꾸었지만, 이러한 조치는 여전히 다른 여러 WTO 국가들의 동의가 필요하다는 점에서 정치적 제스처에 그칠 수밖에 없다는 것이다. 이에 이들 특허정치 관련 단체들은 모더나가 회사의 이윤만을 추구하고 백신에 대한 공공의 접근을 보다 확대하지 않는다면, 다음과 같은 세 가지 대안을 미국 정부가 고려해야 할 것이라고 제안한다. 하나는 미국 정부가 직접 mRNA-1273 백신을 생산하는 것이다. 다른 하나는 팬데믹 상황을 극복하기 위해서 모더나에게 mRNA-1273 생산기술을 공개하도록 하고 이를 국제보건기구(WHO)를 통해 공유하여 전 세계 백신 생산량을 증대하는 방법이다. 마지막은 모더나에게 중·저소득 국가가 감당할 수 있을 만한 가격으로 판매하도록 종용하는 정책적 유인을 마련하는 것이다. 이처럼 이들 미국의 시민단체나 국제보건단체, 그리고 지식재산개혁 단체들은 특허를 통해 팬데믹 극복, 그리고 공공자금에 기반한 연구성과에 대한 공평한 접근 등을 요구하는 특허 정치를 실천하고 있는 것이다.

나가며 : 팬데믹 시대의 면역-자본주의

팬데믹을 겪고 있는 위기의 상황, 백신은 사회를 어떻게 재편할 것인가? 역사학자 존 맥닐(John R. McNeill)은 전염병이 모든 사람들을 동등하게 취급한다는 점에서 "위대한 평등자(great equalizer)"라고 표현했다. 팬데믹과 같은 대규모 질병은 사회, 경제적 계층에 관계없이 많은 이들에게 고통을 가져다준다는 것이다. 그렇지만 또 다른 역사가 캐더린 올리바리우스(Kathryn Olivarius)는 전염병의 시기를 거치며 면역을 얻은 이들은 마치 새로운 면역-자본(immuno-capital)이라 할 만한 것을 얻었으며, 이를 통해 자신들의 정치경제적 우위와 함께 도덕적이고 문명적 우월을 표명했다고 지적했다. 경제학자 피케티(Thomas Piketty)가 자본주의의 "과거가 미래를 먹어치우는" 경향, 즉 자본 축적을 통해 미래를 지배하는 경향을 경고했듯이, 팬데믹의 시대, 면역-자본을 축적한 이들은 기존의 사회경제적 우위를 유지하고 불평등을 심화시키며 국제적인 위계질서를 더욱 공고하게 만들 우려가 있다.

코로나 팬데믹의 시대, 미국과 독일과 같이 전 세계적 차원에서 과학기술적 헤게모니를 지닌 국가들은 백신 혁신을 통해 면역을 획득하는 데 성공했다. 그 과정에서 국제적

인도주의 차원에서 백신에 대한 공급을 공평하게 하려는 코백스와 같은 기관을 통해 백신에의 접근을 공평하게 하려고 시도하기도 했다. 하지만 오히려 국제적 차원의 노력보다는 백신을 구하려는 각국 나라들이 경쟁적으로 제약, 생명공학 회사들과 개별 가격 협상에 돌입하게 되면서 백신의 분배에 대한 문제와 불평등이 더 확대되고 있는 상황이다. 제약회사와 생명공학사들, 특히 모더나는 이러한 노력에 동참하기보다는 선진국의 수요를 먼저 충족시키는 일에 매진했다는 비판을 받아왔다.

다른 백신에 비해 모더나의 백신이 그 효과가 더 지속되는 "프리미엄 백신"이라는 것도 모더나 백신으로 인한 백신 접근 불평등의 문제를 더 논쟁적인 것으로 만들었다. 오직 몇몇 정부들만 모더나 백신 가격을 공개했다. 미국 정부는 접종 한 번에 15-16달러를, 반면 유럽연합은 27-30달러를 지불하는 것으로 알려져 있다. 오히려 모더나는 중진국으로 분류되는 태국이나 콜롬비아에게 30달러 정도에 미국보다 높은 프리미엄을 붙여 백신을 판매하고 있고, 이들 중진국들은 이마저도 제대로 공급받지 못하는 상황이라고 한다. 이에 비해 화이자는 저소득 국가에 840만 회를, 그리고 존슨&존슨은 2,500만 회 분량을 제공했다. 전 전미 질병청장 프리든(Tom Frieden)은 모더나가 "이익 극대화 이외에 다른 어떠한 책임감도 없는 것처럼 행동하고 있다"며 크게 비판하기도 했다.

미국 NIH 전염병연구소 소장 파우치(Anthony Fauci)

는 팬데믹의 전파를 막고 전 세계적 차원에서 백신의 공평한 공급을 위해서 제약회사들과 생명공학회사들이 실천해야 할 시기가 왔다고 강조한다. 파우치는 생명공학과 같은 자본집약적 산업에서 백신의 개발과 생산에 드는 비용이 매우 크고 기술이전이 쉽지 않다는 것을 인정한다. 특히 모더나의 경우 회사가 지닌 물질들과 생산 기기들, 그리고 생산공정에 대한 영업비밀과 암묵지 등은 관련 기술의 특허를 공개한다고 해도 이전되기 힘들다. 그럼에도 파우치를 비롯한 국제공중보건 전문가들은 백신 제조사들이 백신에 대한 공평한 접근이 가능하도록 백신의 생산능력을 증대시키거나, 그렇지 못하다면 이를 복제 생산할 수 있도록 개발도상국들에서 기술이전을 고려해야 할 시기라고 지적한다.

21세기 지식기반 자본주의 체제가 코로나 백신이라는 혁신을 가져왔으며, 지식재산에 대한 제한이 이러한 혁신의 엔진을 멈출 것이라는 생명공학산업의 우려는 다소 일면적이라고 볼 수 있다. 무엇보다 모더나 백신의 사례에서 볼 수 있듯이 막대한 규모의 국가 공공자금이 연구개발 지원의 형태로 백신의 개발과정에 투자되었다. 지식재산은 혁신에 대한 정당한 보상과 유인을 위해 존재하는 것이다. 그리고 동시에 지식재산은 역사적으로 팬데믹과 같은 위기의 시기를 극복하기 위해, 그리고 세금의 형태로 공공자금을 지원한 시민들이 원하는 공공이익을 추구할 수 있도록 제한적 재산으로 형성되어온 제도이다. 이미 현재의 국제무역 질서 아래에서도 지식재산에 대한 일시적 제한을 가능하게 하는 제도가 WTO 하에 존재한다는 점도 이를 잘 보여 준다. 팬데믹의 시대, 정치·경제적이고 사회적인 불평등을 보다 강화하는 면역-자본주의 경향을 제어하고, 전지구적 차원의 비극을 막기 위해서는 지적재산을 어떻게 사용할지에 대한 논의가 보다 절실하다.

과학기술학자들은 지식재산이라는 과학기술과 법의 문제에 대해, 단순히 이것이 실험실과 법정에서 그 발명의 우선권을 논의하는 기술적인 문제를 넘어서 기술혁신과 경제성장, 그리고 혁신의 공공적 이용과 그 공평한 접근에 관련된 특허의 정치학의 문제라고 지적해 왔다. 이 글에서 살펴보았듯이, 전 세계적 차원에서 백신에 대한 공평한 접근을 도모하고자 하는 여러 개발도상국과 과학자들, 그리고 국제보건 운동가들의 요구는 백신 특허를 어떻게 사용하고 제어할지의 문제를 팬데믹의 극복에 중요한 전지구적 공공 정책적 문제로 만들었다. 이처럼 팬데믹의 시대, 지식재산의 문제는 혁신으로 인한 사적 이익과 공적 이익의 공평한 분배를 논의하기 위한 문제를 포함하여, 백신에 대한 접근을 공평히 하고, 팬데믹으로 깊어진 사회, 경제적 상흔과 불평등을 해결하고 극복하기 위해 공공정책적이고 사회적인 차원에서 보다 중요하게 다루어야 할 문제로 등장했다 할 수 있다.

수록 및 저작권 정보

제1부

지식재산권? 공익과 사익, 혁신의 균형 사이에서

지식재산권의 등장과 공익과 사익 사이의 균형이라는 아이디어, 기원전 700 (B.C.) - 서기 2000 (A.D.)

Hesse, Carla. "The Rise of Intellectual Property, 700 B.C.-A.D. 2000: An Idea in the Balance." *Daedalus* 131, (2001): 26-45.

제2부

지식의 사유화와 새로운 산업의 등장

누가 무엇을 소유하는가? 유전자 재조합 기술의 사적 소유와 공공 이익에 관한 1970년대의 논쟁

Yi Doogab. "Who Owns What? Private Ownership and the Public Interest in Recombinant DNA Technology in the 1970s." *Isis* 102, no. 3. (2011): 446-474.

기계의 텍스트 : 미국 저작권법과 소프트웨어의 다양한 존재론, 1974-1978

Gerado Con Diaz "The Text in the Machine: American Copyright Law and the Many Natures of Software, 1974–1978." *Technology and Culture* 57, no. 4. (2016): 753-779.

제3부

반공유재의 비극

유전자와 생명의 사유화,
그리고 반공유재의 비극 :
미국의 BRCA 인간유전자
특허논쟁

이두갑. "유전자와 생명의 사유화, 그리고 반공유재의 비극: 미국의 BRCA 인간유전자 특허 논쟁." 『과학기술학연구』(2012) 12: 1-43쪽 (2013년 대법판결을 반영하여 결론부분을 수정하였음)

카피레프트의 발명

Christopher Kelty. "Inventing copyleft." In *Making and Unmaking Intellectual Property: Creative Production in Legal and Cultural Perspective*, ed. Mario Biagioli, Pter Jaszi, and Martha Woodmansee, 133-148. Chicago: University of Chicago Press, 2011.

제4부

협력과 창의적 연구,
그리고 지식재산권

생의학 복합체 시대 창의적 연구의
소유권 : 스탠포드 대 로슈
(Stanford v. Roche) 판결을 통해 본
미국 공공기금 기반 특허의
소유권 논쟁

Yi Doogab. "Who Owns Creative Production in the Age of the Biomedical Complex? Stanford v. Roche and the Controversy over the Ownership of Government-funded Inventions." *Asia Pacific Journal of Health Law & Ethics* 12, no. 2. (2019): 95-122.

코로나 팬데믹과 백신 특허,
그리고 면역-자본주의

이두갑. "코로나 팬데믹과 백신 특허, 그리고 면역-자본주의." 『과학기술과 사회』(2021) 1:73-96쪽.

참고문헌

제1부

지식재산권? 공익과 사익, 혁신의 균형 사이에서

지식재산권의 등장과 공익과 사익 사이의 균형이라는 아이디어, 기원전 700 (B.C.) - 서기 2000 (A.D.)

Alford, William P. *To Steal a Book is an Elegant Offense: Intellectual Property Law and Chinese Civilization*. Stanford, Calif.: Stanford University Press, 1995, esp. 25-29.

Amin, Sayed Hassan. *Law of Intellectual Property in the Middle East,* Glasgow: Royston, 1991, 3.

Aoki, Zachary. "Will the Soviet Union and the People's Republic of China Follow the United States' Adherence to the Berne Convention?" *Boston College International and Comparative Law Review* 13 (Winter: 1990): 207-235.

Bancroft, George. *Literary and Historical Miscellanies,* New York: Harper & Brothers, 1855, 412, 427.

Birn, Raymond. "The Profit in Ideas: *Privilèges en librairie* in Eighteenth-Century France." *Eighteenth-Century Studies* 4 no. 2. (1971): 131-168.

Boyle, James. *Shamans, Software, and Spleens: Law and the Construction of the Information Society,* Cambridge, Mass.: Harvard University Press, 1996.

Buford, W. H. *Germany in the Eighteenth Century: The Social Background of the Literary Revival,* Cambridge: Cambridge University Press, 1965.

Buckingham, Simon. "In Search of Copyright in the Kingdom." *Middle East Executive Reports,* 8 May 1988.

Burger, Peter. "The Berne Convention: Its History and Its Key Role in the Future." *Journal of Law and Technology 3* no. 1. (Winter 1988).

Chan Hok-Lam. *Control of Publishing in China: Past and Present,* Canberra: Australian National University, 1983, 2-24.

Chartier, Roger. *The Order of Books,* Stanford: Stanford University Press, 1994.

Clark, Aubert J. *The Movement for International Copyright in Nineteenth-Century America,* Washington, D.C.: The Catholic University of America Press, 1960.
———, *The Movement for International Copyright,* 77.

Davis, Natalie Z. "Beyond the Market: Books as Gifts in Sixteenth Century France." *Transactions of the Royal Historical Society,* ser. 5, 33 (1983): 69-88.

Diderot, Denis. *Oeuvres Complètes,* 15 Vols. Paris: 1970, 5: 331.
Dyke, Henry van. *The National Sin of Literary Piracy,* New York: Charles Scribner's Sons, 1888.

Feather, John. *Publishing, Piracy and Politics: A Historical Study of Copyright in Britain,* London: Mansell, 1994.

Gaines Post et al. "The Medieval Heritage of a Humanistic Ideal: 'Scientia Donum Dei Est, Unde Vendi Non Potest'." *Traditio* 11 (1955): 195-234.

Gerulaitis, Leonardas Vytautas. *Printing and Publishing in Fifteenth-Century*

Venice, Chicago: American Library Association; London: Mansell, 1976.

Ginzburg, Jane C. "A Tale of Two Copyrights: Literary Property in Revolutionary France and America." *Tulane Law Review* 64, no. 5. (May 1990): 991-1031.

Graham, William A. "Traditionalism in Islam: An Essay." *Journal of Interdisciplinary History* XXIII (3) (Winter 1993): 495-522.

Hazard, John N. *Communists and Their Law,* Chicago: University of Chicago Press, 1969, 243-268.
The *Hedaya* 92 (1795).

Hesse, Carla. *Publishing and Cultural Politics in Revolutionary Paris, 1789-1810,* Berkeley: University of California Press, 1991.

Jamar, Steven D. "The Protection of Intellectual Property under Islamic Law." *Capital University Law Review* 21 (1992): 1079-1106.

Levitsky, Serge. *Introduction to Soviet Copyright Law,* Leyden: A. W. Sythoff, 1964.

Litman, Jessica. *Digital Copyright,* Amherst, N.Y.: Prometheus Books, 2001.

Martin, Henri-Jean. *Livre, pouvoirs et société à Paris au 17ème siècle (1598-1701),* Geneva: Droz, 1969.

Moss, Sidney. *Charles Dickens' Quarrel with America* (Troy, N.Y.: Whitson Pub. Co., 1984).

Newcity, Michael A. *Copyright Law in the Soviet Union,* New York: Praeger Publishers, 1978.

Patterson, Lyman Ray. *Copyright in Historical Perspective,* Nashville: Vanderbilt University Press, 1968, esp. 180-202

Pedersen, Johannes. *The Arabic Book, trans. Geoffrey French,* Princeton, N.J.: Princeton University Press, 1984; original publication: Copenhagen, 1946.

Post, Robert C. "Reading Warren and Brandeis: Privacy, Property, and Appropriation." *Case Western Reserve Law Review* 41, no. 3. (1991): 658-662.

Robinson, Francis. "Technology and Religious Change: Islam and the Impact of Print." *Modern Asian Studies* 27, no. 1. (1993): 229-251.

Roit, Natasha. "Soviet and Chinese Copyright: Ideology Gives Way to Economic Necessity." *Loyola Entertainment Law Journal* 6 (1986): 53-71.

Rose, Mark. *Authors and Owners. The Invention of Copyright,* Cambridge, Mass.: Harvard University Press, 1993.

Usmani, Mufti Taqi. "Copyright According to Shariah." *Albalagh,* an Islamic E-Journal (23 April 2001).

Ward, Albert. *Book Production, Fiction and the German Reading Public,* 1740-1800, Oxford: Oxford University Press, 1974.

Wayland, Francis. *The Elements of Moral Science,* London: The Religious Tract Society, n.d [1835], 275.

Woodmansee, Martha. "The Genius and

the Copyright: Economic and Legal Conditions of the Emergence of the 'Author'." *Eighteenth Century Studies* 17 (1984): 425-448.

Wittmann, Reinhard. *Geschichte des deutschen Buchhandels: ein Überblick,* Munich: Verlag C. H. Beck, 1991.

제2부

지식의 사유화와 새로운 산업의 등장

누가 무엇을 소유하는가? 유전자 재조합 기술의 사적 소유와 공공 이익에 관한 1970년대의 논쟁

Ancker-Johnson, Betsy, and David B. Change, *U.S. Technology Policy: A Draft Study,* Office of the Assistant Secretary for Science and Technology, U.S. Department of Commerce, National Technical Information Service, PB-263 806, Mar. 1977.

Angela N. H. Creager. "Biotechnology and Blood: Edwin Cohn's Plasma Fractionation Project, 1940 –1953." in *Private Science: Biotechnology and the Rise of Molecular Science,* ed. Thackray, Arnold, Philadelphia: Univ. Pennsylvania Press, 1998, pp.39–62.

Apple, Rima D. "Patenting University Research: Harry Steenbock and the Wisconsin Alumni Research Foundation." *Isis* 80 (1989): 375–394.

Arrow, Kenneth J. "Economic Welfare and the Allocation of Resources for Invention." P-1856-RC, RAND Corporation, 15 Dec. 1959, pp.1–23.

Asner, Glen R. "The Linear Model, the U.S. Department of Defense, and the Golden Age of Industrial Research." in *The Science–Industry Nexus: History, Policy, Implications,* ed. Karl Grandin, Nina Wormbs, and Sven Widmalm, Sagamore Beach, Mass.: Science History Publications, 2004, pp. 3–30.

Baumol, William J. Sue Anne Batey Blackman, and Edward N. Wolff, *Productivity and American Leadership: The Long View,* Cambridge, Mass.: MIT Press, 1989.

Berg, Paul (chairman). David Baltimore, Herbert Boyer, Stanley Cohen, Ronald Davis, David Hogness, Daniel Nathans, Richard Roblin, James Watson, Sherman Weissman, and Norton Zinder, "Potential Biohazards of Recombinant DNA Molecules." Science 185 (1974): 303.

Berman, Elizabeth P. "Why Did Universities Start Patenting? Institution-Building and the Road to the Bayh-Dole Act." *Social Studies of Science* 38 (2008): 835–871.

Boffey, Philip M. "Federal Research Funds: Science Gets Caught in a Budget Squeeze." *Science* 158 (1967): 1286–1288.

Boyle, James. *Shamans, Software, and Spleens: Law and the Construction of the Information Society,* Cambridge, Mass.: Harvard Univ. Press, 1996.
———. *The Public Domain: Enclosing the Commons of the Mind,* New Haven, Conn.: Yale Univ. Press, 2008.

Broad, William J. "Patent Bill Returns Bright Idea to Inventor." *Science* 205

(1979): 473–476.
Bud, Robert. *The Uses of Life: A History of Biotechnology,* Cambridge: Cambridge Univ. Press, 1993.

Cassier, Maurice, and Christiane Sinding. "'Patenting in the Public Interest': Administration of Insulin Patents by the University of Toronto." *History and Technology* 24 (2008): 153–171.

Chadarevian, Soraya de. *Designs for Life: Molecular Biology after World War II,* Cambridge: Cambridge Univ. Press, 2002.

Chang and Cohen. "Genome Construction between Bacterial Species In Vitro: Replication and Expression of Staphylococcus Plasmid Genes in Escherichia coli." *Proceedings of the National Academy of Sciences,* USA. 71 (1974): 1030–1034.

Cheit, Earl Frank. *The New Depression in Higher Education: A Study of Financial Conditions at Forty-one Colleges and Universities,* New York: McGraw-Hill, 1971.

Cohen, Stanley N. "The Manipulation of Genes." Scientific American 233 (1975): 24–33.
———. "The Stanford DNA Cloning Patent." in *From Genetic Engineering to Biotechnology: The Critical Transition,* ed. W. J. Whelan and Sandra Black, New York: Wiley, 1982, pp.213–216.

Cohen, Stanley N. and Herbert W. Boyer. "Process for Producing Biologically Functional Molecular Chimeras." U.S. Patent 4,237,224, granted 2 Dec. 1980 (filed 4 Nov. 1974).

Cohen, Stanley N., M.D. "Science, Biotechnology, and Recombinant DNA: A Personal History." an oral history conducted by Sally Smith Hughes in 1995, Regional Oral History Office, Bancroft Library, University of California, Berkeley, 2009.

Creager, Angela N. H. "Adaptation or Selection? Old Issues and New Stakes in the Postwar Debates over Bacterial Drug Resistance." *Studies in History and Philosophy of Biological and Biomedical Sciences* 38 (2007): 159–190.
———. *The Life of a Virus: Tobacco Mosaic Virus as an Experimental Model,* 1930–1965, Chicago: Univ. Chicago Press, 2002.
———. "Mobilizing Biomedicine: Virus Research between Lay Health Organizations and the U.S. Federal Government, 1935–1955." in *Biomedicine in the Twentieth Century: Practices, Policies, and Politics,* ed. Caroline Hannaway, Amsterdam: IOS Press, 2008, pp.171–201.

Demsetz, Harold. "Toward a Theory of Property Rights." *American Economic Review* 57 (1967): 347–359.

Denison, Edward F. *Accounting for Slower Economic Growth: The United States in the 1970s,* Washington, D.C.: Brookings Institution, 1979.

Edgerton, David. "The 'Linear Model' Did Not Exist: Reflections on the History and Historiography of Science and Research in Industry in *the Twentieth Century." in The Science–Industry Nexus: History, Policy, Implications,* ed. Karl Grandin, Nina Wormbs, and Sven Widmalm, Sagamore Beach, Mass.: Science History Publications, 2004, pp.31–57.

Eisenberg, Rebecca S. "Public Research and Private Development: Patents and Technology Transfer in Government-Sponsored Research." *Virginia Law Review* 82 (1996): 1663–1727.

Eskridge, Nancy K. "Dole Blasts HEW for 'Stonewalling' Patent Applications." *BioScience* 28, (1978): 605–606.

Finnegan, Henderson, Farabow, Garrett & Dunner, LLP. Opinion Regarding Validity, Enforceability, and Infringement Issues Presented by the Cohen and Boyer Patents, Prepared for Leland Stanford Junior University (Confidential Opinion of Counsel, 9 Aug. 1985).

Fredrickson, Donald S. *The Recombinant DNA Controversy: A Memoir: Science, Politics, and the Public Interest, 1974–1981,* Washington, D.C.: ASM Press, 2001.

Galison, Peter, and Bruce Hevly, eds. *Big Science: The Growth of Large-Scale Research,* Stanford, Calif.: Stanford Univ. Press, 1992.

Gaudillie`re, Jean-Paul. "The Molecularization of Cancer Etiology in the Postwar United States: Instruments, Politics, and Management." in *Molecularizing Biology and Medicine: New Practices and Alliances,* 1910–1970s, ed. Soraya de Chadarevian and Harmke Kamminga, Amsterdam: Harwood Academic, 1998, pp.139–170.
———. "How Pharmaceuticals Became Patentable: The Production and Appropriation of Drugs in the Twentieth Century." *History and Technology* 24 (2008): 99–106.

Geiger, Roger L. *Research and Relevant Knowledge: American Research Universities since World War II,* New York: Oxford Univ. Press, 1993.
———. *Knowledge and Money: Research Universities and the Paradox of the Marketplace,* Stanford, Calif.: Stanford Univ. Press, 2004.

Gillmor, C. Stewart. *Fred Terman at Stanford: Building a Discipline, a University, and Silicon Valley,* Stanford, Calif.: Stanford Univ. Press, 2004, pp.152–154.

Greenberg, Daniel S. *Science, Money, and Politics: Political Triumph and Ethical Erosion,* Chicago: Univ. Chicago Press, 2001.

Greene, Jeremy A. *Prescribing by Numbers: Drugs and the Definition of Disease,* Baltimore: Johns Hopkins Univ. Press, 2007.

Grote, Mathias. "Hybridizing Bacteria, Crossing Methods, Cross Checking Arguments: The Transition from Episomes to Plasmids (1961–1969)." *History and Philosophy of the Life Sciences* 30 (2008): 407–430.

Hardin, Garrett. "The Tragedy of the Commons." *Science* 162, (1968): 1243–1248.

Hall, Stephen S. *Invisible Frontiers: The Race to Synthesize a Human Gene,* New York: Atlantic Monthly, 1987.

Halluin, Albert P. "Patenting the Results of Genetic Engineering Research: An Overview." in *Patenting of Life Forms,* ed. David W. Plant, Niels J. Reimers, and Norton D. Zinder, Cold Spring Harbor, N.Y.: Cold Spring Harbor Laboratory Press, 1982, pp.67–126.

Harbridge House, Inc. *Government Patent Policy Study: Final Report, prepared for the Federal Council for Science and Technology Committee on Government Patent Policy,* Washington, D.C.: U.S. Government Printing Office, 1968.

Heller, Michael A. "The Tragedy of the Anticommons: Property in the Transition from Marx to Markets." *Harvard Law Review* 111 (1998): 621–688.

Hollinger, David A. "Science as a Weapon in Kulturkampfe in the United States During and After World War II." *Isis* 86 (1995): 440–454.

Hounshell, David A. "The Medium Is the Message, or How Context Matters: The RAND Corporation Builds an Economics of Innovation, 1946–1962." in *Systems, Experts, and Computers: The Systems Approach in Management and Engineering, World War II and After,* ed. Thomas P. Hughes and Agatha C. Hughes, Cambridge, Mass.: MIT Press, 2000, pp.255–310.

Hughes, Sally S. "Making Dollars Out of DNA: The First Major Patent in Biotechnology and the Commercialization of Molecular Biology. 1974–1980," *Isis* 92 (2001): 541–575.

Jackson, David A. Robert H. Symons, and Paul Berg, "Biochemical Method for Inserting New Genetic Information into DNA of Simian Virus 40: Circular SV40 DNA Molecules Containing Lambda Phage Genes and Galactose Operon of Escherichia coli." *Proc. Nat. Acad. Sci. USA* 69 (1972): 2904–2909.

Jasanoff, Sheila. *Science at the Bar: Law, Science, and Technology in America,* Cambridge, Mass.: Harvard Univ. Press, 1995.

John F. Morrow, Cohen, Chang, Boyer, Howard M. Goodman, and Helling. "Replication and Transcription of Eukaryotic DNA in Escherichia coli." *Proceedings of the National Academy of Sciences,* USA 71, (1974): 1743–1747.

John Lear. *Recombinant DNA: The Untold Story,* New York: Crown, 1978.

Johns, Adrian. "Intellectual Property and the Nature of Science." *Cultural Studies* 20 (Mar–May 2006): 145–164.
———. Piracy: *The Intellectual Property Wars from Gutenberg to Gates,* Chicago: Univ. Chicago Press, 2009.

Kenney, Martin. Biotechnology: *The University-Industrial Complex,* New Haven, Conn.: Yale Univ. Press, 1986.

Kerr, Clark. *The Uses of the University,* Cambridge, Mass.: Harvard Univ. Press, 1963.

Kevles, Daniel J. "The National Science Foundation and the Debate over Postwar Research Policy, 1942–1945: A Political Interpretation of Science—The Endless Frontier." *Isis* 68 (1977): 5–26.
———. *The Physicists: The History of a Scientific Community in Modern America,* New York: Knopf, 1977.
———. "Ananda Chakrabarty Wins a Patent: Biotechnology, Law, and Society, 1972–1980." *Historical Studies in the Physical and Biological Sciences* 25 (1994): 111–135.
———. "Pursuing the Unpopular: A History of Courage, Viruses, and Cancer." in *Hidden Histories of Science,* ed. Robert B. Silvers, New York: New York Review of

Books, 1995, pp.69–114.
———. "Of Mice and Money: The Story of the World's First Animal Patent." *Daedalus* 131 (2002): 78–88.

Kitch, Edmund W. "The Nature and Function of the Patent System." *Journal of Law and Economics* 20 (1977): 265–290.

Kohler, Robert E. "The Management of Science: The Experience of Warren Weaver and the Rockefeller Foundation Programme in Molecular Biology." *Minerva* 14 (1976): 279–306.

Krimsky, Sheldon. *Biotechnics and Society: The Rise of Industrial Genetics* New York: Praeger, 1991.
———. *Science in the Private Interest: Has the Lure of Profits Corrupted Biomedical Research?,* Lanham, Md.: Rowman & Littlefield, 2003.

Kutcher, Gerald J. *Contested Medicine: Cancer Research and the Military,* Chicago: Univ. Chicago Press, 2009.

Leslie, Stuart W. *The Cold War and American Science: The Military-Industrial-Academic Complex at MIT and Stanford,* New York: Columbia Univ. Press, 1993.

Lobban, Peter E. "An Enzymatic Method for End-to-End Joining of DNA Molecules" (Ph.D. diss.), Stanford Univ., 1972.

Lowen, Rebecca S. *Creating the Cold War University: The Transformation of Stanford,* Berkeley: Univ. California Press, 1997.

Machlup, Fritz. An Economic Review of the Patent System, Study No. 15 of the Subcommittee on Patents, Trademarks, and Copyrights of the Committee on the Judiciary, *U.S. Senate, 85th Cong. Washington, D.C.: U.S. Government Printing Office,* 1958.
———. *The Production and Distribution of Knowledge in the United States,* Princeton, N.J.: Princeton Univ. Press, 1962.

Mackenzie, Michael, Alberto Cambrosio, and Peter Keating. "The Commercial Application of a Scientific Discovery: The Case of the Hybridoma Technique." *Research Policy* 17 (1988): 155–170.

Marshall Dann (Commissioner of Patent and Trademark Office). "Patent and Trademark Office: Recombinant DNA Accelerated Processing of Patent Applications for Inventions." *Federal Register* 42 (1977): 2712–2713.

Mertz, Janet E., and Ronald W. Davis. "Cleavage of DNA by RI Restriction Endonuclease Generates Cohesive Ends." *Proc. Nat. Acad. Sci. USA,* 69 (1972): 3370–3374.

Mirowski, Philip. *Science-Mart: Privatizing American Science,* Cambridge Mass Harvard Univ. Press, 2011.

Mirowski, Philip, and Esther-Mirjam Sent. "The Commercialization of Science and the Response of STS." in *Handbook of Science, Technology, and Society Studies,* ed. Edward J. Hackett, Olga Amsterdamska, Michael Lynch, and Judy Wajcman, Cambridge, Mass.: MIT Press, 2007, pp.635–689.

Mirowski, Philip, and Esther-Mirjam Sent, eds. *Science Bought and Sold: Essays in the Economics of Science,* Chicago: Univ. Chicago Press, 2002.

Mowery, David, and Bhaven N. Sampat. "Patenting and Licensing University Inventions: Lessons from the History of the Research Corporation." *Industrial and Corporate Change* 10 (2001): 317–355.
———. "University Patents and Patent Policy Debates in the USA, 1925–1980." *Industrial and Corporate Change* 10 (2001): 781–814.

Mowery, David C., Richard R. Nelson, Bhaven N. Sampat, and Arvids A. Ziedonis. *Ivory Tower and Industrial Innovation, Stanford, Calif.:* Stanford Univ. Press, 2004.

Nash, George H. *The Conservative Intellectual Movement in America since 1945,* New York: Basic, 1976.

Office of the Director, NIH, Department of Health, Education, and Welfare Publication No. 78-1139 (Washington, D.C.: U.S. Government Printing Office, 1978).

Office of the Director of Defense Research and Engineering, *Project Hindsight: Final Report,* Washington, D.C.: U.S. Department of Defense, 1969.

Overtveldt, Johan Van. The Chicago School: *How the University of Chicago Assembled the Thinkers Who Revolutionized Economics and Business,* Chicago: B2 Books, 2007.

Posner, Richard A. *Economic Analysis of the Law,* Boston: Little, Brown, 1973.

Reimers, Niels. "Mechanisms for Technology Transfer: Marketing University Technology." in *Technology Transfer: University Opportunities and Responsibilities: A Report on the Proceedings of a National Conference on the Management of University Technology Resources,* Cleveland, Ohio: Case Western Reserve Univ., 1974, pp. 100–108.
———. "Tiger by the Tail." *Chemtech* 17 (1987): 464–471.
———. "Stanford's Office of Technology Licensing and the Cohen/Boyer Cloning Patents." an oral history conducted by Sally Smith Hughes in 1997, Regional Oral History Office, Bancroft Library, University of California, Berkeley, 1998.

Reingold, Nathan. "Science and Government in the United States since 1945." *History of Science* 32 (1994): 361–386.

Riley, Paddy. "Clark Kerr: From the Industrial to the Knowledge Economy." in *American Capitalism: Social Thought and Political Economy in the Twentieth Century,* ed. Nelson Lichtenstein, Philadelphia: Univ. Pennsylvania Press, 2006, pp.71–87.

Robbins-Roth. Cynthia, From Alchemy to IPO: *The Business of Biotechnology,* Cambridge, Mass.: Perseus, 2000.

Rosenberg, Charles E. *No Other Gods: On Science and American Social Thought,* Baltimore: Johns Hopkins Univ. Press, 1976.

Shapin, Steven. *The Scientific Life: A Moral History of a Late Modern Vocation,* Chicago: Univ. Chicago Press, 2008.

Sheldon Krimsky. Genetic Alchemy: *The Social History of the Recombinant DNA Controversy,* Cambridge, Mass.: MIT Press, 1985.

Stanley N. Cohen, Annie Chang, Herbert W. Boyer, and Robert B. Helling. "Construction of Biologically Functional Bacterial

Plasmids In Vitro." *Proceedings of the National Academy of Sciences, USA,* 70 (1973): 3240–3244.

Sherwin, Chalmers W., and Raymond S. Isenson. "Project Hindsight: A Defense Department Study of the Utility of Research." *Science* 156 (1967): 1571–1577.

Slater, Leo B. *War and Disease: Biomedical Research on Malaria in the Twentieth Century,* New Brunswick, N.J.: Rutgers Univ. Press, 2009.

Smith, Mark A. *The Right Talk: How Conservatives Transformed the Great Society into the Economic Society,* Princeton, N.J.: Princeton Univ. Press, 2007.

Stokes, Donald. *Pasteur's Quadrant: Basic Science and Technological Innovation,* Washington, D.C.: Brookings Institution, 1997.

Strasser, Bruno J. "The Experimenter's Museum: GenBank, Natural History, and the Moral Economies of Biomedicine." *Isis* 102 (2011): 60–96.

Strickland, Stephen P. *Politics, Science, and Dread Disease: A Short History of United States Medical Research Policy,* Cambridge, Mass.: Harvard Univ. Press, 1972.

Teles, Steven M. *The Rise of the Conservative Legal Movement: The Battle for Control of the Law,* Princeton, N.J.: Princeton Univ. Press, 2008.

Thackray, Arnold, ed. *Private Science: Biotechnology and the Rise of Molecular Sciences,* Philadelphia: Univ. Pennsylvania Press, 1998.

The White House, *Biomedical Science and Its Administration: A Study of the National Institutes of Health,* Washington, D.C.: U.S. Government Printing Office, 1965.

U.S. General Accounting Office, *Problem Areas Affecting Usefulness of Results of Government-Sponsored Research in Medical Chemistry: A Report to the Congress,* Washington, D.C.: U.S. Government Printing Office, 1968.

Vettel, Eric J. Biotech: *The Countercultural Origins of an Industry,* Philadelphia: Univ. Pennsylvania Press, 2006.

Washburn, Jennifer. *University, Inc.: The Corporate Corruption of American Higher Education,* New York: Basic, 2005.

Weiner, Charles. "Patenting and Academic Research: Historical Case Studies." in *Owning Scientific and Technical Information: Value and Ethical Issues,* ed. Vivian Weil and John W. Snapper, New Brunswick, N.J.: Rutgers Univ. Press, 1989, pp.87–109.

Wellerstein, Alex. "Patenting the Bomb: Nuclear Weapons, Intellectual Property, and Technological Control." *Isis* 99 (2008): 57–87.

Williams, Bruce. "The Economic Impact of Science and Technology in Historical Perspective." *Minerva* 20 (1982): 301–312.

Wright, Susan. "Recombinant DNA Technology and Its Social Transformation, 1972–1982." *Osiris* N.S., 2 (1986): 303–360.
———. *Molecular Politics: Developing American and British Regulatory Policy for Genetic Engineering, 1972–1982,* Chicago: Univ. Chicago Press, 1994.

Yi, Doogab. "Cancer, Viruses, and Mass Migration: Paul Berg's Venture into Eukaryotic Biology and the Advent of Recombinant DNA Research and Technology, 1967–1974." *Journal of the History of Biology* 41 (2008): 589–636.
———. "The Scientific Commons in the Marketplace: The Industrialization of Biomedical Materials at the New England Enzyme Center, 1963–1980." *History and Technology* 25 (2009): 69–87.

Yoxen, Edward. "Life as a Productive Force: Capitalizing the Science and Technology of Molecular Biology." in *Science, Technology, and the Labor Process: Marxist Studies,* ed. Les Levidow and Robert M. Young, London: Blackrose, 1981, pp.66–122.

기계의 텍스트 : 미국 저작권법과 소프트웨어의 다양한 존재론, 1974-1978

Abbate, Janet. Recoding Gender: *Women's Participation in Computing*. Cambridge, MA: MIT Press, 2012.

Aronson, Jay. *Genetic Witness: Science, Law, and the Controversy in the Making of DNA Profiling*. New Brunswick, NJ: Rutgers University Press, 2007.

Beauchamp, Christopher. "Who Invented the Telephone? Lawyers, Patents, and the Judgments of History." *Technology and Culture* 51, no. 4. (October 2010): 854-878.
———. *Invented by Law: Alexander Graham Bell and the Patent that Changed America*. Cambridge, MA: Harvard University Press, 2015.

Berry, David. *The Philosophy of Software: Code and Mediation in the Digital Age*. New York: Palgrave Macmillan, 2011.

Biagioli, Mario. "Patent Republic: Representing Inventions, Constructing Rights and Authors." *Social Research* 73, no. 4 (winter 2006): 1129-1172.
———. "Between Knowledge and Technology: Patenting Methods, Rethinking Materiality." *Anthropological Forum* 22, no. 3. (2012): 285-299.

Bonaccorsi, Andrea, Jane Calvert, and Pierre Joly. "From Protecting Texts to Protecting Objects in Biotechnology and Software: A Tale of Changes of Ontological Assumptions in Intellectual Property Protection." *Economy and Society* 40, no. 4. (2011): 611-639.

Caloran, Michael. "The Mutability of Biotechnology Patents: From Unwieldy Products of Nature to Independent Object/s." *Theory, Culture, and Society* 27, no. 1. (January 2010): 110-129.

Campbell-Kelly, Martin. *From Airline Reservations to Sonic the Hedgehog: A History of the Software Industry*. Cambridge, MA: MIT Press, 2004.
———. "Not All Bad: An Historical Perspective on Software Patents." *Michigan Telecommunications and Technology Law Review* 11, no. 2. (2005): 191-249.
———. William Aspray, Nathan Ensmenger, and Jeffrey R. Yost, eds. *Computer: A History of the Information Machine*. Boulder, CO: Westview Press, 2013.

Cole, Simon. *Suspect Identities: A History of Fingerprinting and Criminal Identification*. Cambridge, MA: Harvard University Press, 2002.

Con Díaz, Gerardo. "Embodied Software: Patents and the History of Software Development, 1946-1970." *Annals of the History of Computing* 37, no. 3. (July-September 2015): 2-14.
———. "Contested Ontologies of Software: The Story of Gottschalk v. Benson, 1964-1972." *Annals of the History of Computing* 38, no. 1. (February 2016): 23-33.

Eisenberg, Rebecca. "The Story of Diamond v. Chakrabarty: Technological Change and the Subject Matter Boundaries of the Patent System." *In Intellectual Property Stories,* edited by Jane Ginsburg and Rochelle Dreyfuss, 327-57. New York: Foundation Press, 2005.

Ensmenger, Nathan. "The Digital Construction of Technology: Rethinking the History of Computers in Society." *Technology and Culture* 53, no. 4. (October 2012): 753-776.
———. "The Multiple Meanings of a Flowchart." *Information and Culture* 51, no. 3. (2016): 321-351.

Fadiman, Anne. *Ex Libris: Confessions of a Common Reader.* New York: Farrar, Straus and Giroux, 1998.

Fuller, Matthew. *Software Studies: A Lexicon*. Cambridge, MA: MIT Press, 2008.

Gabriel, Joseph. *Medical Monopoly: Intellectual Property Rights and the Origins of the Modern Pharmaceutical Industry.* Chicago: University of Chicago Press, 2014.

Galison, Peter. "Ten Problems in History and Philosophy of Science." *Isis* 99, no. 1. (2008): 111-124.

Golan, Tal. *Laws of Men and Laws of Nature: The History of Scientific Expert Testimony in England and America.* Cambridge, MA: Harvard University Press, 2004.

Haigh, Thomas. "Software in the 1960s as Concept, Service, and Product." *Annals of the History of Computing* 24, no. 1. (January-March 2002): 513.
———. "The History of Information Technology." *Annual Review of Information Science and Technology* 45, no. 1. (2011): 431-487.

Harbridge House. *Legal Protections of Computer Software: An Industrial Survey.* Springfield, VA: National Technical Information Service, 1978.

Harkness, Jon. "Dicta on Adrenalin(e): Myriad Problems with Learned Hand's Product-of-Nature Pronouncements in Parke-Davis v. Mulford." *Journal of the Patent and Trademark Office Society* 93, no. 4. (2011): 363-399.

Henry, Nicholas. *Copyright, Congress and Technology: The Public Record.* Phoenix: Oryx Press, 1980.

Hersey, John. *Hiroshima*. New York: Alfred Knopf, 1946.
———. *The Algiers Motel Incident.* New York: Alfred Knopf, 1968.
———. *My Petition for More Space.* New York: Alfred Knopf, 1974.

Honan, William H. "Hersey Apologizes to a Writer over an Article on Agee." *New York Times,* 22 July 1988, https://www.nytimes.com/1988/07/22/nyregion/hersey-apologizes-to-a-writer-over-an-article-on-agee.html (accessed August 25, 2016).

Huse, Nancy. John Hersey and James Agee: *A Reference Guide*. Boston: G. K.

Hall, 1978.
———. *The Survival Tales of John Hersey.* New York: Whitston Publishing, 1983.

Kelty, Christopher. *Two Bits: The Cultural Significance of Free Software.* Durham, NC: Duke University Press, 2008.
———. "Inventing Copyleft." In *Making and Unmaking Intellectual Property: Creative Production in Legal and Cultural Perspective,* edited by Mario Biagioli, Peter Jaszi, and Martha Woodmansee, 133-148. Chicago: University of Chicago Press, 2011.

Kevles, Daniel. "Ananda Chakrabarty Wins a Patent: Biotechnology, Law and Society." *Historical Studies in the Physical and Biological Sciences* 25 (1994): 111-135.
———. "Patents, Protections, and Privileges: The Establishment of Intellectual Property in Animals and Plants." *Isis* 98, no. 2. (2007): 323-331.
———. "New Blood, New Fruits: Protections for Breeders and Originators, 1789-1930." In *Making and Unmaking Intellectual Property: Creative Production in Legal and Cultural Perspective,* edited by Mario Biagioli, Peter Jaszi, and Martha Woodmansee, 253-268. Chicago: University of Chicago Press, 2011.
———. "The Genes You Can't Patent," *The New York Review of Books,* (26 September 2013), http://www.nybooks.com/articles/2013/09/26/genesyou-cant-patent/ (accessed August 25, 2016).
———. "A Primer of A, B, and Seeds: Advertising, Branding, and Intellectual Property in an Emerging Industry." *University of California Davis Law Review* 47, no. 2. (2013-14): 657-78.
———. "Inventions, Yes; Nature, No: The Products-of-Nature Doctrine from the American Colonies to the U.S. Courts." *Perspectives on Science* 23, no. 1. (spring 2015): 13-34.
———. Ari Berkowitz. "The Gene Patenting Controversy: A Convergence of Law, Economic Interests, and Ethics." *Brooklyn Law Review* 67, no. 1. (fall 2001): 233-48.

Kitchin, Rob. and Martin Dodge. *Code/Space: Software and Everyday Life.* Cambridge, MA: MIT Press, 2011.

Mahoney, Michael. "The History of Computing in the History of Technology." *IEEE Annals of the History of Computing* 10, no. 2. (1988): 113-25.
———. "What Makes the History of Software Hard." *IEEE Annals of the History of Computing* 30, no. 3. (2008): 8-18.

Manovich, Lev. *Software Takes Command.* New York: Bloomsbury Academic, 2013.

Merges, Robert, Peter Menell, and Mark Lemley. *Intellectual Property in the New Technological Age.* New York: Aspen Publishers, 2012.

Misa, Thomas. "Understanding 'How Computing Has Changed the World.'" *IEEE Annals of the History of Computing* 29, no. 4. (2007): 52-63.
———. ed. *Gender Codes: Why Women Are Leaving Computing.* Hoboken, NJ: John Wiley & Sons, 2010.

National Commission on New Technological Uses of Copyrighted Works. Meetings 1 through 5. Washington, DC: National Technical Information Service, 1975.
———. Transcript, CONTU Meeting No. 16, September 15-16, 1977, Chicago, Illinois. Springfield, VA: National Technical Information Service, 1977.
———. Transcript of CONTU Meeting Number 18, November 17-18, 1977,

Cambridge, Massachusetts. Springfield, VA: National Technical Information Service, 1978.
———. Final Report of the National Commission on New Technological Uses of Copyrighted Works. Washington, DC: Government Printing Office, 1979.

Nissenbaum, Helen. "Hackers and the Contested Ontology of Cyberspace." *New Media & Society* 6, no. 2 (April 2004): 195-217.

Nofre, David, Mark Priestley, and Gerard Alberts. "When Technology Became Language: The Origins of the Linguistic Conception of Computer Programming, 1950-1960." *Technology and Culture* 55, no. 1. (January 2014): 40-75.

Office of Technology Assessment. *Finding a Balance: Computer Software, Intellectual Property and the Challenge of Technological Change*. Washington, DC: Government Printing Office, 1992.

Oldenziel, Ruth. "Signifying Semantics for a History of Technology." *Technology and Culture* 47, no. 3. (July 2006): 477-485.

O'Rourke, Maureen. "The Story of Diamond v. Diehr: Toward Patenting Software." In *Intellectual Property Stories*, edited by Jane Ginsburg and Rochelle Dreyfuss, 194-219. New York: Foundation Press, 2005.

Perlman, Harvey, and Laurens Rhinelander. "Williams & Wilkins Co. v. United States: Photocopying, Copyright, and the Judicial Process." *The Supreme Court Review* (1975): 355-417.
Pottage, Alain, and Brad Sherman. *Figures of Invention: A History of Modern Patent Law*. New York: Oxford University Press, 2010.

Rankin, Joy. "From the Mainframes to the Masses: A Participatory Computing Movement in Minnesota Education." *Information and Culture* 50, no. 2. (2015): 197-216.

Rankin, William. "The Person Skilled in the Art Is Really Quite Conventional: US Patent Drawings and the Persona of the Inventor." In *Making and Unmaking Intellectual Property: Creative Production in Legal and Cultural Perspective,* edited by Mario Biagioli, Peter Jaszi, and Martha Woodmansee, 55-78. Chicago: University of Chicago Press, 2011.

Rasmussen, Nicolas. *Gene Jockeys: Life Science and the Rise of Biotech Enterprise*. Baltimore: Johns Hopkins University Press, 2014.

Ringer, Barbara. "Copyright Law Revision: History and Prospects." In *Technology and Copyright: Annotated Bibliography and Source Materials,* edited by George P. Bush, 288-289. Mt. Airy, MD: Lomond Systems, 1972.
———. "Our Copyright Law-Present Status and Proposals for Change." In *Copyright: The Librarian and the Law,* edited by George Lukac, 13-22. New Brunswick, NJ: Rutgers University Press, 1972.

Samuelson, Pamela. "CONTU Revisited: The Case against Copyright Protection for Computer Programs in Machine-Readable Form." *Duke Law Journal* 33, no. 4. (1984): 663-769.
———. "Benson Revisited: The Case against Patent Protection for Algorithms and Other Computer Program-Related Inventions." *Emory Law Journal* 39 (1990): 1025-1154.

———. "The Story of Baker v. Selden: Sharpening the Distinction between Authorship and Invention." In *Intellectual Property Stories,* edited by Jane Ginsburg and Rochelle Dreyfuss, 159-193. New York: Foundation Press, 2005.
———. "The Uneasy Case for Software Copyrights Revisited." *George Washington Law Review* 79, no. 6. (2011): 1746-1782.
———. "The Strange Odyssey of Software Interfaces as Intellectual Property." In *Making and Unmaking Intellectual Property: Creative Productionin Legal and Cultural Perspective,* edited by Mario Biagioli, Peter Jaszi, and Martha Woodmansee, 321-338. Chicago: University of Chicago Press, 2011.

Slayton, Rebecca. *Arguments that Count: Physics, Computing, and Missile Defense,* 1949-2012. Cambridge, MA: MIT Press, 2013.

Smith, E. Stratford. "The Emergence of CATV: A Look at the Evolution of a Revolution." In *Technology and Copyright: Annotated Bibliography and Source Materials,* ed. George P. Bush, 344-370. Mt. Airy, MD: Lomond Systems, 1972.

Stobbs, Gregory. *Software Patents.* New York: Aspen Publishers, 2012.
Swanson, Kara. "Biotech in Court: A Legal Lesson on the Unity of Science." *Social Studies of Science* 37, no. 3. (June 2007): 357-384.
———. "The Emergence of the Professional Patent Practitioner." *Technology and Culture* 50, no. 3. (July 2009): 519-548.
———. "Authoring an Invention: Patent Production in the Nineteenth Century United States." In *Making and Unmaking Intellectual Property: Creative Production in Legal and Cultural Perspective,* edited by Mario Biagioli, Peter Jaszi, and Martha Woodmansee, 41-54. Chicago: University of Chicago Press, 2011.

United States Copyright Office. "Books and Pamphlets: Including Serials and Contributions to Periodicals." In *Catalog of Copyright Entries: Third Series* 18, pt. 1, no. 1. (January-June 1964), 634. Washington, DC: U.S. Copyright Office/ Library of Congress, 1967.
———. "Circular 1: Copyright Basics": http://www.copyright.gov/circs/circ01.pdf, (accessed 30 April 2014).

Usselman, Steven. "Unbundling IBM: Antitrust and Incentives to Innovation in American Computing." In *The Challenge of Remaining Innovative: Insights from Twentieth-Century American Business,* edited by Sally H. Clarke, Naomi Lamoreaux, and Steven Usselman, 249-279. Stanford: Stanford University Press, 2009.

Waldrop, M. Mitchell. *The Dream Machine: JCR Licklider and the Revolution that Made Computing Personal.* New York: Penguin Books, 2012.

Wellerstein, Alex. "Patenting the Bomb: Nuclear Weapons, Intellectual Property, and Technological Control." *Isis* 99, no. 1. (March 2008): 57-87.

Whelan Associates v. Jaslow Dental Laboratory, 609 F. Supp. 1307 (E.D. Pa. 1985).

White-Smith Music Publishing Company v. Apollo Company, 209 U.S. 1 (1908).

Yates, JoAnne. "Application Software for Insurance in the 1960s and Early 1970s." *Business and Economic History* 24, no. 1. (fall 1995): 123-134.

Yi Doogab. "Who Owns What? Private Ownership and the Public Interest in Recombinant DNA Technology in the 1970s." *Isis* 102, no. 3. (September 2011): 446-474.

Apple Computer v. Formula International, 725 F.2d 521 (9th Cir. 1984).

Apple Computer v. Franklin Computer, 714 F.2d 1240 (3rd Cir. 1983).

Capitol Records v. Naxos of America, 4 N.Y. 3d 540 (N.Y. 2005).

"Computer Program Copyrighted for First Time." *New York Times*, 8 May 1964, 43, 51.

Data Cash Systems v. JS & A Group, 628 F.2d 1041 (7th Cir. 1980).

Gottschalk v. Benson, 409 U.S. 63 (1972).

H.R. 6933, 96th Cong., 2d Sess. (16 and 17 September 1980).

Midway Manufacturing Company v. Strohon, 564 F. Supp. 741 (N.D. Ill. 1983).

Q-Co Industries v. Hoffman, 625 F. Supp. 608 (S.D. N.Y. 1985).

제3부

반공유재의 비극

유전자와 생명의 사유화, 그리고 반공유재의 비극 : 미국의 BRCA 인간유전자 특허논쟁

이두갑. "생명공학의 등장과 발달에서 지적재산권과 공유지식의 역할." 과학기술정책연구원, 정책자료 2009-11.
———. "20세기 후반 법과 지적 재산권의 변화, 그리고 과학의 사유화." 『서울대 자연과학지』 (2010).

홍성욱. "20세기 과학연구의 지형도: 미국의 대학과 기업을 중심으로." 『한국과학사학회지』 제24권 2호 (2002): 200-237.

Adams, Mark D. and Venter, C. "Complementary DNA Sequencing: Expressed Sequence Tags and Human Genome Project." *Science* 252 (1991): 1651.

Ancker-Johnson, B. and Change. D. *U.S. Technology Policy: A Draft Study.* Office of the Assistant Secretary for Science and Technology, U.S. Department of Commerce, National Technical Information Service, PB-263806, 1977.

Anderson, C. "US Patent Application Stirs Up Gene Hunters." *Nature* 353 (1991): 485.
———. "NIH Drops Bid for Gene Patents." *Science* 263 (1994): 909-910.

Association for Molecular Pathology, et al. V. USPTO, et al. (2009), Complaint, United States District Court Southern District of New York, Filed on 5/12/2009)

Association for Molecular Pathology, et al.

V. USPTO, et al. (2011), United States Court of Appeals for the Federal Circuit, Appeal from the United States District Court for the Southern District of New York in Case No. 09-CV-4515, Decided: July 29, 2011.

Berman, Elizabeth. P. "Why Did Universities Start Patenting? Institution-Building and the Road to the Bayh-Dole Act." *Social Studies of Science* 38 (2008): 835-871.
———. *Creating the Market University: How Academic Science Became an Economic Engine*, Princeton, NJ: Princeton University Press, 2012.

Boyle, J. Shamans, *Software, and Spleens: Law and the Construction of the Information Society*, Cambridge, MA: Harvard University Press, 1996.
———. *The Public Domain: Enclosing the Commons of the Mind*, New Haven: Yale University Press, 2008.

Carlson, R. H. *Biology Is Technology: The Promise, Peril, and New Business of Engineering Life*, Cambridge, MA: Harvard University Press, 2010.

Calvert, J. and Joly, P-B. "How Did the Gene Become a Chemical Compound? The Ontology of the Gene and the Patenting of DNA." *Social Science Information* 50 (2011): 157-177.

Cassier, M. "Appropriation and commercialization of the Pasteur anthrax vaccine." *Studies in History and Philosophy of Biological an Biomedical Sciences* 36 (2005): 722-742.

Chandler, Jr. Alfred D. *Shaping the Industrial Century: The Remarkable Story of the Evolution of the Modern Chemical and Pharmaceutical Industries*, Cambridge, MA: Harvard University Press, 2005.

Cho, Mildred K. et al. "Effects of Patents and Licenses on the Provision of Clinical Genetic Testing Services." *Journal of Molecular Diagnostic* 5 (2003): 3-8.

Davies, K. and White, M. *Breakthrough: The Race to Find the Breast Cancer Gene*, New York: Wiley, 1996.

Eisenberg, R. S. "A Technology Policy Perspective on the NIH Gene Patenting Controversy." *University of Pittsburgh Law Review* 55 (1994): 633-647.
———. "Bargaining over the Transfer of Proprietary Research Tools: Is This Market Failing or Emerging?" in R. C. Dreyfuss, D. L. Zimmerman, and H. First, eds., *Expanding the Boundaries of Intellectual Property: Innovation Policy for the Knowledge Society*, Oxford: Oxford University Press, 2001, pp.223-250.

Endy, D. "Foundations for Engineering Biology", *Nature* 438 (2005): 449-453.

Gipstein, R. S. "The Isolation and Purification Exception to the General Unpatentability of Products of Nature." *Columbia Science and Technology Law Review* 4 (2002).

Hall, S. S. *Invisible Frontiers: The Race to Synthesize a Human Gene*, New York: Atlantic Monthly Press, 1987.

Hardin, G. "The Tragedy of the Commons." *Science* 162 (1968): 1243–1248.

Hearings before the Subcommittee on Patents, Copyrights, and Trademarks. (1992), "The Genome Project: The Ethical Issues of Gene Patenting." the Senate Committee on the Judiciary, 99th Congress,

102-1134.

Heller, M. A. "The Tragedy of the Anticommons: Property in the Transition from Marx to Markets." *Harvard Law Review* 111 (1998): 621-688.
———. *The Gridlock Economy: How Too Much Ownership Wrecks Markets, Stops Innovation, and Costs Lives,* New York, Basic Books, 2010.

Heller, M. A. and Eisenberg, R. S. "Can Patents Deter Innovation? The Anticommons in Biomedical Research." *Science* 280 (1998): 698-701.

Hughes, S. S. *Genentech: The Beginnings of Biotech,* Chicago: The University of Chicago Press, 2011.

Hyde, L. *Common as Air: Revolution, Art, and Ownership,* New York: Farrar, Straus, and Giroux, 2010.

Jasanoff, S. *Science at the Bar: Law, Science, and Technology in America,* Cambridge: Harvard University Press, 1995.

Jensen, K. and Murray, F. "Intellectual Property Landscape of the Human Genome." *Science* 310 (2005): 239-240.

Johns, A. "Intellectual Property and the Nature of Science." *Cultural Studies* 20 (2006): 145-164.
———. *Piracy: The Intellectual Property Wars from Gutenberg to Gates,* Chicago: University of Chicago Press, 2009.

Kevles, D. J. "Ananda Chakrabarty Wins a Patent: Biotechnology, Law and Society, 1972-1980." *Historical Studies in the Physical and Biological Sciences* 25 (1994): 111-135.
———. "Principles, Property Rights, and Profits: Historical Reflections on University/Industry Tensions." *Accountability in Research* 8 (2001): 12-26.
———. "Of Mice & Money: The Story of the World's First Animal Patent." *Daedalus* 131 (2002): 78-88.

Kevles, D. J. and Berkowitz, A. "The Gene Patenting Controversy: A Convergence of Law, Economic Interests, and Ethics." *Brooklyn Law Review* 67 (2001): 233-248.

Kitch, E. W. "The Nature and Function of the Patent System." *Journal of Law and Economics* 20 (1977): 265-290.

Landecker, H. "Between Beneficence and Chattel: The Human Biological in Law and Science." *Science in Context* 12 (1999): 203-225.

Latour, B. *The Making of Law: An Ethnography of the Conseil d'Etat,* New York, Polity Press, 2010.

Lenoir, T. and Giannellam, E. "The Emergence and Diffusion of DNA Microarray Technology." *Journal of Biomedical Discovery and Collaboration* 1 (2006): 1-39.

Löwy, I. "Breast Cancer and the 'Materialisty of Risk': The Rise of Morphological Prediction." *Bulletin of the History of Medicine* 81 (2007): 241-266.

Machlup, F. An Economic Review of the Patent System, Study #15 of the Subcommittee on Patents, Trademarks, and Copyrights of the Judiciary US Senate, 85th Congress, Washington, DC: US Government Printing Office, 1958.
———. *The Production and Distribution of Knowledge in the United States,* Princeton, N.J.: Princeton University Press, 1962.

Marshall, E. "Rifkin's Latest Target: Genetic Testing." *Science* 272 (1996): 1094.

Martinell, J., USPTO, Art Unit 1805, Examiner's Action on Venter et al. Patent Application No. 07/807,195, Aug. 20, 1992.

McBride, G. "Are Intellectual Property Rights Hampering Cancer Research?" *Journal of the National Cancer Institute* 96 (2004): 92-94.

Mirowski, P. and Sent, E-M. "The Commercialization of Science, and the Response of STS." in E. J. Hackett, O. Amsterdamska, M. Lynch & J. Wajcman eds. *Handbook of Science, Technology and Society Studies,* Cambridge, MA: MIT Press, 2007, pp.635-689.

Mowery, D. C. et al, eds. *Ivory Tower and Industrial Innovation: University-Industry Technology Transfer Before and After the Bayh-Dole Act in the United States,* Stanford: Stanford University Press, 2004.

Mowery, D. C. and Ziedonis, A. A. "Academic Patents and Materials Transfer Agreements: Substitutes or Complements?" *Journal of Technology Transfer* 32 (2007): 157-172.

Murray, F. E. "The Oncomouse that Roared: Hybrid Exchange Strategies as a Source of Productive Tension at the Boundary of Overlapping Institutions." *American Journal of Sociology* 116 (2010): 341-388.

National Cancer Institute, "Genetic Testing for BRCA1 and BRCA2: It's Your Choice", Available at http://www.cancer.gov/cancertopics/factsheet/risk/brca.

National Research Council, Intellectual Property Rights and Research Tools in Molecular Biology, Washington, D.C: National Academy of Sciences, 1997.

Association for Molecular Pathology, et al. V.USPTO, et al., Opinion on Motion to Dismiss, United States District Court Southern District of New York, Filed on 11/2/2009.

Overtveldt, J. Van. *The Chicago School: How the University of Chicago Assembled the Thinkers Who Revolutionized Economics and Business,* Chicago: Agate, 2007.

Palombi, L. *Gene Cartels: Biotech Patents in the Age of Free Trade,* Cheltenham, UK: Edward Elgar Publishing, 2010.

Parthasarathy, S. *Building Genetic Medicine: Breast Cancer, Technology, and the Comparative Politics of Health Care,* Boston: The MIT Press, 2007.

Pisano, G. P. *Science Business: The Promise, the Reality, and the Future of Biotech,* Boston, Mass.: Harvard Business School Press, 2006.

Pollack, Andrew. "Synthetis Genome: Singned, Sealed, Decoded." *The New York Times,* 29 January 2008.

Rabinow, P. *Making PCR: A Story of Biotechnology,* Chicago: University of Chicago Press, 1996.

Smith, M. A. *The Right Talk: How Conservatives Transformed the Great Society into the Economic Society,* Princeton: Princeton University Press, 2007.

Resnik, D. B. *Owning the Genome: A Moral Analysis of DNA Patenting,* New York: State University of New York Press, 2004.

Robbins-Roth, C. *From Alchemy to IPO: The Business of Biotechnology,* Cambridge, MA: Perseus Publishing, 2000.

Roberts, L. "NIH Gene Patents: Round Two." *Science* 255 (1992): 912-913.

Sandel, M. J. "What Money Can't Buy: The Moral Limits of Markets." The Tanner Lectures on Human Values, delivered at Brasenose College, Oxford, May 11 and 12, 1998. Available at http://www.tannerlectures. utah.edu/lectures/documents/sandel00.pdf; expanded as What Money Can't Buy: The Moral Limits of Markets (Farrar, Straus and Giroux, 2012).

Scherer, F. M. "The Economies of Human Gene Patents." *Academic Medicine* 77 (2002): 1348-1367.

Smaglik, P. "NIH Cancer Researchers to Get Free Access to 'Oncomouse'." *Nature* 403 (2000): 350.

Stokes, D. E. *Pasteur's Quadrant: Basic Science and Technological Innovation,* Washington, D.C.: Brookings Institution Press, 1997.

Teles, S. M. *The Rise of the Conservative Legal Movement: The Battle for Control of the Law.* Princeton: Princeton University Press, 2008.

Sulston, John. "C. elegans: The Cell Lineage and Beyond." Nobel Lecture, Stockholm, 2002. Available at http://www.nobelprize.org/nobel_prizes/medicine/laureates/2002/sulston-lecture.pdf

Sulston, John and Ferry, G. *The Common Thread: A Story of Science, Politics, Ethics, and the Human Genome,* Washington, DC: The Joseph Henry Press, 2002.

Sweet, Robert W., Association for Molecular Pathology, et al. V. USPTO, et al., Opinion, United States District Court Southern District of New York, Filed on 03/29/2010.

Teitelman, R. *Gene Dreams: Wall Street, Academia, and the Rise of Biotechnology,* New York: Basic Books, 1991.

United States Patent and Trademark Office, Department of Commerce. "Revised Utility Examination Guidelines: Request for Comments." *Federal Register* 64 (1999): 71440.
———. "Utility Examination Guidelines." *Federal Register* 66 (2001): 1092-1099.

Venter, J. C. and Adams, M. "Sequences", USPTO Application, No. 07/716,831 at 235-36. Filed on June 20, 1991.

Walsh, J. P. et al. "Research Tool Patenting and Licensing and Biomedical Innovation." in Stephen A. Merrill (ed.), *Patents in the Knowledge-based Economy,* National Academies Press, 2003, pp.285-340.

Walsh, T. et al. "Spectrum of Mutations in BRCA1, BRCA2, CHEK2, and TP53 in Families at High Risk of Breast Cancer." *The Journal of the American Medical Association* 295 (2006): 1379-1388.

Yi, D. "The Scientific Commons in the Marketplace: The Industrialization of Biomedical Materials at the New England Enzyme Center, 1963-1980." *History and Technology* 25 (2009): 67-85.
———. *The Integrated Circuit for Bioinformatics: The DNA Chip and Materials Innovation at Affymetrix,* Chemical Heritage Foundation, 2010.
———. "Who Owns What? Private

Ownership and the Public Interest in the Recombinant Technology in the 1970." *Isis* 102 (2011): 446-474.

Zurer, P. "NIH Drops Bid to Patent Gene Fragments." *Chemical and Engineering News* 72 (1994): 5-6.

Parke-Davis & Co. V. H. K. Mulford & Co., 189 F. 95 (C.C.S.D.N.Y. 1911).

카피레프트의 발명

Ciccarelli, Eugene. "An Introduction to the EMACS Editor." MIT Artificial Intelligence Laboratory, AI Memo 447 (1978), 2.

Christopher Kelty, *Two Bits: The Cultural Significance of Free Software,* Durham, NC: Duke University Press, 2008.

Himanen, Pekka. *The Hacker Ethic and the Spirit of the Information Age,* New York: Random House, 2001.

Levy, Steven. *Hackers: Heroes of the Computer Revolution,* New York: Basic Books, 1984.

Moody, Glyn. *Rebel Code: Inside Linux and the Open Source Revolution,* Cambridge, MA: Perseus, 2001.

Stallman, Richard. "EMACS: The Extensible, Customizable Self-Documenting Display Editor." MIT Artificial Intelligence Laboratory, 519a (26 March 1981), 19 [Richard M. Stallman, "EMACS the Extensible, Customizable Self-Documenting Display Editor," Proceedings of the ACM SIGPLAN SIGOA Symposium on Text Manipulation (June 8–10, 1981), 147–156.으로 재출판]

Stallman, Richard. "The GNU Manifesto." *Dr. Dobbs Journal* 10, no. 3. (March 1985), http://www.gnu.org/gnu/manifesto.html.

Stallman, Richard M. "EMACS Manual for ITS Users." MIT Artificial Intelligence Laboratory, AI Memo 554 (22 October 1981), 163.

Vetter, Greg R. "'Infections' Open Source Software: Spreading Incentives or Promoting Resistance?" *Rutgers Law Journal* 36, no. 1. (Fall 2004): 53.
———. "The Collaborative Integrity of Open-Source Software." *Utah Law Review,* no. 2. (2004): 563.

Wayner, Peter. *Free for All: How LINUX and the Free Software Movement Undercut the High-Tech Titans,* New York: Harper Business, 2000.

Williams, Sam. *Free as in Freedom: Richard Stallman's Crusade for Free Software,* Sebastopol, CA: O'Reilly, 2002.

Apple Computer, Inc., v. Microsoft Corp, U.S. Court of Appeals, Ninth Circuit, 35 F.3d 1435 (9th Cir. 1994).

Computer Associates International, Inc., v. Altai, Inc., U.S. Court of Appeals, Second Circuit, June 22, 1992, 982 F.2d 693, 23 USPQ2d 1241.

Lotus Development Corporation v. Borland International, Inc. (94-2003), 513 U.S. 233 (1996).

Whelan Associates, Inc. v. Jaslow Dental Laboratory, Inc., et al., U.S. Court of Appeals, Third Circuit, August 4, 1986, 797

F.2d 1222, 230 USPQ 481.

제4부

협력과 창의적 연구, 그리고 지식재산권

생의학 복합체 시대 창의적 연구의 소유권 : 스탠포드 대 로슈 (Stanford v. Roche) 판결을 통해 본 미국 공공기금 기반 특허의 소유권 논쟁

박준석. "대학교와 그 구성원이 당면한 지적재산권의 제문제: 서울대학교의 현황을 중심으로." 『서울대학교 법학』 제55권 4호 (2014): 523-582.

신용헌. "미국 연방대법원 판례를 통해 본 정부지원 대학발명의 권리귀속 문제의 고찰: Stanford v. Roche case를 중심으로." 『지식재산연구』 제7권 3호 (2009): 1-52.

정차호. "Stanford v. Roche 판결이 재확인한 우리 직무발명제도의 허점." 『창작과 권리』 65호 (2011): 2-30

Banner, Stuart. *American Property: A History of How, Why, and What We Own*. Cambridge, Mass: Harvard University Press, 2011.

Berman, Elizabeth P. "Why Did Universities Start Patenting? Institution-Building and the Road to the Bayh-Dole Act." *Social Studies of Science* 38, no. 6. (2008): 835-871.

———. *Creating the Market University: How Academic Science Became an Economic Engine*. Princeton: Princeton University Press, 2012.

Biagioli,Mario, Peter Jaszi, and Martha Woodmansee. *Making and Unmaking Intellectual Property: Creative Production in Legal and Cultural Perspective*. Chicago: University of Chicago Press, 2011.

Blumenthal, D., N. Causino, E. Campbell, and K. S. Louis. "Relationships between Academic Institutions and Industry in the Life Sciences - an Industry Survey." *New England Journal of Medicine* 334, no. 6. (1996): 368-373.

Brandt, Allan M. *No Magic Bullet: A Social History of Venereal Disease in the United States since 1880*. New York: Oxford University Press, 1985.

Chandler, Alfred D. *Shaping the Industrial Century: The Remarkable Story of the Evolution of the Modern Chemical and Pharmaceutical Industries*. Cambridge, Mass.: Harvard University Press, 2005.

DiMasi, Joseph A. and Henry G. Grabowski. "The Cost of Biopharmaceutical R&D: Is Biotech Different?" *Managerial & Decision Economics* 28 (2007): 469-479.

Eaton, Margaret L, *Ethics and the Business of Bioscience*. Stanford, Calif.: Stanford Business Books, 2004.

Eisenberg, Rebecca S. "Public Research and Private Development: Patents and Technology Transfer in Government-Sponsored Research." *Virginia Law Review* 82, no. 8. (1996): 1663-1727.

Fisk, Catherine L. *Working Knowledge: Employee Innovation and the Rise of Corporate Intellectual Property, 1800-1930*. Chapel Hill: University of North Carolina Press, 2009.

Galambos, Louis, and Jane Eliot Sewell. *Networks of Innovation: Vaccine Development at Merck, Sharp & Dohme, and Mulford, 1895-1995*. Cambridge: Cambridge University Press, 1995.

Geiger, Roger L. *Knowledge and Money: Research Universities and the Paradox of the Marketplace*. Stanford, Calif.: Stanford University Press, 2004.

Hayter, Christopher S. and Rooksby, Jacob H. "A Legal Perspective on University Technology Transfer." *Journal of Technology Transfer* 41 (2016): 270-289.

Holodniy, Mark, David A. Katzenstein, Sohini Sengupta, Alice M. Wang, Clayton Casipit, David H. Schwartz, Michael Konrad, Eric Groves, and Thomas C. Merigan. "Detection and Quantification of Human Immunodeficiency Virus Rna in Patient Serum by Use of the Polymerase Chain Reaction." *The Journal of Infectious Diseases* 163, no. 4. (1991): 862-866.

Hughes, Sally S. *Genentech: The Beginnings of Biotech*. Chicago: University of Chicago Press, 2011.

Jackson, Myles W. *The Genealogy of a Gene: Patents, HIV/AIDS, and Race*. Cambridge, Massachusetts: The MIT Press, 2015.

Kevles, Daniel J. "Ananda Chakrabarty Wins a Patent: Biotechnology, Law and Society, 1972-1980." *Historical Studies in the Physical and Biological Sciences* 25, no. 1. (1994): 111-135.
———. "Principles, Property Rights, and Profits: Historical Reflections on University/Industry Tensions." *Accountability in Research* 8, no. 12. (2001): 293-307.
———. "Of Mice & Money: The Story of the World's First Animal Patent." *Daedalus* 131, no. 2. (2002): 78-88.

Lawson, Charles, and Berris Charnley. *Intellectual Property and Genetically Modified Organisms: A Convergence in Laws*. Farnham, Surrey: Ashgate, 2015.

Mirowski, Philip. *Science-Mart: Privatizing American Science*. Cambridge, Mass.: Harvard University Press, 2011.

Mowery, David C., and Bhaven N. Sampat. "University Patents and Patent Policy Debates in the USA, 1925-1980." *Industrial and Corporate Change* 10, no. 3. (2001): 781-814.

Mowery, David C., Richard R. Nelson, Bhaven N. Sampt, and Arvids A. Ziedonis. (Eds). *Ivory Tower and Industrial Innovation*. Stanford: Stanford University Press, 2004.

Parthasarathy, Shobita. *Patent Politics: Life Forms, Markets, and the Public Interest in the United States and Europe*. Chicago: The University of Chicago Press, 2017.

Philips, Adam. "Protecting University Patent Rights Following Stanford V. Roche, Filmtech Corp. V. Allied-Signal, and Patent Reform." M.A. Thesis, Johns Hopkins University, 2017.

Rabinow, Paul. *Making PCR: A Story of Biotechnology*. Chicago: University of Chicago Press, 1996.

Shapin, Steven. *The Scientific Life: A Moral History of a Late Modern Vocation*. Chicago: University of Chicago Press, 2008.
Tresemer, Parker. "Best Practices for Drafting University Technology Assignment Agreements After FILMTEC, STANFORD

V. ROCHE, and Patent Reform." *UCLA Law Review* 59 (2012): 347-395.

Washburn, Jennifer. *University, Inc.: The Corporate Corruption of American Higher Education.* New York: Basic Books, 2005.

Yi, Doogab, "Who Owns What? Private Ownership and the Public Interest in Recombinant DNA Technology in the 1970s." *Isis* 102, no. 3. (2011): 446-474.
———. "The Commercialization of Academic Research in the Context of Shifting Intellectual Property Regimes in the Twentieth Century." *Korean Journal of Environmental Biology* 32:4 (2014): 403-412 (in Korean).
———. *The Recombinant University: Genetic Engineering and the Emergence of Stanford Biotechnology.* Chicago: University of Chicago Press, 2015.
———. "Taming Intellectual Property in Biotechnology." *Studies in History and Philosophy of Biological and Biomedical Sciences* 68 (2018): 78-82.

* 판례 및 법정조언서

Stanford v. Roche, 487 F. Supp. 2d 1099 (N.D. Cal. 2007).

Stanford v. Roche, 2008-1509 (Fed. Cir., 2009).

Stanford v. Roche, 563 U.S. 776 (2011). No. 09-1159.

Stanford v. Roche, 563 U.S. 776 (2011), No. 09-1159. Stanford University, Petition for a Writ of Certiorari, March 22, 2010.
Stanford v. Roche, 563 U.S. 776 (2011), No. 09-1159, Brief of Petitioner, Dec 16, 2010.

Stanford v. Roche, 563 U.S. 776 (2011), No. 09-1159, Brief for Respondents, Jan 2011

Stanford v. Roche, 563 U.S. 776 (2011), No. 09-1159. Department of Justice, Amicus Curiae, December 23, 2010.

Stanford v. Roche, 563 U.S. 776 (2011), No. 09-1159. Association of American Universities etc, Amicus Brief for Respondent, December 23, 2010.

Stanford v. Roche, 563 U.S. 776 (2011), No. 09-1159. Birch Bayh, Amicus Brief for Respondent, Board of Trustees of the Leland Stanford Junior University v. Roche Molecular Systems, No. 09-1159, December 23, 2010.

Stanford v. Roche, 563 U.S. 776 (2011), No. 09-1159, Brief of the National Venture Capital Association as Amicus Curiae in Support of Petitioner, December 23, 2010. pp. 2-3.

Stanford v. Roche, 563 U.S. 776 (2011), No. 09-1159. The Pharmaceutical Research and Manufacturers of America, Amicus Brieft for Respondent, February 1, 2011.

Stanford v. Roche, 563 U.S. 776 (2011), No. 09-1159, Brief of Amicus Curiae: Biotechnology Industry Organization in Support of Respondent, Feb 1, 2011.

남궁석. "코로나19 방역의 열쇠가 된 mRNA 백신." 『과학잡지 에피』 15호 (2021): 100-115.

오철우. "코로나 백신의 약진, 그리고 백신 이후의 세상." 『과학잡지 에피』 13호 (2020): 143-152.

이두갑. "백신과 면역-자본의 시대: 전염병 이후의 사회를 상상해본다." 『문학과사회』 33권 3호 (2020): 6-22.

이두갑. "코로나 백신과 특허: 지적재산권과 반공유재의 비극." 『KIAS Horizon』 (2021) https://horizon.kias.re.kr/18383/(검색일: 2021.10.30)

Abinader, L. G. "2020:3 KEI Research Note: Modern Failures to Disclose DARPA Funding in Patented Inventions." KEI Series on Inventors That Fail to Disclose U.S. Government Funding in Patented Inventions. August 27, 2020. Available at https://www.keionline.org/wp-content/uploads/RN-2020-3.pdf (검색일: 2021.10.1).

Berman, E. P. *Creating the Market University: How Academic Science Became an Economic Engine*. Princeton: Princeton University Press, 2012.

McNeill, J. R. *Mosquito Empires: Ecology and War in the Greater Caribbean, 1620-1914*. Cambridge: Cambridge University Press, 2010.

Moderna. "Statement by Moderna on Intellectual Property Matters during the COVID-19 Pandemic." Oct 8, 2020. Available at https://investors.modernatx.com/node/10066/pdf (검색일: 2021.10.1)

Morten, C., Boman, L., Rabinovitsj, J. and Rohr, C. "U.S. 10,960,070: The U.S. Government's Important New Coronavirus Vaccine Patent (April 14, 2021)." NYU Law Technology Law & Policy Clinic Report on U.S. Patent No. 10,960,070, Available at SSRN: https://ssrn.com/abstract=3889784 (검색일: 2021.10.1)

Olivarius, K. "Immunity, Capital, and Power in Antebellum New Orleans." *The American Historical Review* 124 (2019): 425-455.

Parthasarathy, S. *Patent Politics: Life Forms, Markets, and the Public Interest in the United States and Europe*. Chicago: The University of Chicago Press, 2017.

PrEP4All, Public Citizen, I-Mak et al, 24 March 2021. Letter to Xavier Becerra, Francis Collins, and Anthony S. Fauci. "Moderna and Its Use of an NIH-Owned Patent for COVID-19 Vaccines."

Sell, S. K. *Private Power, Public Law: The Globalization of Intellectual Property Rights*. Cambridge: University of Cambridge Press, 2003.
[수전 셀, 남희섭 옮김 (2003/2009) 『초국적 기업에 의한 법의 지배: 지재권의 세계화』, 후마니타스]

Yi, D. *The Recombinant University: Genetic Engineering and the Emergence of Stanford Biotechnology*. Chicago: The University of Chicago Press, 2015.

Yi, D. "Taming Intellectual Property in Biotechnology." *Studies in History and Philosophy of Biological and Biomedical Sciences* 68-69 (2018): 78-82.

아는 것이 돈이다 :
지식재산권, 누가 무엇을 소유하는가?

발행일 2022년 1월 21일

편저자 이두갑
지은이 칼라 헤세, 제라도 콘 디아스, 크리스토퍼 켈티
옮긴이 김인, 양승호, 장준오

펴낸이 주일우
편집 강지웅
디자인 PL13
지원 추성욱, 이준희

펴낸곳 이음
등록번호 제2005-000137호
등록일 2005년 6월 27일
주소 서울시 마포구 월드컵북로 1길 52 운복빌딩 3층
전화 02-3141-6126
팩스 02-6455-4207
전자우편 editor@eumbooks.com
홈페이지 www.eumbooks.com

ISBN 979-11-90944-58-8 93500
값 23,000원

•